新应用·真实战·全案例 信息技术应用新形态立体化丛书

Office 2016

办公软件应用

主编 侯德林 徐鉴

副主编 熊蓉 李洋

微课版

人民邮电出版社

北 京

图书在版编目（CIP）数据

Office 2016办公软件应用：微课版 / 侯德林，徐鉴主编. -- 北京：人民邮电出版社，2021.7
（新应用·真实战·全案例信息技术应用新形态立体化丛书）
ISBN 978-7-115-55750-6

Ⅰ. ①O… Ⅱ. ①侯… ②徐… Ⅲ. ①办公自动化－应用软件－教材 Ⅳ. ①TP317.1

中国版本图书馆CIP数据核字(2020)第260045号

内 容 提 要

本书主要讲解 Office 2016 的 3 个主要组件 Word、Excel 和 PowerPoint 在办公中的应用，主要内容包括 Word 文档的创建与编辑、Word 文档的图文混排、Word 长文档的编排与审校、Excel 表格的制作与美化、Excel 数据的处理与计算、Excel 数据的分析、幻灯片的创建和编辑、幻灯片的完善和美化、幻灯片的交互与放映输出，以及 Office 组件协同办公等。本书最后还提供了综合案例和项目实训，读者可通过综合案例巩固所学知识，通过项目实训强化 Office 2016 办公技能。

本书适合作为普通高等院校 Office 办公软件应用相关课程的教材，也可作为办公人员提高 Office 办公技能的参考书，还可作为全国计算机等级考试 MS Office 的参考书。

◆ 主　编　侯德林　徐　鉴
　　副主编　熊　蓉　李　洋
　　责任编辑　许金霞
　　责任印制　王　郁　马振武

◆ 人民邮电出版社出版发行　　北京市丰台区成寿寺路 11 号
　　邮编　100164　电子邮件　315@ptpress.com.cn
　　网址　https://www.ptpress.com.cn
　　廊坊市印艺阁数字科技有限公司印刷

◆ 开本：787×1092　1/16
　　印张：15　　　　　　　　　　　2021 年 7 月第 1 版
　　字数：388 千字　　　　　　　　2024 年 9 月河北第 4 次印刷

定价：59.80 元

读者服务热线：**(010)81055256**　印装质量热线：**(010)81055316**
反盗版热线：**(010)81055315**
广告经营许可证：京东市监广登字 20170147 号

前 言
PREFACE

随着企业信息化的快速发展，办公软件已经成为企业日常办公不可或缺的工具之一。例如，使用 Word 进行文本编辑，编制工作计划、业绩报告等文档；使用 Excel 进行数据的录入和管理，制作产品价格清单、销售汇总表等电子表格；使用 PowerPoint 进行幻灯片的制作和美化，制作产品调查报告、策划方案等演示文稿等。Office 在企业人事管理、财务管理、企业招聘、营销策划等工作中的应用非常广泛，甚至已成为企业招聘中人才必备的一项重要技能。

■ 本书特点

本书立足于高校教学，与市场上的同类图书相比，在内容的安排与写作上具有以下特点。

（1）结构鲜明，实用性强

本书兼顾高校教学与全国计算机等级考试的需求，结合全国计算机等级考试 MS Office 的大纲要求，各章以"理论知识＋课堂案例＋强化训练＋知识拓展＋课后练习"的架构详细介绍了 Office 2016 的操作方法与技巧，讲解从浅到深、循序渐进，通过实际案例将理论与实践相结合，从而提高读者的实际操作能力。此外，本书还穿插有"知识补充"和"技巧秒杀"小栏目，使内容更加丰富。本书不仅能够满足 Office 办公软件应用相关课程的教学需求，还符合企业对员工办公软件应用能力的要求。

（2）案例丰富，实操性强

本书注重理论知识与实际操作的紧密结合，不仅以实例的方式全面地介绍了 Office 2016 的实际操作方法，还选取了具有代表性的办公软件应用案例作为课堂案例，针对重点和难点进行讲解与训练。同时，各章章末还设置了强化训练、课后练习，不仅丰富了教学内容与教学方法，还给读者提供了更多练习和进步的空间。

（3）项目实训，巩固所学

本书最后一章为项目实训，以企业实际的办公需求为主，提供了 4 个专业的实训项目。每个实训项目都包括实训目的、实训思路、实训参考效果，有助于读者加强对 Office 操作技能的训练，巩固所学。

■ 本书配套资源

本书配有丰富多样的教学资源，具体内容如下。

视频演示: 本书所有实例操作的视频演示，均以二维码的形式提供给读者，读者只需扫描书中的二维码，即可观看视频进行学习，有助于提高学习效率。

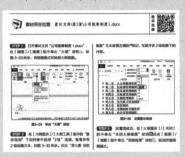

实操案例

微课视频

素材、效果和模板文件: 本书不仅提供了实例操作所需的素材、效果文件，还附赠企业日常管理常用的 Word 文档模板、Excel 电子表格模板、PowerPoint 幻灯片模板以及作者精心收集整理的 Office 精美素材。

效果文件

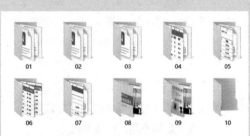

模板文件

以上配套资源中的素材、效果文件、模板文件以及其他相关资料，读者可登录人邮教育社区（www.ryjiaoyu.com），搜索本书书名后进行下载使用。

本书由侯德林、徐鉴担任主编，熊蓉、李洋担任副主编。书中疏漏之处在所难免，望广大读者批评指正。

编者

2020 年 10 月

CONTENTS 目录

第 1 部分

第2部分

第4章

Excel 表格的制作与美化 81

第5章

Excel 数据的处理与计算......108

第 6 章

Excel 数据的分析 **128**

第 3 部分

第 7 章

幻灯片的创建和编辑 **144**

第 4 部分

第1部分

第1章

Word 文档的创建与编辑

/ 本章导读

Word 是 Microsoft 公司推出的 Office 办公软件的核心组件之一，它是一款功能强大的文字处理软件。本章主要介绍 Word 文档的创建与编辑，包括 Word 2016 的基础知识、文档的基本操作以及文档的格式设置等内容。

/ 技能目标

掌握 Word 2016 的基础知识。

掌握文档的基本操作。

掌握文档的格式设置。

/ 案例展示

1.1 Word 2016 的基础知识

使用Word 2016不仅可以进行简单的文字处理，制作出图文并茂的文档，还能进行长文档的排版和特殊版式编排。但在使用Word 2016制作文档之前，需要对Word 2016的基础知识有所了解。

1.1.1 启动与退出 Word 2016

在计算机中安装Office 2016后，便可启动Word 2016，完成编辑后需要退出Word 2016。

1. 启动Word 2016

启动Word 2016的方法很简单，主要有以下3种。

● 单击"开始"按钮█，在打开的"开始"菜单中选择"Word 2016"命令。
● 创建Word 2016的桌面快捷方式后，双击桌面上的快捷方式图标█。
● 双击扩展名为".docx"的Word文档，即可启动该软件并打开文档。

2. 退出Word 2016

退出Word 2016主要有以下3种方法。

● 单击Word 2016窗口右上角的"关闭"按钮█。
● 按【Alt+F4】组合键。
● 在Word 2016的标题栏上单击鼠标右键，在弹出的快捷菜单中选择"关闭"命令。

1.1.2 认识 Word 2016 工作界面

启动Word 2016后，将进入其工作界面，如图1-1所示，下面介绍Word 2016工作界面的主要组成部分。

1. 标题栏

标题栏位于Word 2016工作界面的顶端，包括文档名称、█████按钮（登录后显示为Office账户名称）、"功能区显示选项"按钮█（可对功能选项卡进行显示和隐藏操作）和右侧的"窗口控制"按钮组（包含"最小化"按钮█、"最大化"按钮█和"关闭"按钮█，分别可最小化、最大化和关闭窗口）。

2. 快速访问工具栏

快速访问工具栏中显示了一些常用的工具按钮，默认按钮有"保存"按钮█、"撤消键入"按钮█、"重复键入"按钮█。用户还可自定义按钮，只需单击该工具栏右侧的"自定义快速访问工具栏"按钮█，在打开的下拉列表中选择相应选项。

3. "文件"菜单

"文件"菜单主要用于执行Word 2016文档的新建、打开、保存、共享等基本操作，选择"文件"菜单最下方的"选项"命令可打开"Word 选项"对话框，在其中可对Word组件进行常规、显示、校对、自定义功能区等多项设置。

4. 功能选项卡和功能区

Word 2016默认包含了9个功能选项卡，每个选项卡中分别包含了相应的功能集合，单击任一选项卡可打开对应的功能区。每个功能区根据功能的不同又分为若干个组，如"开始"功能区中包括剪贴板、字体、段落、样式和编辑5个组。

第1部分

5. 智能搜索框

智能搜索框是Word 2016的新增功能，通过该搜索框用户可轻松找到相关的操作说明。比如，需在文档中插入目录时，可以直接在搜索框中输入"目录"，此时会显示关于目录的操作信息，将鼠标指针定位在"目录"选项上，在打开的子列表中可以快速选择需要插入的目录样式。

6. 文档编辑区

文档编辑区是输入与编辑文本的区域，对文本进行的各种操作及结果都显示在该区域中。新建一个空白文档后，文档编辑区的左上角将显示一个闪烁的光标，称为文本插入点，该光标所在位置便是文本的起始输入位置。

7. 状态栏

状态栏位于工作界面的底端，主要用于显示当前文档的工作状态，包括当前页数、字数、输入状态等。状态栏右侧依次是视图切换按钮和显示比例调节滑块。

图1-1　Word 2016工作界面

1.1.3 ｜ 自定义 Word 2016 工作界面

Word 2016工作界面中大部分功能和选项都是默认显示的，用户可根据使用习惯和操作需要自定义工作界面，其中包括自定义快速访问工具栏、自定义功能区和显示或隐藏文档中的元素等。

1. 自定义快速访问工具栏

为了操作方便，用户可以在快速访问工具栏中添加常用的命令按钮，或删除不需要的命令按钮，也可以改变快速访问工具栏的位置。

- **添加常用的命令按钮：** 在快速访问工具栏右侧单击"自定义快速访问工具栏"按钮，在打开的下拉列表中选择需添加的选项，如选择"打开"选项，可将该命令按钮添加到快速访问工具栏中。
- **删除不需要的命令按钮：** 在快速访问工具栏的命令按钮上单击鼠标右键，在弹出的快捷菜单中选择"从快速访问工具栏删除"命令，可将该命令按钮从快速访问工具栏中删除。
- **改变快速访问工具栏的位置：** 在快速访问工具栏右侧单击"自定义快速访问工具栏"按钮，在打开的下拉列表中选择"在功能区下方显示"选项，可将快速访问工具栏移到功能区下方显示；再次在下拉列表中选择"在功能区上方显示"选项，可将快速访问工具栏还原到默认位置。

2. 自定义功能区

在Word 2016中，选择【文件】/【选项】命令，在打开的"Word选项"对话框中单击"自定义功能区"选项卡，打开图1-2所示的界面，在其中可进行的操作包括显示或隐藏主选项卡、新建和重命名选项卡、新建组、在组中添加命令、删除自定义的功能区等。

图1-2 自定义功能区

- **显示或隐藏主选项卡：**在"自定义功能区"栏中单击选中或取消选中主选项卡对应的复选框，即可在功能区中显示或隐藏该主选项卡。

- **新建和重命名选项卡：**在"自定义功能区"栏中单击 新建选项卡(W) 按钮，然后在"主选项卡"列表框中选择所创建的选项卡，单击 重命名(M) 按钮，打开"重命名"对话框，在"显示名称"文本框中输入名称，单击 确定 按钮，即可重命名新建的选项卡。

- **新建组：**在"主选项卡"列表框中选择需要新建组的选项卡，在"自定义功能区"栏中单击 新建组(N) 按钮，即可在该选项卡下新建组。

- **在组中添加命令：**选择需要添加命令的组，在"从下列位置选择命令"列表框中选择需要的命令，然后单击 添加(A) >> 按钮，即可将命令添加到该组中。

- **删除自定义的功能区：**在"自定义功能区"栏中选择相应的选项卡或组，单击 << 删除(R) 按钮，即可将自定义的选项卡或组删除。若要一次性删除所有自定义的功能区，可单击 重置(E) ▼ 按钮，在打开的下拉列表中选择"重置所有自定义项"选项，在打开的提示对话框中单击 是(Y) 按钮，即可删除所有自定义项，恢复Word 2016的默认功能区。

3. 显示或隐藏文档中的元素

Word 2016的文档编辑区中包含多个文档编辑的辅助元素，如标尺、网格线、导航窗格和滚动条等，编辑文档时可根据需要隐藏不需要的元素或将隐藏的元素显示出来。显示或隐藏文档中元素的方法主要有两种。

- 在【视图】/【显示】组中单击选中或取消选中标尺、网格线和导航窗格对应的复选框，可在文档中显示或隐藏相应元素，如图1-3所示。

- 在"Word选项"对话框中单击"高级"选项卡，向下拖曳对话框右侧的滚动条，在"显示"栏中单击选中或取消选中"显示水平滚动条""显示垂直滚动条""在页面视图中显示垂直标尺"复选框，也可在文档中显示或隐藏相应元素，如图1-4所示。

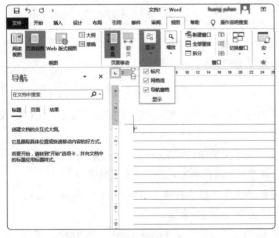

图1-3 在"视图"选项卡中设置

图1-4 在"Word选项"对话框中设置

知识补充

设置 Word 2016 的主题

在Word 2016中，选择【文件】/【账户】命令，在打开界面的"Office主题"下拉列表中可以分别选择相应的背景和主题选项，以自定义Word 2016的工作界面的颜色和主题。Word 2016的默认主题是"彩色"，本书为了更好地呈现印制效果，将"Office主题"设置为"白色"。Excel 2016和PowerPoint 2016界面主题也是白色。

1.2 文档的基本操作

在Word 2016中，文档的基本操作包括新建与打开文档、输入文本、编辑文本、保存与关闭文档以及保护文档。下面分别进行介绍。

1.2.1 新建与打开文档

新建与打开文档是Word 2016最基本的操作，下面分别进行介绍。

1. 新建文档

在Word 2016中可以新建空白文档，其方法为：启动Word 2016，选择【文件】/【新建】命令，在打开的界面中选择"空白文档"选项，系统将新建一个空白文档，如图1-5所示。

除了新建空白文档，用户也可以直接基于Word 2016提供的模板新建文档，其方法为：选择【文件】/【新建】命令，在打开界面中的"搜索联机模板"文本框中输入相关关键词，查询需要的模板样式。在查询结果中选择需要的模板选项，在打开的界面中单击"创建"按钮 ，创建模板文档，如图1-6所示。

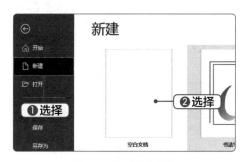

图1-5　新建空白文档

图1-6　新建模板文档

2. 打开文档

要查看或编辑保存在计算机中的文档，必须先打开该文档。其方法为：选择【文件】/【打开】命令，在右侧界面中选择"浏览"选项，打开"打开"对话框，在"地址栏"中选择文件路径，在工作区中选择需要打开的文档，单击 打开(O) 按钮，如图1-7所示。

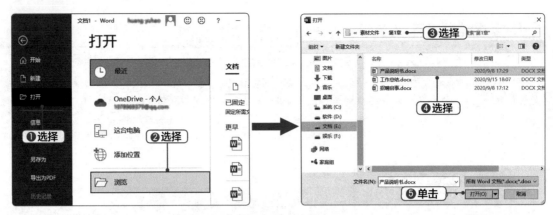

图1-7　打开文档

1.2.2　输入文本

在Word 2016中可以方便地输入和编辑文本。在Word 2016中不仅可以输入普通文本，还可以输入日期和时间、符号等。

- **输入普通文本：** 将光标定位到要输入文本的位置，然后输入文本。
- **输入日期和时间：** 将光标定位到要输入文本的位置，在【插入】/【文本】组中单击"日期和时间"按钮。打开"日期和时间"对话框，在"可用格式"列表框中选择需要的日期和时间格式选项，单击 确定 按钮，如图1-8所示，返回文档中可看到插入日期与时间后的效果。
- **输入符号：** 文档中一些特殊的符号需要通过"符号"对话框输入。首先定位文本插入点，然后在【插入】/【符号】组中单击"符号"按钮 Ω，在打开的下拉列表中选择"其他符号"选项。打开"符号"对话框，在"子集"下拉列表中选择字符样式，在下方的列表框中选择需要的符号，单击 插入(I) 按钮插入符号，如图1-9所示。

图1-8　输入日期和时间

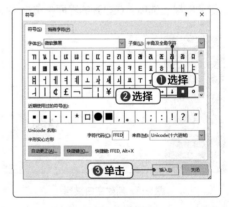

图1-9　输入符号

1.2.3　编辑文本

手动输入文本效率不高，用户可以通过复制、移动、查找和替换文本等方法来编辑文本。若要输入与文档中已有内容相同的文本，可使用复制操作；若要将所需的文本从一个位置移动到另一个位置，可使用移动操作；而查找和替换操作可以快速查找内容并进行批量替换。

- **复制文本：** 复制文本是指在目标位置为原位置的文本创建一个副本。复制文本后，原位置和目标位置都将存在该文本。选择所需文本后，在【开始】/【剪贴板】组中单击"复制"按钮 或按【Ctrl+C】组合键，将光标定位到目标位置，在【开始】/【剪贴板】组中单击"粘贴"按钮 或按【Ctrl+V】组合键，粘贴文本，完成文本的复制。
- **移动文本：** 移动文本是指将文本从文档中原来的位置移动到文档中的其他位置。选择需要移动的文本后，在【开始】/【剪贴板】组中单击"剪切"按钮✂或按【Ctrl+X】组合键，将光标定位到目标位置，在【开始】/【剪贴板】组中单击"粘贴"按钮🗐或按【Ctrl+V】组合键，即可移动文本。

● **查找和替换文本：**当文档中某个多次使用的文字或短句出现错误时，可使用查找与替换操作来检查和修改错误部分，以节省时间并避免遗漏。将光标定位到文档开始处，在【开始】/【编辑】组中单击"替换"按钮🔤，打开"查找和替换"对话框，在"查找内容"和"替换为"文本框中分别输入需要替换的文本和替换后的文本，然后单击 全部替换(A) 按钮，打开的提示对话框中会提示替换的数量，单击 确定 按钮确认替换内容，再单击 关闭 按钮（替换内容后 取消 按钮变为 关闭 按钮）关闭对话框，如图1-10所示。

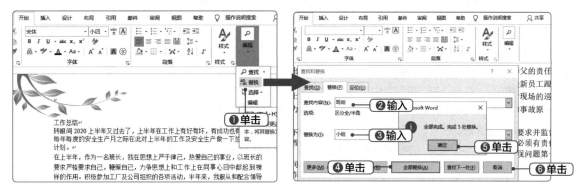

图1-10　查找和替换文本

1.2.4　保存与关闭文档

完成文档的各种编辑操作后，必须将其保存在计算机中，便于对其进行查看和修改，其方法为：选择【文件】/【保存】命令，在打开的"另存为"窗口中选择"浏览"选项，打开"另存为"对话框，在地址栏中选择文档的保存路径，在"文件名"文本框中输入文件的保存名称，完成后单击 保存(S) 按钮。

在Word 2016中，关闭文档的操作很简单，其方法为：先按照上述方法保存文档，再单击工作界面右上角的"关闭"按钮区或选择【文件】/【关闭】命令。

1.2.5　保护文档

为了防止他人随意查看文档信息，可对文档进行加密以保护文档，其方法为：选择【文件】/【信息】命令，在打开的界面中单击"保护文档"按钮🔒，在打开的下拉列表中选择"用密码进行加密"选项。打开"加密文档"对话框，在"密码"文本框中输入密码，然后单击 确定 按钮；打开"确认密码"对话框，在文本框中重复输入密码，然后单击 确定 按钮，效果如图1-11所示。返回工作界面，在快速访问工具栏中单击"保存"按钮💾保存设置。关闭该文档，再次打开时将打开"密码"对话框，输入密码并单击 确定 按钮才能打开文档。

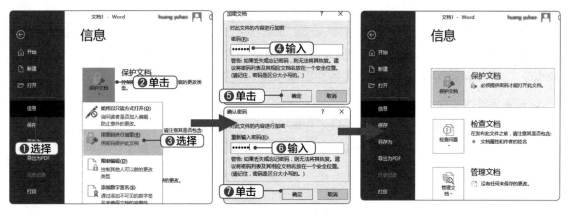

图1-11　保护文档

1.3 文档的格式设置

在Word 2016中对文档进行格式设置，能更直观地展示相关信息。文档的格式设置包括设置字符格式、设置段落格式、设置底纹与边框以及设置项目符号和编号等。

1.3.1 设置字符格式

字符格式主要通过【开始】/【字体】组，以及"字体"对话框设置。下面分别进行介绍。

● **通过【开始】/【字体】组设置：** 选择文本，在【开始】/【字体】组的"字体"下拉列表中可选择字体，在"字号"下拉列表中可选择字号，单击"加粗"按钮 **B** 可加粗字体，单击"字体颜色"按钮 **A** 右侧的下拉按钮，在打开的下拉列表中可设置字体颜色，如图1-12所示。

● **通过"字体"对话框设置：** 选择文本，在【开始】/【字体】组中单击"对话框启动器"按钮。打开"字体"对话框，在"字体"选项卡中可进行字体的基础设置，包括字体、字号、字体颜色等。单击"高级"选项卡，在"缩放"下拉列表中可设置字体缩放，在"间距"下拉列表中可设置字符间距，如图1-13所示。

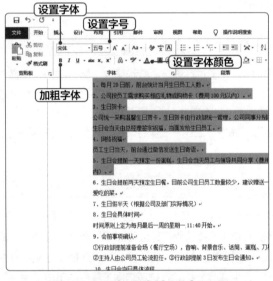

图1-12　通过【开始】/【字体】组设置

图1-13　通过"字体"对话框设置

1.3.2 设置段落格式

段落是指文本、图形等对象的集合，回车符 ↵ 是段落的结束标记。设置段落格式，如设置段落对齐方式、段落缩进、行间距和段间距等，可以使文档的结构更清晰、层次更分明。

1. 设置段落对齐方式

Word 2016中的段落对齐方式包括左对齐、居中、右对齐、两端对齐（默认对齐方式）和分散对齐5种。选择文本，在【开始】/【段落】组中单击相应的对齐按钮，可设置段落对齐方式，如图1-14所示。

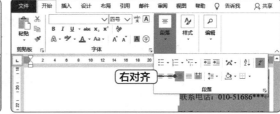

图1-14 设置段落对齐方式

2. 设置段落缩进

段落缩进是指段落左右两边文本与页边距之间的距离，包括左缩进、右缩进、首行缩进和悬挂缩进。设置段落缩进的方法为：选择文本，在【开始】/【段落】组中单击"对话框启动器"按钮，打开"段落"对话框的"缩进和间距"选项卡，在"左侧"或"右侧"数值框中输入具体缩进字符数，单击 确定 按钮即可设置段落左缩进或右缩进；在"特殊"下拉列表中选择"首行"或"悬挂"选项，在其后的"缩进值"数值框中输入具体缩进字符数，单击 确定 按钮即可设置段落首行缩进或悬挂缩进。

图1-15所示为设置段落缩进后的效果，第一段设置了左缩进1个字符，第二段设置了右缩进1个字符，第三段设置了首行缩进2个字符，第四段设置了悬挂缩进2个字符。

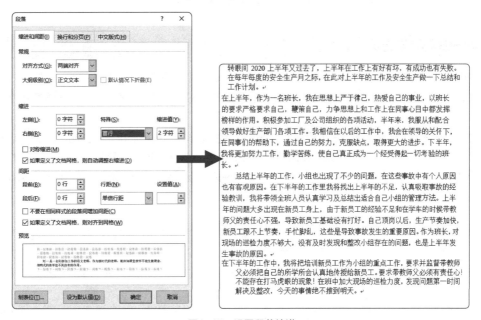

图1-15 设置段落缩进

3. 设置行间距和段间距

行间距是指段落中一行文字底部到下一行文字底部的间距，而段间距是指相邻两段之间的距离，包括段前和段后的距离。设置行间距和段间距的方法为：选择文本，在【开始】/【段落】组右下角单击"对话框启动器"按钮，打开"段落"对话框，在"间距"栏的"段前"数值框和"段后"数值框中分别输入具体数值，在"行距"下拉列表中选择"多倍行距"选项，在其后"设置值"数值框中输入具体数值，完成后单击 确定 按钮，如图1-16所示。

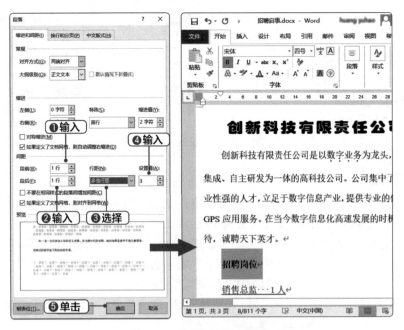

图1-16　设置行间距和段间距

1.3.3　设置底纹与边框

第1部分

　　为文档内容设置底纹与边框可突出显示文档的重点内容，丰富文档的版式，美化文档。设置底纹的方法为：选择文本，在【开始】/【段落】组中单击"底纹"按钮右侧的下拉按钮，在打开的下拉列表中选择颜色选项，如图1-17所示。

　　设置边框的方法为：选择文本，在【开始】/【段落】组中单击"边框"按钮右侧的下拉按钮，在打开的下拉列表中选择需要的边框样式，如图1-18所示。若在该下拉列表中选择"边框和底纹"选项，可打开"边框和底纹"对话框，在"边框"选项卡中可对边框进行更详细的设置，如图1-19所示。在"底纹"选项卡中可对底纹进行更详细的设置，如图1-20所示。

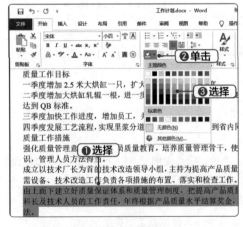

图1-17　设置底纹1

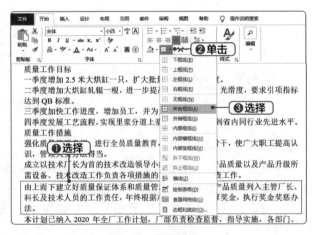

图1-18　设置边框1

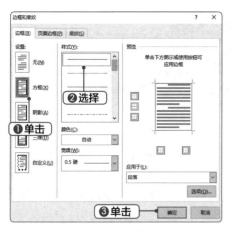

图1-19 设置边框2

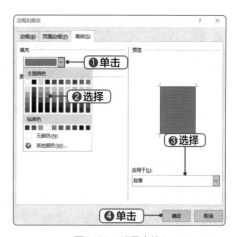

图1-20 设置底纹2

1.3.4 设置项目符号和编号

在Word文档中使用项目符号和编号功能，可为各段落添加●、★、◆等项目符号，也可添加"1. 2. 3."或"A. B. C."等编号，还可设置多级列表，使文档的层次更分明。

1. 设置项目符号

设置项目符号的方法为：选择需要设置项目符号的文本，在【开始】/【段落】组中单击"项目符号"按钮三右侧的下拉按钮，在打开的下拉列表的"项目符号库"栏中可选择需要的项目符号选项。返回文档，可查看设置后的效果，如图1-21所示。

2. 设置编号

编号主要用于设置一些按一定顺序排列的项目，如操作步骤或合同条款等。设置编号的方法与设置项目符号相似，即选择需要设置编号的文本，在【开始】/【段落】组中单击"编号"按钮三右侧的下拉按钮，在打开的下拉列表中选择所需的编号选项，如图1-22所示。

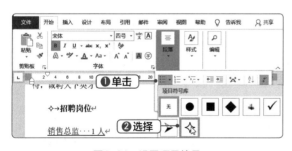

图1-21 设置项目编号

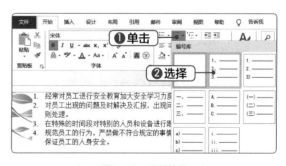

图1-22 设置编号

知识补充

设置多级列表

多级列表在展示同级文档内容时，还可显示下一级文档内容，常用于长文档中。设置多级列表的方法为：选择要应用多级列表的文本，在【开始】/【段落】组中单击"多级列表"按钮，在打开的下拉列表的"列表库"栏中选择多级列表样式。

1.4 课堂案例：编辑"工作计划"文档

工作计划是在分析过往经验、市场行情、公司环境和发展状况的基础上，用数据作为依据来制订工作规划文档。编写工作计划时，一定要简明扼要、条理清晰，最好能够提供准确的销售数字或生产标准，并分点罗列出可行的措施或方案，让工作计划更有说服力并且可执行程度更高。

1.4.1 案例目标

新建并编辑"工作计划"文档，设置字符格式和段落格式，包括字体、字号、字体颜色、段落缩进、行间距、对齐方式等，并设置文档保护。本例需要综合运用本章所学知识，让文档内容层次分明、结构清晰。本例制作完成后的参考效果如图1-23所示。

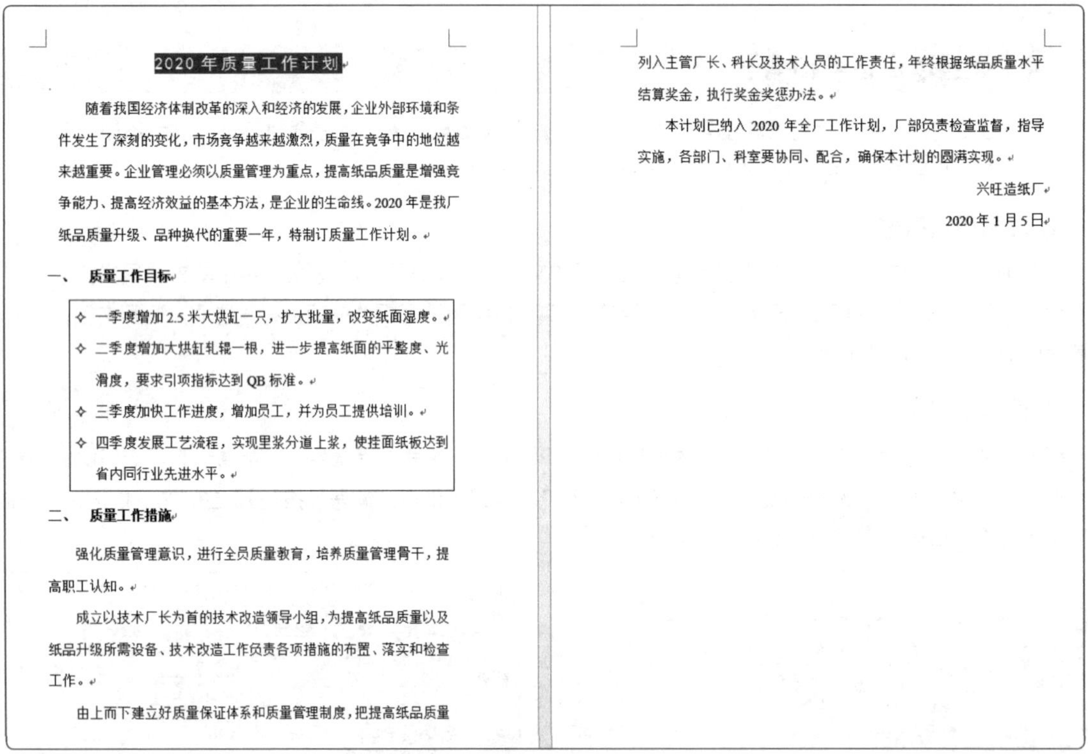

第 1 部 分

2020 年质量工作计划

随着我国经济体制改革的深入和经济的发展，企业外部环境和条件发生了深刻的变化，市场竞争越来越激烈，质量在竞争中的地位越来越重要。企业管理必须以质量管理为重点，提高纸品质量是增强竞争能力、提高经济效益的基本方法，是企业的生命线。2020 年是我厂纸品质量升级、品种换代的重要一年，特制订质量工作计划。

一、 质量工作目标

❖ 一季度增加 2.5 米大烘缸一只，扩大批量，改变纸面湿度。

❖ 二季度增加大烘缸轧辊一根，进一步提高纸面的平整度、光滑度，要求引项指标达到 QB 标准。

❖ 三季度加快工作进度，增加员工，并为员工提供培训。

❖ 四季度发展工艺流程，实现里浆分道上浆，使挂面纸板达到省内同行业先进水平。

二、 质量工作措施

强化质量管理意识，进行全员质量教育，培养质量管理骨干，提高职工认知。

成立以技术厂长为首的技术改造领导小组，为提高纸品质量以及纸品升级所需设备、技术改造工作负责各项措施的布置、落实和检查工作。

由上而下建立好质量保证体系和质量管理制度，把提高纸品质量

列入主管厂长、科长及技术人员的工作责任，年终根据纸品质量水平结算奖金，执行奖金奖惩办法。

本计划已纳入 2020 年全厂工作计划，厂部负责检查监督，指导实施，各部门、科室要协同、配合，确保本计划的圆满实现。

兴旺造纸厂
2020 年 1 月 5 日

图1-23　参考效果

素材所在位置　素材文件\第1章\工作计划.txt
效果所在位置　效果文件\第1章\工作计划.docx

微课视频

1.4.2 制作思路

制作"工作计划"文档时，要保证文档字符格式、段落格式合理、美观，且便于查看。要完成本案例的制作，需要先编辑文本内容，再设置文档格式，包括字符格式和段落格式、项目符号和编号、底纹和边框。其具体制作思路如图1-24所示。

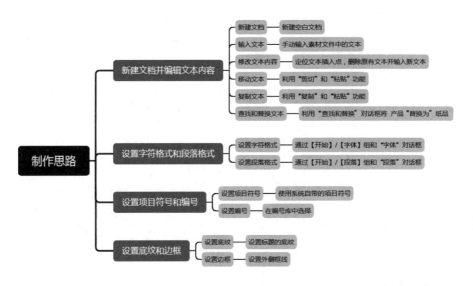

图1-24　制作思路

1.4.3 | 操作步骤

1. 新建文档并编辑文本内容

下面新建"工作计划"文档并对文本内容进行编辑，具体操作如下。

STEP 1 启动 Word 2016，新建"工作计划 .docx"文档，输入"工作计划 .txt"中的文本内容。将光标定位在"发展"文本后，输入逗号"，"。

STEP 2 拖曳鼠标选择第 3 行的"产生"文本，输入"发生了"文本。将光标定位到第 3 行的"企业对"文本后，按【BackSpace】键删除"对"文本，如图 1-25 所示。需要注意的是，按【BackSpace】键删除光标前方的文本，按【Delete】键删除光标后的文本。

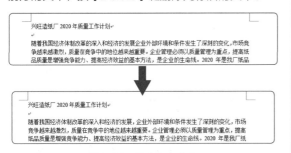

图1-25　修改文本内容

STEP 3 使用鼠标拖曳选择第 1 行的"兴旺造纸厂"文本，在【开始】/【剪贴板】组中单击"剪切"按钮。将光标定位到文章尾部文本"圆满实现。"后，按【Enter】键换行，在【开始】/【剪贴板】组中单击"粘贴"按钮，完成文本移动，效果如图 1-26 所示。

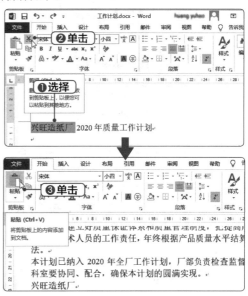

图1-26　移动文本

STEP 4 选择第 1 行的文本"质量工作计划"，在【开始】/【剪贴板】组中单击"复制"按钮。将光标定位到第 1 段末尾"特制订"文本后，在【开始】/【剪贴板】组中单击"粘贴"按钮。

STEP 5 将光标定位到文档的开头位置，然后在【开始】/【编辑】组中单击"替换"按钮。打开"查找和替换"对话框的"替换"选项卡，在"查找内容"

文本框中输入"产品"，在"替换为"文本框中输入"纸品"，然后单击 全部替换(A) 按钮，将文档中所有的"产品"文本替换成"纸品"，打开的提示对话框中会提示替换的数量，单击 确定 按钮确认替换内容，再单击 关闭 按钮关闭对话框，如图 1-27 所示。

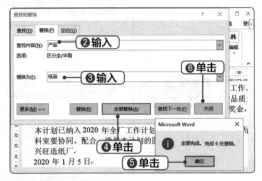

图1-27　查找和替换文本

2. 设置字符格式和段落格式

下面在"工作计划"文档中设置字符格式和段落格式，具体操作如下。

STEP 1　选择标题文本，在【开始】/【字体】组的"字体"下拉列表中选择"黑体"选项，在"字号"下拉列表中选择"三号"选项，如图 1-28 所示。

图1-28　设置字符格式

STEP2　选择除标题文本外的文本内容，在【开始】/【字体】组的"字号"下拉列表中选择"四号"选项，选择"质量工作目标"文本，再按住【Ctrl】键，同时选择"质量工作措施"文本，在"字体"组中单击"加粗"按钮 **B**，如图 1-29 所示。

图1-29　加粗字体

STEP 3　选择标题文本，在【开始】/【字体】组中单击"对话框启动器"按钮。打开"字体"对话框，单击"高级"选项卡，在"缩放"文本框中输入"120%"，在"间距"下拉列表中选择"加宽"选项，"磅值"数值框保持默认，如图 1-30 所示，完成后单击 确定 按钮。

图1-30　设置字符间距

STEP 4　选择标题文本，在【开始】/【段落】组中单击"居中"按钮 ≡。选择最后两行文本，在"段落"组中单击"右对齐"按钮 ≡，如图 1-31 所示。

STEP 5　选择除标题、最后两行和"质量工作目标""质量工作措施"外的文本，在【开始】/【段落】组中单击"对话框启动器"按钮。打开"段落"对话框，在"缩进和间距"选项卡的"特殊"下拉列表中选择"首行"选项，其后的"缩进值"数值框中自动显示的数值为"2

字符"，完成后单击 确定 按钮，效果如图 1-32 所示。

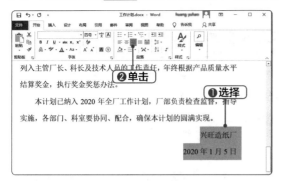

图1-31　设置对齐方式

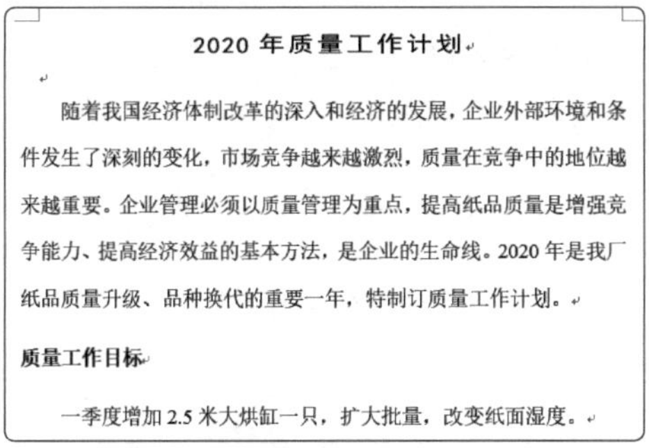

2020 年质量工作计划

　　随着我国经济体制改革的深入和经济的发展，企业外部环境和条件发生了深刻的变化，市场竞争越来越激烈，质量在竞争中的地位越来越重要。企业管理必须以质量管理为重点，提高纸品质量是增强竞争能力、提高经济效益的基本方法，是企业的生命线。2020 年是我厂纸品质量升级、品种换代的重要一年，特制订质量工作计划。

质量工作目标

　　一季度增加 2.5 米大烘缸一只，扩大批量，改变纸面湿度。

图1-32　设置缩进后效果

STEP 6　选择标题文本，在【开始】/【段落】组右下角单击"对话框启动器"按钮 。打开"段落"对话框，在"间距"栏的"段前"数值框和"段后"

3. 设置项目符号和编号

　　下面在"工作计划"文档中设置项目符号和编号，具体操作如下。

STEP 1　选择"质量工作目标"下的文本。在【开始】/【段落】组中单击"项目符号"按钮 右侧的下拉按钮 ，在打开的下拉列表的"项目符号库"栏中选择◇，如图 1-34 所示。

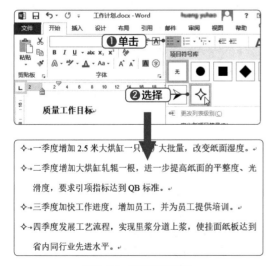

图1-34　设置项目符号

数值框中分别输入"1 行"，单击 确定 按钮。

STEP 7　同时选择"质量工作目标"文本与"质量工作措施"文本，打开"段落"对话框，在"间距"栏的"行距"下拉列表中选择"多倍行距"选项，在"设置值"数值框中输入"3"，单击 确定 按钮，如图 1-33 所示。

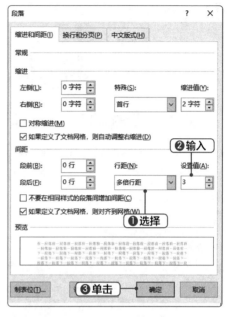

图1-33　设置行间距

STEP 2　选择"质量工作目标"与"质量工作措施"文本。在【开始】/【段落】组中单击"编号"按钮 右侧的下拉按钮 ，在打开的下拉列表的"编号库"栏中选择"一、二、三、"编号样式，如图 1-35 所示。

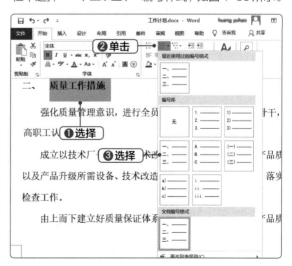

图1-35　设置编号

4. 设置底纹和边框

下面在"工作计划"文档中设置底纹和边框，具体操作如下。

STEP 1 选择标题文本，在【开始】/【段落】组中单击"底纹"按钮🖌右侧的下拉按钮▾，在打开的下拉列表中选择"深红"选项，如图 1-36 所示。

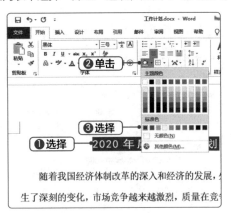

图1-36 设置底纹

STEP 2 选择"质量工作目标"下的 4 段文本，在【开始】/【段落】组中单击"边框"按钮▦右侧的下拉按钮▾，在打开的下拉列表中选择"外侧框线"选项，如图 1-37 所示。

图1-37 设置边框

1.5 强化训练

本章详细介绍了Word文档的创建与编辑，为了帮助读者进一步掌握相关知识，下面将通过编辑"招聘启事"文档和制作"产品说明书"文档进行强化训练。

1.5.1 编辑"招聘启事"文档

招聘启事是用人单位面向社会公开招聘相关人员时使用的应用文书，是企业获取人才的一种主要方式。由于招聘启事需要公开发布，所以其撰写质量会影响招聘效果和企业形象。

【制作效果与思路】

本例制作的"招聘启事"文档效果如图1-38所示，具体制作思路如下。

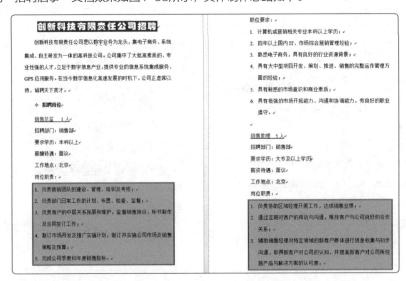

图1-38 "招聘启事"文档效果

素材所在位置 素材文件\第1章\招聘启事.docx
效果所在位置 效果文件\第1章\招聘启事.docx

（1）选择【文件】/【打开】命令，打开"招聘启事.docx"素材文档。设置标题文本格式为"华文琥珀、二号、加宽"，正文字号为"四号"。

（2）设置二级标题文本格式为"四号、加粗"，文本"销售总监 1人"和"销售助理 5人"字符格式为"深红、粗线"，并为"数字业务"文本设置着重号。

（3）设置标题文本居中对齐，最后3行文本右对齐，正文首行缩进两个字符。

（4）设置标题文本段前和段后间距为"1行"，设置二级标题文本的行间距为"多倍行距、3"。

（5）为二级标题文本统一设置项目符号◇。为"岗位职责："与"职位要求："之间的文本内容设置"1.2.3.…"样式的编号。

（6）为邮寄地址和电子邮件地址设置字符边框。

（7）为标题文本应用"深红"底纹。

（8）为"岗位职责："与"职位要求："文本之间的段落应用"方框"边框样式，边框样式为双线样式，并设置底纹颜色为"白色，背景1，深色15%"。

（9）完成后使用相同的方法为其他段落设置边框与底纹样式。

（10）为文档加密，设置密码为"123456"。

1.5.2 | 制作"产品说明书"文档

产品说明书是指以文体的方式对某产品进行的详细表述，使客户可以更加详尽地认识、了解产品，具有真实性、科学性、条理性、通俗性和实用性等特点。

【制作效果与思路】

本例制作的"产品说明书"文档的部分效果如图1-39所示，具体制作思路如下。

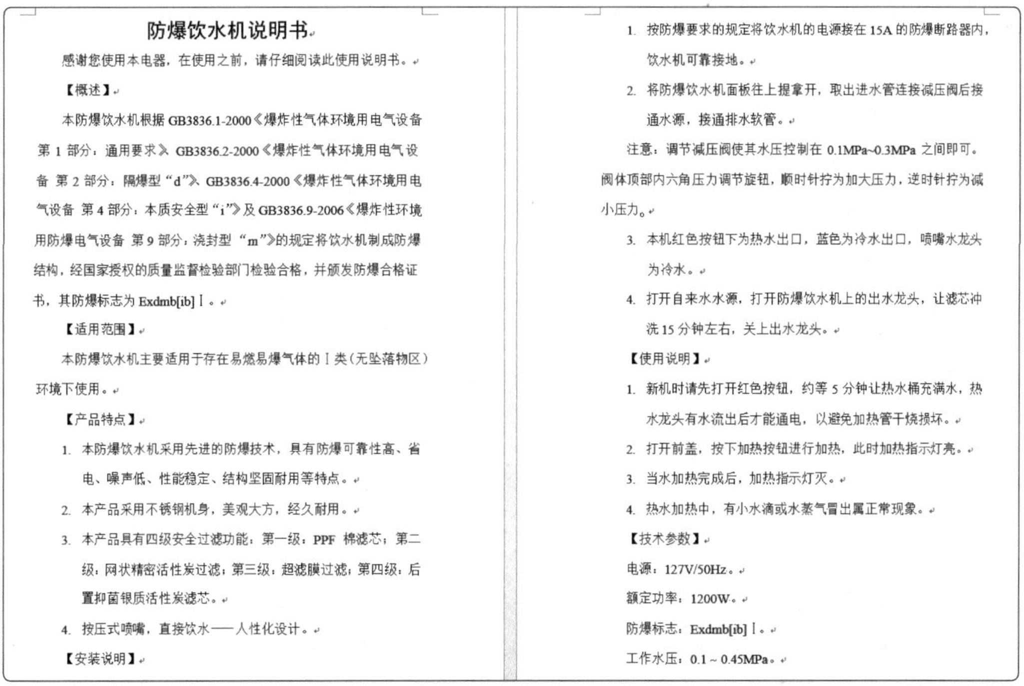

防爆饮水机说明书

感谢您使用本电器，在使用之前，请仔细阅读此使用说明书。

【概述】

本防爆饮水机根据 GB3836.1-2000《爆炸性气体环境用电气设备 第 1 部分：通用要求》GB3836.2-2000《爆炸性气体环境用电气设备 第 2 部分：隔爆型"d"》GB3836.4-2000《爆炸性气体环境用电气设备 第 4 部分：本质安全型"i"》及 GB3836.9-2006《爆炸性环境用防爆电气设备 第 9 部分：浇封型"m"》的规定将饮水机制成防爆结构，经国家授权的质量监督检验部门检验合格，并颁发防爆合格证书，其防爆标志为 Exdmb[ib] I 。

【适用范围】

本防爆饮水机主要适用于存在易燃易爆气体的 I 类（无坠落物区）环境下使用。

【产品特点】

1. 本防爆饮水机采用先进的防爆技术，具有防爆可靠性高、省电、噪声低、性能稳定、结构坚固耐用等特点。

2. 本产品采用不锈钢机身，美观大方，经久耐用。

3. 本产品具有四级安全过滤功能：第一级：PPF 棉滤芯；第二级：网状精密活性炭过滤；第三级：超滤膜过滤；第四级：后置抑菌银质活性炭滤芯。

4. 按压式喷嘴，直接饮水——人性化设计。

【安装说明】

1. 按防爆要求的规定将饮水机的电源接在 15A 的防爆断路器内，饮水机可靠接地。

2. 将防爆饮水机面板往上提拿开，取出进水管连接减压阀后接通水源，接通排水软管。

注意：调节减压阀使其水压控制在 0.1MPa~0.3MPa 之间即可。阀体顶部内六角压力调节旋钮，顺时针拧为加大压力，逆时针拧为减小压力。

3. 本机红色按钮下为热水出口，蓝色为冷水出口，喷嘴水龙头为冷水。

4. 打开自来水水源，打开防爆饮水机上的出水龙头，让滤芯冲洗15分钟左右，关上出水龙头。

【使用说明】

1. 新机时请先打开红色按钮，约等 5 分钟让热水桶充满水，热水龙头有水流出后才能通电，以避免加热管干烧损坏。

2. 打开前盖，按下加热按钮进行加热，此时加热指示灯亮。

3. 当水加热完成后，加热指示灯灭。

4. 热水加热中，有小水滴或水蒸气冒出属正常现象。

【技术参数】

电源：127V/50Hz。

额定功率：1200W。

防爆标志：Exdmb[ib] I 。

工作水压：0.1～0.45MPa。

图1-39 "产品说明书"文档部分效果

素材所在位置	素材文件\第1章\产品说明书.docx
效果所在位置	效果文件\第1章\产品说明书.docx

（1）在标题行下方插入文本，然后将文档中的"饮水机"文本替换为"防爆饮水机"文本。

（2）设置标题文本的字符格式为"黑体、二号"，段落对齐方式为"居中"，正文文本的字号为"四号"，段落缩进方式为首行缩进，再设置最后1行文本的段落对齐方式为"右对齐"。

（3）为相应的文本内容设置编号"1. 2. 3. …"和"1）2）3）…"，在"安装说明"文本后设置编号时，可先设置编号"1. 2."，然后用格式刷设置编号"3. 4."的格式。

1.6 知识拓展

下面对Word文档创建与编辑的一些拓展知识进行介绍，帮助读者更好地编辑文档，提高文档质量。

1. 设置制表位

在Word 2016中使用制表位能够通过向左、向右或居中对齐快速调整文本位置。设置制表位的方法为：在【开始】/【段落】组中单击"对话框启动器"按钮 。打开"段落"对话框，单击 制表位(T)... 按钮，打开"制表位"对话框，在"制表位位置"文本框中输入字符数，在"默认制表位"数值框中输入字符数，在"对齐方式"栏中单击选中"居中对齐"单选项，单击 设置(S) 按钮应用设置，单击 确定 按钮关闭对话框，如图1-40所示。将文本插入点定位到需要调整位置的文本前，按【Tab】键便可使用之前设置的制表位调整文本位置，如图1-41所示。

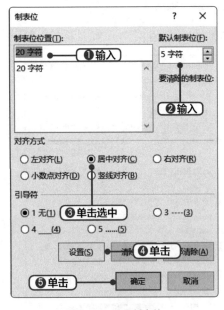

图1-40 设置制表位

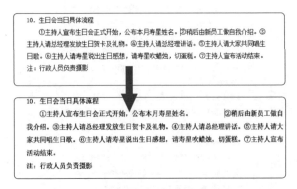

图1-41 使用制表位调整文本位置

2. 自定义项目符号样式

Word中默认提供了一些项目符号样式，若要使用其他符号或要将计算机中的图片文件作为项目符号，可在【开始】/【段落】组中单击"项目符号"按钮 右侧的下拉按钮 ，在打开的下拉列表中选择"定义新项目符号"选项，再在打开的对话框中单击 符号(S)... 按钮，打开"符号"对话框，选择需要的符号进行设置即可。在"定义新项目符号"对话框中单击 图片(P)... 按钮，再在打开的对话框中选择计算机中的图片文件，单击 打开(O) 按钮，即可选择计算机中的图片文件作为项目符号。

3. 快速调整Word文档行距

在编辑Word文档时，要想快速改变文本段的行距，可以选中需要设置的文本段落：按【Ctrl+1】组合键，可将段落设置成单倍行距；按【Ctrl+2】组合键，可将段落设置成2倍行距；按【Ctrl+5】组合键，即可将段落设置成1.5倍行距。

4. 快速切换英文字母大小写

在Word中编辑英文文档时，经常需要切换大小写，使用快捷键可快速切换。下面以"office"单词为例：在文档中选择"office"文本，按【Shift+F3】组合键一次，可将其切换为"Office"文本；再按一次【Shift+F3】组合键，可切换为"OFFICE"文本；再按一次【Shift+F3】组合键，则可切换回"office"文本。

5. 删除文档保护密码

要删除设置的文档保护密码，可先打开已设置保护功能的文档，选择【文件】/【信息】命令，在窗口中间位置单击"保护文档"按钮 🔒，在打开的下拉列表中选择"用密码进行加密"选项，在打开的"加密文档"对话框中删除密码，完成后单击 确定 按钮。

6. 设置文档自动保存

为了避免在编辑数据时遇到停电或死机等突发事件造成数据丢失的情况，可以设置文档自动保存功能，即每隔一段时间后，文档将自动保存所编辑的数据。其方法为：在Word文档工作界面中，选择【文件】/【选项】命令，在打开的对话框中单击"保存"选项卡，在右侧单击选中"保存自动恢复信息时间间隔"复选框，在其后的数值框中输入间隔时间，然后单击 确定 按钮，如图1-42所示。注意：自动保存文档的时间间隔设置得太长容易造成不能及时保存数据；设置得太短又可能因频繁的保存而影响数据的编辑，一般以10~15分钟为宜。

图1-42　设置文档自动保存

1.7 课后练习

本章主要介绍了Word文档的创建与编辑。下面通过制作"表彰通报"文档和编辑"工作总结"文档两个练习，使读者对本章所学知识更加熟悉。

练习1 制作"表彰通报"文档

本练习将制作"表彰通报"文档，需要新建文档，输入并编辑文本内容，设置文本的字符格式和段落格式，并为文档设置密码保护，完成后的效果如图1-43所示。

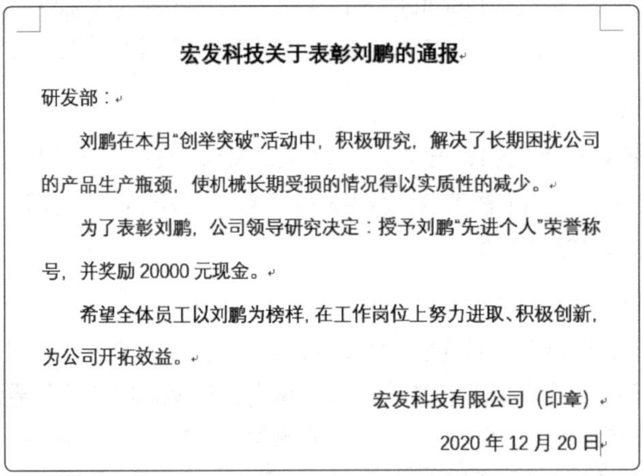

宏发科技关于表彰刘鹏的通报

研发部：

　　刘鹏在本月"创举突破"活动中，积极研究，解决了长期困扰公司的产品生产瓶颈，使机械长期受损的情况得以实质性的减少。

　　为了表彰刘鹏，公司领导研究决定：授予刘鹏"先进个人"荣誉称号，并奖励 20000 元现金。

　　希望全体员工以刘鹏为榜样，在工作岗位上努力进取、积极创新，为公司开拓效益。

宏发科技有限公司（印章）

2020 年 12 月 20 日

图1-43 "表彰通报"文档效果

素材所在位置　素材文件\第1章\表彰通报.docx
效果所在位置　效果文件\第1章\表彰通报.docx

微课视频

操作要求如下。

● 新建空白文档，在页面中输入素材文件"表彰通报.docx"中的内容。
● 设置文本字号为"四号"，单独设置标题文本格式为"黑体、三号"并设置居中对齐和加粗。
● 复制文本"宏发科技"，在文档末尾日期前一段定位文本插入点，按【Enter】键换行，使用只保留文本方式粘贴文本，在其后输入文本"有限公司（印章）"，将最后两行文本设置为右对齐。
● 在【开始】/【段落】组中设置正文文本首行缩进。
● 使用查找和替换功能将文本"XX"替换为"刘鹏"，完成文本制作。
● 选择【文件】/【信息】命令为文档设置保护密码"123456"，完成后选择【文件】/【保存】命令将其以"表彰通报"为名进行保存。

练习2 编辑"工作总结"文档

本练习要求对"工作总结"文档进行编辑，操作时可打开素材文件进行操作，参考效果如图1-44所示。

第1部分

图1-44 "工作总结"文档效果

素材所在位置 素材文件\第1章\工作总结.docx
效果所在位置 效果文件\第1章\工作总结.docx

微课视频

操作要求如下。

- 使用查找和替换功能，将文本"班长"替换为"主管"。
- 剪切红色文本"时常的"，将其粘贴在该处"对员工"文本前，将粘贴文本设置为黑色，并将"的"删除。
- 选择全文文本，将字号设置为"四号"，选择标题文本，设置字符格式为"黑体、二号"并加粗后居中处理，设置段前、段后间距为"1行"。
- 为"安全工作""操作管理工作""设备点检""工作计划"文本设置编号"一、二、三、…"样式，并加粗处理。
- 为最后两行文本设置右对齐，将其余未设置的正文文本首行缩进。
- 为"工作计划"中的5段文本设置项目符号，并添加边框和底纹。

第1部分

第 2 章

Word 文档的图文混排

/ 本章导读

在 Word 2016 中除了输入文字，还可以使用图片、艺术字、文本框、SmartArt 图形、形状以及表格来丰富文档内容，使文档的视觉效果更加美观。本章主要介绍 Word 文档的图文混排，包括图片、艺术字、文本框、SmartArt 图形、形状以及表格的使用等内容。

/ 技能目标

掌握图片的使用。

掌握艺术字和文本框的使用。

掌握 SmartArt 图形与形状的使用。

掌握表格的使用。

/ 案例展示

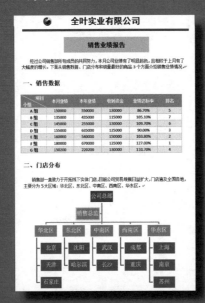

2.1 图片的使用

在各类文档中，图片的使用都较为广泛。在文档中插入并编辑图片，能够提升文档的美观度，使文档更加直观、生动。在Word 2016中，可以插入本地图片和联机图片，并设置图片布局方式、大小、位置和样式。下面分别进行介绍。

2.1.1 插入本地图片

本地图片是指保存在用户计算机中的图片。用户可通过网络搜索并下载图片，并将图片保存到自己的计算机中。插入本地图片是十分常见的操作，其方法为：将光标定位到需要插入图片的位置，在【插入】/【插图】组中单击"图片"按钮，在打开的下拉列表中选择"此设备"选项，打开"插入图片"对话框，在地址栏选择图片的保存位置，然后选择需要插入的图片，单击 插入(S) 按钮，将图片插入目标位置，如图2-1所示。

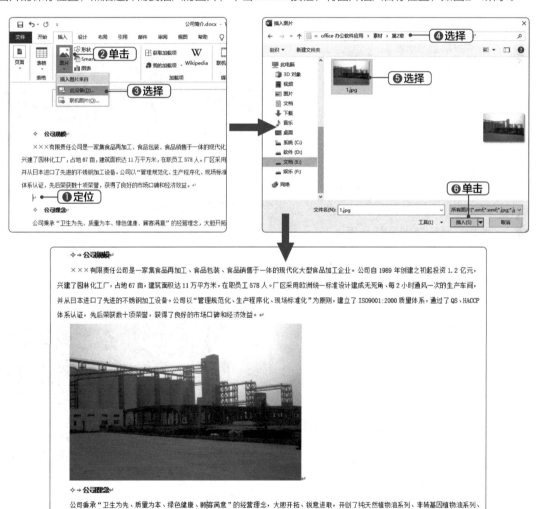

图2-1　插入本地图片

2.1.2 插入联机图片

互联网上有大量的图片，用户可以在连接网络的情况下精确地搜索到优质图片，并将其插入文档。下面在“活动方案.docx”文档中插入联机图片，具体操作如下。

素材所在位置 素材文件\第2章\活动方案.docx
效果所在位置 效果文件\第2章\活动方案1.docx

微课视频

STEP 1 打开素材文件“活动方案.docx”，将光标定位到“一、适用范围”的上一行，在【插入】/【插图】组中单击“图片”按钮，在打开的下拉列表中选择“联机图片”选项，如图2-2所示。

文件
开始
插入
设计
布局
引用
邮件
审阅
视图
帮助
封面
空白页
分页
页面
表格
图片
形状
获取加载项
我的加载项
Wikipedia
加载项
插入图片来自
此设备(D)...
联机图片(O)...
❶单击
❷选择
为了增加公司凝聚力，加强员
企业向心力，让每位员工切实感受
下员工生日福利方案。
一、适用范围
所有的在职员工（当月集中举行一
二、生日会实施程序
1、每月20日前，前台统计当月生
2、公司按员工需求购买相应礼物

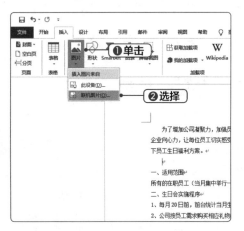

图2-2 选择“联机图片”选项

STEP 2 打开“插入图片”界面，在“必应图像搜索”文本框中输入与要查找的图片相关的关键词，这里输入“生日快乐”文本，单击“搜索”按钮，如图2-3所示。

插入图片
必应图像搜索
生日快乐
OneDrive - 个人
❶输入
❷单击

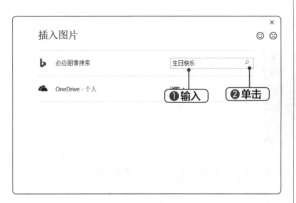

图2-3 搜索图片

STEP 3 打开“联机图片”界面，选择需要的图片，单击“插入”按钮 插入(1) ，如图2-4所示。

联机图片
搜索 必应
由 提供支持 Bing
仅限 Creative Commons
❶选择
你有责任尊重他人的权利，包括版权。 在此处了解更多信息
插入 (1)
❷单击

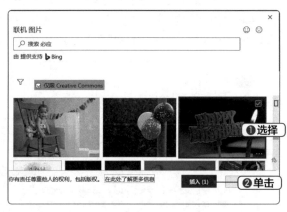

图2-4 插入联机图片

STEP 4 系统开始下载图片，完成后将自动插入文档，效果如图2-5所示，完成后将文档另存为“活动方案1.docx”。

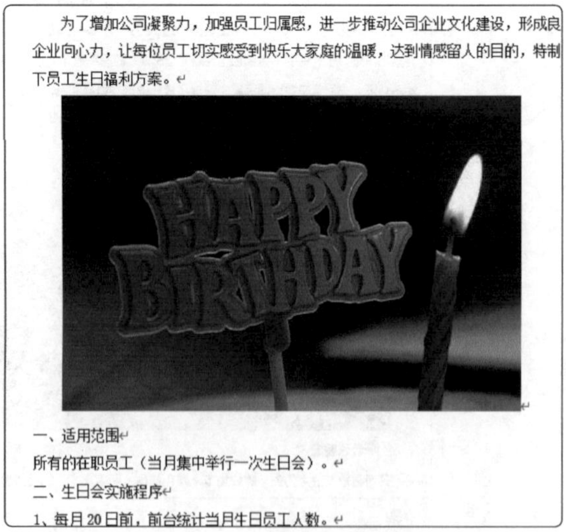

为了增加公司凝聚力，加强员工归属感，进一步推动公司企业文化建设，形成良
企业向心力，让每位员工切实感受到快乐大家庭的温暖，达到情感留人的目的，特制
下员工生日福利方案。
HAPPY BIRTHDAY
一、适用范围
所有的在职员工（当月集中举行一次生日会）。
二、生日会实施程序
1、每月20日前，前台统计当月生日员工人数。

图2-5 插入联机图片效果

2.1.3 | 编辑图片

将图片插入文档后，为了让图片与文档更好地结合在一起，就需要对插入的图片进行一系列编辑操作，如设置图片布局方式、调整图片大小和位置，以及设置图片样式等。下面承接2.1.2小节的操作，对之前插入的联机图片进行编辑，具体操作如下。

 效果所在位置 效果文件\第2章\活动方案2.docx

STEP 1 选择插入的联机图片，单击图片右上角出现的 按钮，在打开的下拉列表中选择"穿越型环绕"选项，设置图片的布局方式，如图2-6所示。

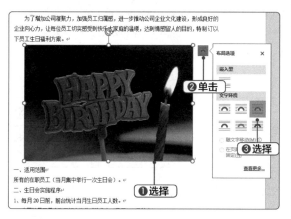

图2-6 选择图片布局方式

STEP 2 选择图片，拖曳图片四周的控制点调整图片的大小，按住鼠标左键不放向左侧拖曳图片，至适当位置释放鼠标左键完成图片的移动操作，如图2-7所示。

图2-7 移动图片

STEP 3 保持图片的选择状态，在【图片工具 - 格式】/【图片样式】组中的"快速样式"下拉列表中选择"简单框架，白色"选项，如图2-8所示。设置完成后的效果如图2-9所示，完成后将文档另存为"活动方案2.docx"。

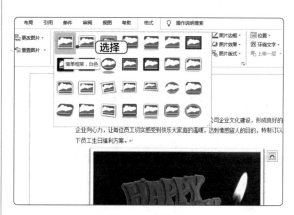

图2-8 选择图片样式

图2-9 设置完成后的效果

第 **2** 章 Word文档的图文混排

知识补充

设置图片的具体宽度和高度

在Word 2016中，可以通过图片上的控制点来调整图片的大小。若要设置图片的具体宽度和高度，则应选择该图片，在【图片工具-格式】/【大小】组中的"高度"和"宽度"数值框中输入图片的高度和宽度数值。

2.2 艺术字和文本框的使用

在制作Word文档时，有时需要用艺术字和文本框来提升文档的视觉表现力，以引人注意。下面介绍在Word 2016文档中，添加并编辑艺术字、插入与编辑文本框的方法。

2.2.1 添加并编辑艺术字

艺术字是具有特殊艺术效果的文字。将其插入文档并进行编辑，可使其呈现出不同的效果，从而美化文档。插入艺术字后，为了使艺术字效果更美观、更符合文档内容，可编辑艺术字的大小、样式等。下面将承接2.1.3小节的操作，添加并编辑艺术字，具体操作如下。

效果所在位置 效果文件\第2章\活动方案3.docx

第1部分

STEP 1 在【插入】/【文本】组中单击"艺术字"按钮，在打开的下拉列表中选择"渐变填充，灰色"选项，如图 2-10 所示。

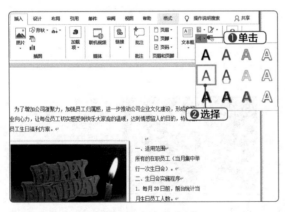

图2-10 插入艺术字

STEP 2 文档中将插入一个艺术字文本框，将光标定位到正文首行，按两次【Enter】键，然后将鼠标指针移动到文本框上，当鼠标指针变为✥形状时按住鼠标左键不放，将其移动到合适位置。选择文本框中的文本并将其删除，然后输入"员工生日会活动方案"

文本，如图 2-11 所示。

图2-11 输入艺术字文本内容

将文本转换为艺术字

选择文本，在【插入】/【文本】组中单击"艺术字"按钮，在打开的下拉列表中选择一种艺术字样式，可直接将文本转换为艺术字。

STEP 3 选择艺术字文本，在【开始】/【字体】

组中为文本设置"方正细黑—简体,小初"字符格式,在【绘图工具 – 格式】/【艺术字样式】组中单击"文本填充"按钮▲右侧的下拉按钮·,在打开的下拉列表中选择"橙色"选项,如图 2-12 所示。

STEP 4 在【绘图工具 – 格式】/【艺术字样式】组中单击"文字效果"按钮 Ａ·,在打开的下拉列表中选择"映像 / 紧密映像:接触"选项,如图 2-13 所示,完成后将文档另存为"活动方案 3.docx"。

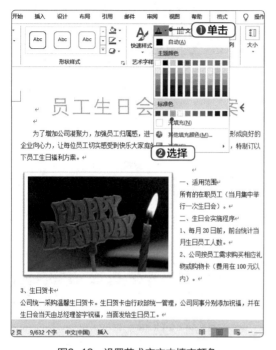

图2-12 设置艺术字文本填充颜色

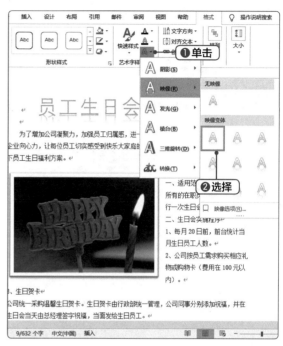

图2-13 设置艺术字文字效果

2.2.2 插入与编辑文本框

使用文本框可在页面任何位置输入需要的文本或插入图片,且其他插入的对象不影响文本框中的文本或图片,具有很大的灵活性。因此,在使用 Word 2016 制作页面元素比较多的文档时,会常使用到文本框。下面将承接 2.2.1 小节的操作,插入横排文本框,并调整其大小、格式效果等,具体操作如下。

 效果所在位置 效果文件\第2章\活动方案4.docx

微课视频

STEP 1 在【插入】/【文本】组中单击"文本框"按钮圆,在打开的下拉列表中选择"绘制横排文本框"选项,如图 2-14 所示。

STEP 2 此时鼠标指针将变成 ＋ 形状,按住鼠标左键不放并拖曳鼠标,在文末绘制文本框,然后在其中输入"祝寿星生日快乐,身体健康!"文本,并调整文本框大小,如图 2-15 所示。

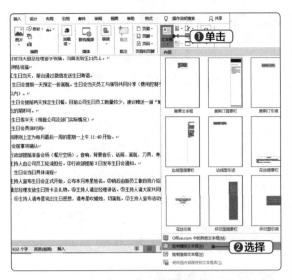

图2-14　绘制横排文本框

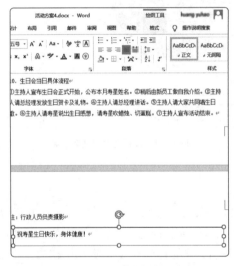

图2-15　绘制文本框并输入文本

开的下拉列表中选择"橙色"作为文本框轮廓颜色，如图 2-17 所示。

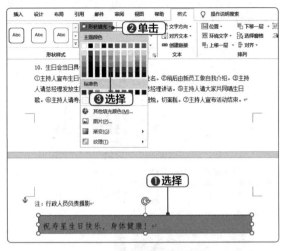

图2-16　设置文本框背景颜色

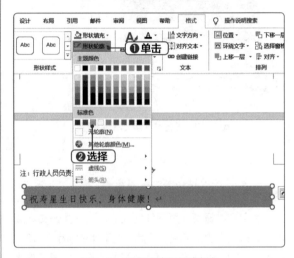

图2-17　设置文本框轮廓颜色

STEP 3　将光标定位至文本框内，选择所有文本，将字体设置为"华康仿宋体"，字号为"三号"。选择文本框，在【绘图工具－格式】/【形状样式】组中单击"形状填充"按钮🎨右侧的下拉按钮▾，在打开的下拉列表中选择"蓝色，个性色 1，淡色 40%"作为文本框背景颜色，如图 2-16 所示。

STEP 4　在【绘图工具－格式】/【形状样式】组中单击"形状轮廓"按钮◪右侧的下拉按钮▾，在打

STEP 5　在【绘图工具－格式】/【形状样式】组中单击"形状轮廓"按钮◪右侧的下拉按钮▾，将轮廓粗细设置为"2.25 磅"，如图 2-18 所示。

STEP 6　在【绘图工具－格式】/【形状样式】组中单击"形状效果"按钮⬛▾，在打开的下拉列表中选择"阴影/偏移：右下"选项，如图 2-19 所示。完成设置后，将文档另存为"活动方案 4.docx"。

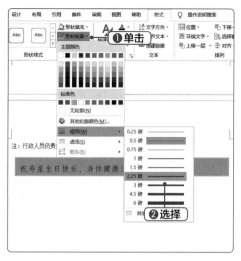

图2-18 设置轮廓粗细

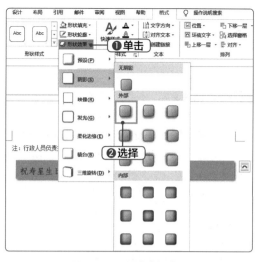

图2-19 设置文本框效果

2.3 SmartArt 图形与形状的使用

除了图片、艺术字和文本框之外，SmartArt图形与形状也是文档中较为常用的元素。在Word 2016中，可以插入不同样式、版式的SmartArt图形，用户可以根据实际需要进行选择。同时，用户还可以对插入的SmartArt图形和形状进行编辑，下面进行具体介绍。

2.3.1 插入与编辑 SmartArt 图形

SmartArt图形是为文本设计的信息和观点的可视表现形式。使用它可以使文字之间的关联表示得更加清晰，制作出具有专业水准的图形。

插入SmartArt图形并输入基本内容后，可根据情况在激活的【SmartArt工具-设计】选项卡对应的功能区中进行设置，图2-20所示为激活的【SmartArt工具-设计】选项卡对应的功能区。其各组的作用介绍如下。

图2-20 【SmartArt工具-设计】选项卡对应的功能区

- **"创建图形"组：** 在该组中单击 添加形状 按钮右侧的下拉按钮 ，可根据需要在打开的下拉列表中选择对应的选项，创建SmartArt图形。在该组中单击相应按钮还可以移动各图形的位置、调整级别大小等。
- **"版式"组：** 在其列表框中可选择SmartArt图形布局样式，也可选择"其他布局"选项，打开"选择SmartArt图形"对话框，重新设置SmartArt图形的布局样式。
- **"SmartArt样式"组：** 在其列表框中可选择三维效果等样式，单击"更改颜色"按钮 ，可以设置SmartArt图形的颜色效果。
- **"重置"组：** 单击该组中的"重设图形"按钮 ，可放弃对SmartArt图形所做的全部格式更改。

在制作公司组织结构图、产品生产流程图、采购流程图等图形时，使用SmartArt图形能将各层次结构之间的关系清晰明了地表述出来。下面新建"企业组织结构图.docx"文档，并在其中插入并编辑SmartArt图形，具体操作如下。

效果所在位置 效果文件\第2章\企业组织结构图.docx

微课视频

STEP 1 新建文档，并将其保存为"企业组织结构图.docx"。在【插入】/【插图】组中单击"SmartArt"按钮，打开"选择 SmartArt 图形"对话框，单击"层次结构"选项，在中间的列表中选择需要的组织结构图，这里选择"组织结构图"选项，单击 确定 按钮，如图 2-21 所示。

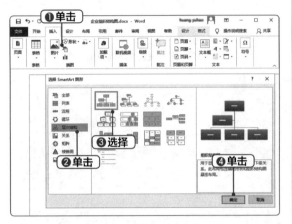

图2-21 插入组织结构图

STEP 2 按住【Shift】键不放，选择组织结构图中第 3 行最左和最右两个文本框，如图 2-22 所示，按【Delete】键将其删除。

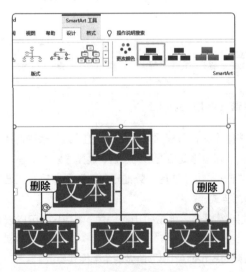

图2-22 删除形状

STEP 3 选择第 3 行的文本框，在【SmartArt 工

具 – 设计】/【创建图形】组中单击 添加形状 按钮右侧的下拉按钮，在打开的下拉列表中选择"在下方添加形状"选项，如图 2-23 所示。

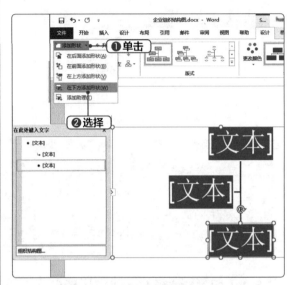

图2-23 在下方添加形状

STEP 4 此时，在选择的文本框下方添加了一个形状。用同样的方法在其下方再添加两个形状，效果如图 2-24 所示。

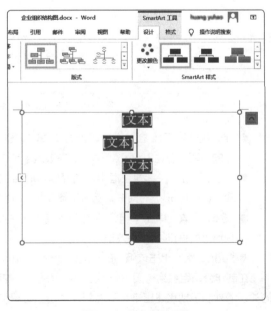

图2-24 添加其他形状

第1部分

技巧秒杀

用鼠标右键添加形状

在SmartArt图形中选择某个形状，单击鼠标右键，在弹出的快捷菜单中选择"添加形状"命令，同样可在该形状后面、前面、上方和下方添加形状。选择"更改形状"命令则可更改形状样式。

STEP 5 选择第 3 行的文本框和其下方添加的 3 个形状，然后在【SmartArt 工具 – 设计】/【创建图形】组中单击"布局"按钮 ，在打开的下拉列表中选择"标准"选项，如图 2-25 所示，将添加的 3 个形状从垂直排列调整为水平排列，效果如图 2-26 所示。

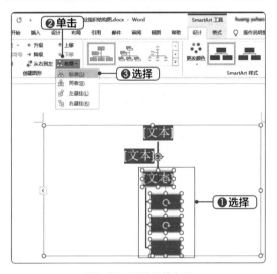

图2-25 调整形状布局

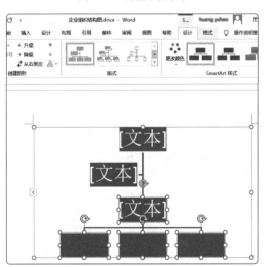

图2-26 调整后的效果

STEP 6 按照上述方法添加其他形状。在【SmartArt 工具 – 设计】/【创建图形】组中单击"文

本窗格"按钮 ，如图 2-27 所示。

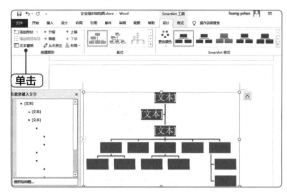

图2-27 单击"文本窗格"按钮

STEP 7 打开"在此处键入文字"窗格，将光标定位到窗格中的第 1 个文本框中，在其中输入"股东大会"文本，如图 2-28 所示。通过"在此处键入文字"窗格输入其他相关的文本，完成后的效果如图 2-29 所示。

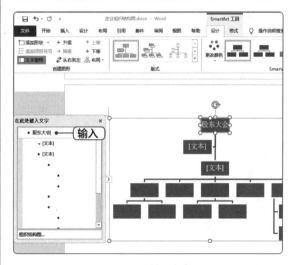

图2-28 输入文本

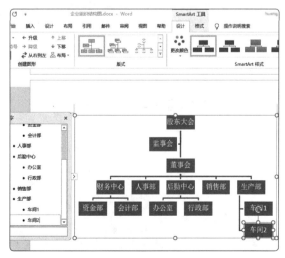

图2-29 输入其他文本

STEP 8 选择组织结构图，在【SmartArt 工具 - 设计】/【SmartArt 样式】组中单击"更改颜色"按钮，在打开的下拉列表中选择"彩色范围 - 个性色 4 至 5"选项，如图 2-30 所示。

STEP 9 在【SmartArt 工具 - 设计】/【SmartArt 样式】组中单击"快速样式"按钮，在打开的下拉列表中选择"白色轮廓"样式，如图 2-31 所示，设置完成后保存文档。

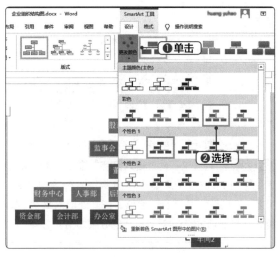

图2-30　更改颜色

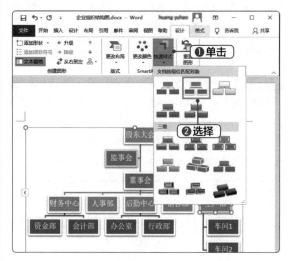

图2-31　设置SmartArt图形样式

2.3.2　绘制与编辑形状

　　形状是指具有一定规则的图形，如线条、正方形、椭圆、箭头、星形等，可用在文档中绘制图形或为图片等添加形状标注，还可根据需要对形状进行编辑美化。下面在"产品宣传单.docx"文档中绘制与编辑形状，具体操作如下。

素材所在位置　素材文件\第2章\产品宣传单.docx
效果所在位置　效果文件\第2章\产品宣传单.docx

微课视频

STEP 1 打开"产品宣传单 .docx"素材文件，在【插入】/【插图】组中单击"形状"按钮，在打开的下拉列表的"基本形状"栏中选择"云形"选项，如图 2-32 所示。

STEP 2 此时，鼠标指针将变成十形状，将鼠标指针移动到页面右下角，然后按住鼠标左键不放拖曳鼠标绘制形状，如图 2-33 所示。

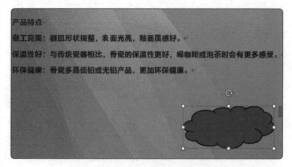

图2-33　绘制形状

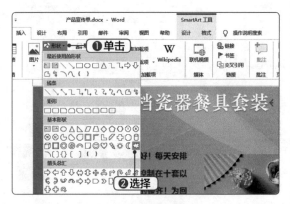

图2-32　选择形状

STEP 3 保持形状的选择状态，在【绘图工具 – 格式】/【形状样式】组中单击"其他"按钮☑，在打开的下拉列表中选择"中等效果 – 橙色，强调颜色 6"选项，如图 2-34 所示。

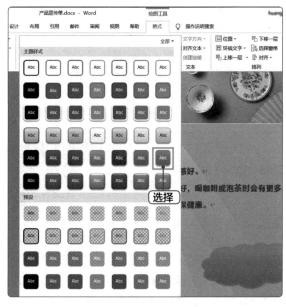

图2-34 选择形状样式

STEP 4 在【绘图工具 – 格式】/【形状样式】组中单击"形状效果"按钮☑，在下拉列表"发光"中选择"发光: 8磅; 蓝色，主题色 1"选项，如图 2-35 所示。

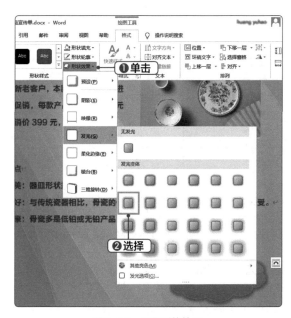

图2-35 设置形状效果

STEP 5 在形状上单击鼠标右键，在弹出的快捷菜单中选择"添加文字"命令，如图 2-36 所示，在其中输入"惊喜特价"文本；拖曳鼠标选择"惊喜特价"文本，在【开始】/【字体】组中设置字符格式为"黑体、小一"，效果如图 2-37 所示，完成后保存文档。

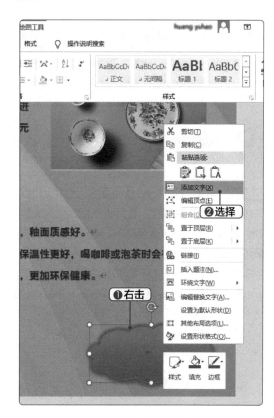

图2-36 选择"添加文字"命令

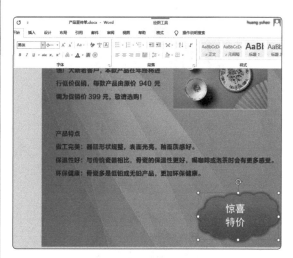

图2-37 设置后的效果

2.4 表格的使用

当文档中需要录入大量数据时，使用表格是一个不错的方法。表格可以使数据更直观地展现出来，让人一目了然。在 Word 2016 中，可以插入表格，并对其加以编辑，包括合并单元格、调整单元格大小、设置表格边框和底纹等，使表格更加符合需要，同时还可以对表格数据进行排序和计算。

2.4.1 插入并编辑表格

用表格表示数据可以使复杂的内容看起来简洁明了且条理清晰，在 Word 2016 中，可以方便地插入所需行列数的表格，并根据需要编辑出所需的表格效果。下面新建一个 Word 文档并在其中插入并编辑表格，具体操作如下。

 效果所在位置 效果文件\第2章\转正申请表.docx

微课视频

STEP 1 新建一个 Word 空白文档，将其以"转正申请表.docx"为名保存，然后将光标定位到文档开始处。输入"转正申请表"文本，设置其字符格式为"黑体、二号、加粗、居中"。在【插入】/【表格】组中单击"表格"按钮 ，在打开的下拉列表中选择"插入表格"选项，如图 2-38 所示。打开"插入表格"对话框，在"列数"和"行数"数值框中分别输入"8"和"12"，单击 确定 按钮，如图 2-39 所示。

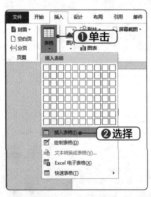

图2-38 插入表格

图2-39 输入列数和行数

STEP 2 此时将插入 8 列 12 行的空白表格，且光标自动定位到第一个单元格中。用户可输入所需内容。在其他单元格中单击可将光标定位到该单元格内，然后输入其他相关内容，设置表格内容的字符格式为"方正大标宋简体、五号"，效果如图 2-40 所示。

转正申请表

姓名		职位		性别		入职日期	
部门		学历		毕业院校		婚姻状况	
联系电话				电子邮箱			
身份证号				家庭住址			
现居住地							
入职后的工作内容							
入职后的收获							
入职后的奖惩及绩效考核情况							
人事部审核							
部门审核意见							
总经理审核意见							
审核人签名				人事经理签名			

图2-40 输入表格内容

STEP 3 拖曳鼠标选择要合并的多个单元格，然后单击【表格工具 - 布局】/【合并】组中的"合并单元格"按钮 ，如图 2-41 所示。

STEP 4 使用相同方法合并其他单元格，效果如图 2-42 所示。

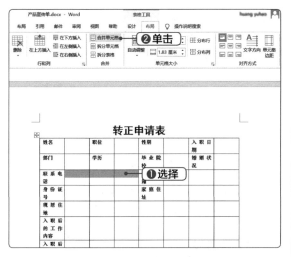

图2-41　合并单元格

转正申请表

姓名		职位		性别		入职日期
部门		学历		毕业院校		婚姻状况
联系电话				电子邮箱		
身份证号				家庭住址		
现居住地						
入职后的工作内容						
入职后的收获						
入职后的奖惩及绩效考核情况						
人事部审核						
部门审核意见						
总经理审核意见						
审核人签名				人事经理签名		

图2-42　合并单元格效果

STEP 5 将光标定位到第一个单元格中，拖曳鼠标选择整个表格，选择【表格工具－布局】/【对齐方式】组，单击"靠上左对齐"按钮，使文字靠单元格左上角对齐，如图 2-43 所示。

技巧秒杀

将合并的单元格再拆分

选择合并后的单元格，在【表格工具-布局】/【合并】组中单击"拆分单元格"按钮，打开"拆分单元格"对话框，在其中设置拆分后的行数和列数，可拆分该合并后的单元格。运用该方法同样也可拆分没有合并的单元格。

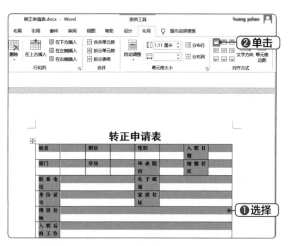

图2-43　设置文字对齐方式

STEP 6 将鼠标指针移动到"姓名"单元格右侧的垂直边框线上，当鼠标指针变成形状时，按住鼠标左键不放向右拖曳，调整单元格的列宽，如图 2-44 所示。使用相同方法，对"性别"单元格列的列宽进行调整。

转正申请表

姓名		性别		入职日期
部门	学历	毕业院校		婚姻状况
联系电话		电子邮箱		
身份证号		家庭住址		
现居住地				
入职后的工作内容				
入职后的收获				
入职后的奖惩及绩效考核情况				
人事部审核				
部门审核意见				
总经理审核意见				
审核人签名		人事经理签名		

图2-44　调整列宽

STEP 7 将鼠标指针移到行单元格下方的边框线上，当鼠标指针变成形状时，按住鼠标左键不放向下拖曳，调整单元格的行高。使用相同方法调整其他行高和列宽，效果如图 2-45 所示。

STEP 8 选择整个表格，在【表格工具－设计】/【边框】组中单击"边框样式"按钮下方的下拉按钮，在打开的下拉列表中选择"单实线，1 1/2 pt"选项，如图 2-46 所示。

STEP 9 在【表格工具－设计】/【边框】组中单击"边框"按钮下方的下拉按钮，在打开的下拉列表中选择"内部框线"选项，如图 2-47 所示。

第 **2** 章　Word文档的图文混排

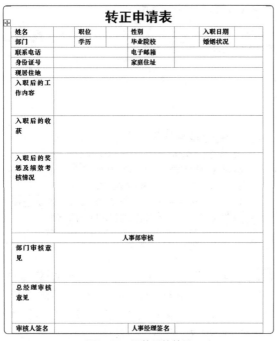

图2-45 调整后的效果

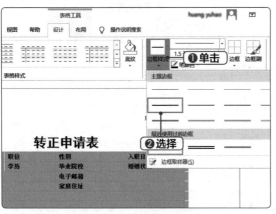

图2-46 选择线条样式

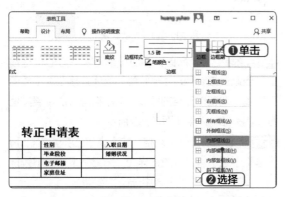

图2-47 选择边框

STEP 10 单击"笔画粗细"下拉列表右侧的下拉按钮，将线条粗细设置为"2.25磅"，如图2-48所示。

单击"边框"按钮下方的下拉按钮，在打开的下拉列表中选择"外侧框线"选项，为表格设置外侧框线，如图2-49所示。

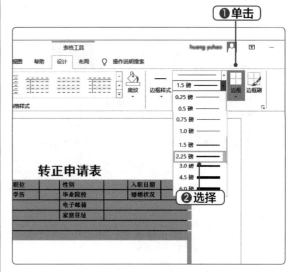

图2-48 设置线条粗细

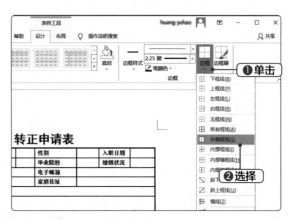

图2-49 选择外侧框线

设置行高和列宽的具体值

将光标定位到某行或某列单元格中，在【表格工具-布局】/【单元格大小】组的"高度"或"宽度"数值框中输入行高或列宽的具体数值，从而精确地设置行高和列宽。

STEP 11 在【表格工具－设计】/【表格样式】组中单击"底纹"按钮下方的下拉按钮，在打开的下拉列表中选择"水绿色，个性色5，淡色80%"选项，如图2-50所示。完成后的效果如图2-51所示，最后保存文档。

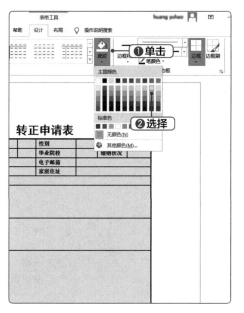

图2-50 设置底纹

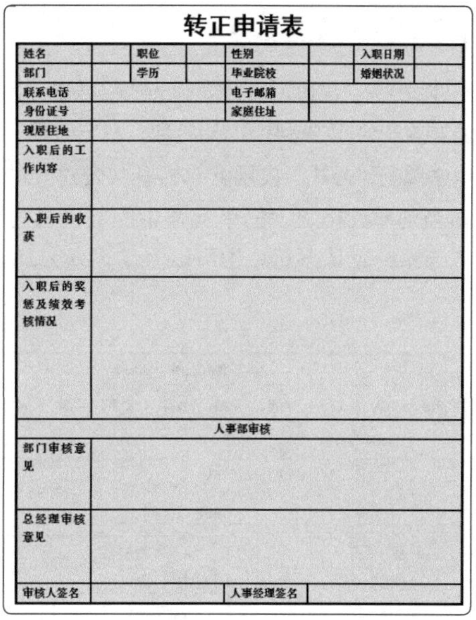

转正申请表

图2-51 完成后的效果

技巧秒杀

套用表格样式

除了手动设置表格样式外，还可以在【表格工具-设计】/【表格样式】组的列表框中，直接选择套用 Word 2016内置的表格样式。这些内置的表格样式包含字体样式、对齐方式、边框和底纹。

2.4.2 排序表格数据

Word虽然不是专门的表格数据处理软件，但其表格中的数据同样可以进行排序操作，其方法是：将光标定位到表格的某一单元格中，在【表格工具-布局】/【数据】组中单击"排序"按钮，打开"排序"对话框；若表格有标题行，则应首先单击选中"有标题行"单选项（若无标题行，则单击选中"无标题行"单选项），然后设置主要关键字、次要关键字和第三关键字，包括设置关键字的类型及使用方式，并选择升序或降序，最后单击 确定 按钮即可，如图2-52所示。

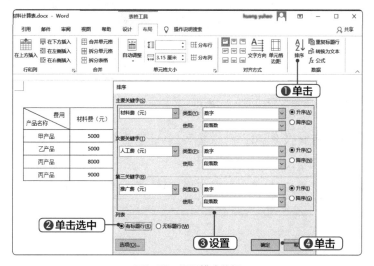

图2-52 设置排序依据

2.4.3 计算表格数据

在Word中，也可以进行简单的表格数据计算，这需要运用公式与函数功能。以表格数据求和为例，其需要设置公式并在公式中运用SUM函数，其方法是：将光标定位到需要求和的单元格，在【表格工具-布局】/【数据】组中单击"公式"按钮 fx，打开"公式"对话框，"公式"文本框中将默认出现公式"=SUM(ABOVE)"，表示对当前单元格之上的单元格中的数值进行求和，单击 确定 按钮即可，如图2-53所示。若需要设置的公式与系统默认不符，也可以手动输入公式，或在"粘贴函数"下拉列表中选择函数并手动将公式补充完整。

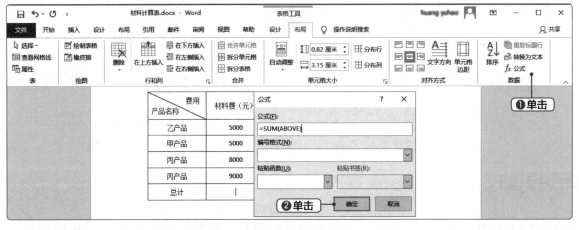

图2-53 设置公式

2.5 课堂案例：制作"销售业绩报告"文档

销售业绩报告是办公中经常制作的一类文档，要体现公司的销售业绩，最好是通过表格、SmartArt图形以及图片来直观展示相关信息。同时还可以使用文本框、形状等美化报告。本销售业绩报告主要体现销售部的销售数据、门店分布情况和销量最好的商品等，制作时应保证版面清爽、不花哨。

2.5.1 案例目标

对"销售业绩报告"文档进行制作时，可使用表格来反映公司的销售数据，使用SmartArt图形来反映公司门店的分布情况，使用图片来展示公司近期销量最好的商品，使公司管理层直观地了解公司的销售业绩情况。本例制作"销售业绩报告"文档，需要综合运用本章所学知识，包括运用图片、文本框、SmartArt图形、形状、表格等知识。本例制作完成后的参考效果如图2-54所示。

素材所在位置	素材文件\第2章\课堂案例\销售业绩报告.docx、烤箱.tif、电饭煲.tif
效果所在位置	效果文件\第2章\课堂案例\销售业绩报告.docx

微课视频

图2-54 参考效果

2.5.2 | 制作思路

"销售业绩报告"文档的内容较多，需要使用表格、SmartArt图形、图片、形状以及文本框，简洁直观地呈现相关信息，使文档呈现效果美观。要完成本案例的制作，需要先插入并编辑表格、SmartArt图形、图片，以呈现报告的主体部分，然后插入并编辑形状与文本框，使报告进一步得到完善，提升报告的视觉效果。图2-55所示为具体的制作思路。

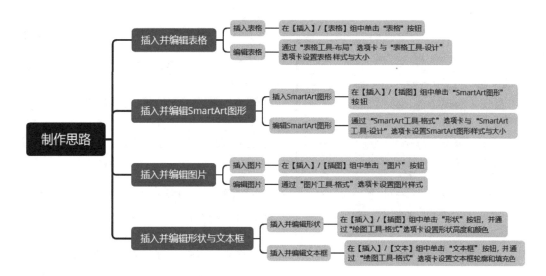

图2-55 制作思路

2.5.3 │ 操作步骤

1. 插入并编辑表格

本次制作的Word文档包含大量数据信息，因此需要插入表格进行直观反映。插入表格后，应输入数据内容，然后进行编辑美化，使其更加美观、合理，具体操作如下。

STEP 1 打开"销售业绩报告.docx"文档，将光标定位到"一、销售数据"文本下方，在【插入】/【表格】组中单击"表格"按钮，在打开的下拉列表中选择"插入表格"选项，打开"插入表格"对话框，在"列数"和"行数"数值框中分别输入"6"和"8"，单击 确定 按钮，如图2-56所示。

第1部分

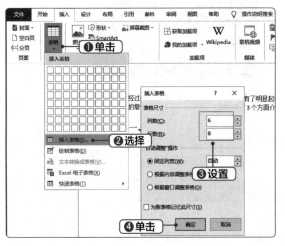

图2-56 插入表格

STEP 2 插入表格后，单击相应单元格，并输入数据，效果如图2-57所示。

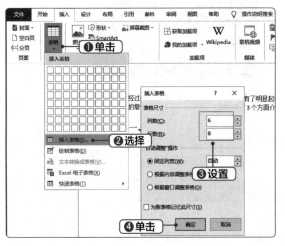

图2-57 输入数据

STEP 3 选择整个表格，然后在【表格工具-设计】/【表格样式】组中间的列表框中选择"网格表4，着

色3"选项，如图2-58所示，选择表格样式。

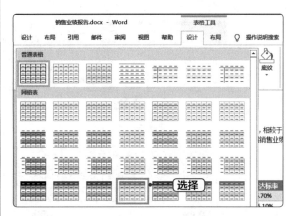

图2-58 选择表格样式

STEP 4 选择表格第一行的第一个单元格，在【表格工具-设计】/【边框】组中单击"笔颜色"按钮 右侧的下拉按钮，在打开的下拉列表中选择"白色，背景1"选项。然后单击【表格工具-设计】/【边框】组中"边框"按钮 下方的下拉按钮，在打开的下拉列表中选择"斜下框线"选项，添加表头斜线，如图2-59所示。

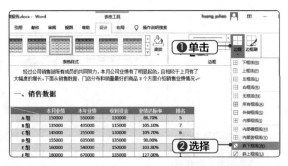

图2-59 添加表头斜线

STEP 5 将鼠标指针移到第一行单元格的横线下方，当鼠标指针变为 形状时，按住鼠标左键不放，向下拖曳鼠标，增大第一行单元格行高。将光标定位到表格第一行第二个单元格中，然后向右拖曳鼠标选择表格中第一行除第一个单元格外的所有单元格，然后在【表格工具-布局】/【对齐方式】组中单击"水

平居中"按钮☰，如图 2-60 所示。

图2-60　设置对齐方式

STEP 6　将光标定位到左上角第一个单元格中，输

入"项目"文本；按【Enter+Shift】组合键，输入"小组"文本，将文本设置为加粗显示并调整其位置，效果如图 2-61 所示。

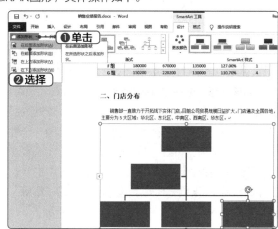

项目 小组	本月业绩	本年业绩	收到资金	业绩达标率	排名
A组	150000	550000	130000	86.70%	5
B组	135000	435000	115000	105.10%	7
C组	145000	255000	130000	109.70%	6
D组	155000	635000	135000	90.00%	3
E组	160000	540000	150000	103.80%	2
F组	180000	670000	135000	127.00%	1
G组	150200	220200	130000	110.70%	4

图2-61　完成后效果

2. 插入并编辑SmartArt图形

下面继续在"销售业绩报告"文档中插入并编辑SmartArt图形，具体操作如下。

STEP 1　将光标定位到"二、门店分布"文本下方段落的下方，在【插入】/【插图】组中单击"SmartArt"按钮🗐，打开"选择 SmartArt 图形"对话框，单击"层次结构"选项卡，在中间的列表框中选择"组织结构图"选项，单击 确定 按钮，如图 2-62 所示。

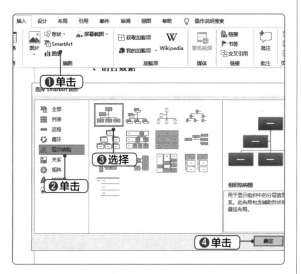

图2-62　插入SmartArt图形

STEP 2　插入 SmartArt 图形后，选择 SmartArt 图形中右下角的形状，在【SmartArt 工具 - 设计】/【创建图形】组中单击🗔添加形状 按钮右侧的下拉按钮·，在打开的下拉列表中选择"在后面添加形状"选项，如图 2-63 所示。

图2-63　添加形状

STEP 3　按照相同的方法添加其他形状，完成后效果如图 2-64 所示。

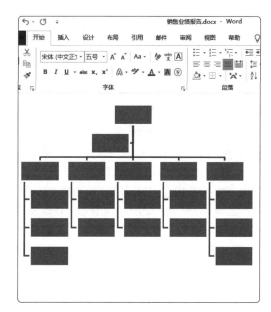

图2-64　添加其他形状

第 **2** 章　Word文档的图文混排

STEP 4 在【SmartArt 工具 - 设计】/【创建图形】组中单击"文本窗格"按钮，打开"在此处键入文字"窗格，在窗格中输入文本，如图 2-65 所示。

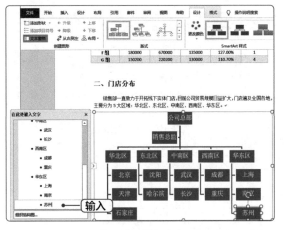

图2-65 输入文本

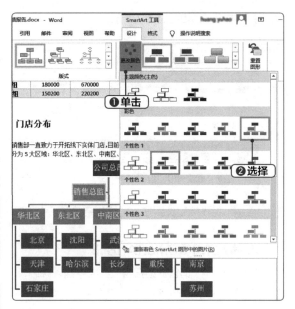

图2-66 更改颜色

STEP 5 单击"在此处键入文字"窗格右上角 × 按钮关闭该窗格。选择 SmartArt 图形，在【SmartArt 工具 - 设计】/【SmartArt 样式】组中单击"更改颜色"按钮，在打开的下拉列表中选择"彩色范围 - 个性色 5 至 6"选项，如图 2-66 所示。

STEP 6 按住【Shift】键，同时选择多个形状。在【SmartArt 工具 - 格式】/【大小】组的"宽度"数值框中输入"2.00 厘米"，如图 2-67 所示。

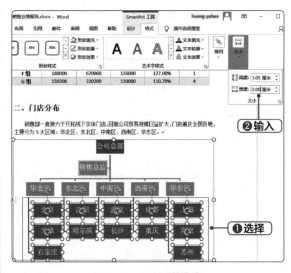

图2-67 设置形状宽度

3. 插入并编辑图片

下面继续在"销售业绩报告"文档中插入并编辑图片，具体操作如下。

STEP 1 将光标定位到"1. 粉红色小型烤箱，销量 10 万件。"文本的下方，在【插入】/【插图】组中单击"图片"按钮，在打开的下拉列表中选择"此设备"选项。打开"插入图片"对话框，在地址栏选择图片的保存位置，然后选择"烤箱 tif"图片，如图 2-68 所示，单击 插入(S) ▾ 按钮。

STEP 2 保持图片的选择状态，在【图片工具 - 格式】/【图片样式】组中的"快速样式"下拉列表中选择"矩形投影"选项，如图 2-69 所示。

STEP 3 使用相同方法，在"2. 新型低糖电饭煲，销量 8 万件。"文本下方插入"电饭煲 .tif"图片，并将其样式设置为"简单框架，白色"。

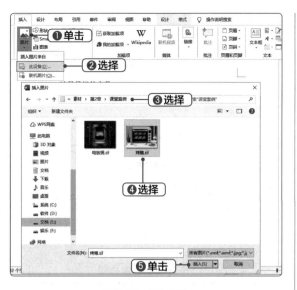

图2-68 插入图片

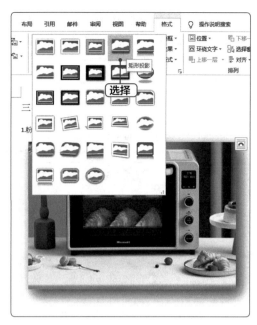

图2-69 设置图片样式

4. 插入并编辑形状与文本框

下面继续在"销售业绩报告"文档中插入并编辑形状与文本框，具体操作如下。

STEP 1 在【插入】/【插图】组中单击"形状"按钮 ⬚，在打开的下拉列表的"矩形"栏中选择"矩形"选项，如图 2-70 所示。

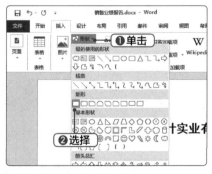

图2-70 选择形状

STEP 2 此时鼠标指针将变成 ✚ 形状，将光标定位到"全叶实业有限公司"文字的下方，然后按住鼠标左键不放拖曳鼠标绘制形状，如图 2-71 所示。

STEP 3 在【绘图工具-格式】/【大小】组的"高度"数值框中将形状高度设置为"0.1 厘米"，然后在【绘图工具-格式】/【形状样式】组中单击"形状填充"按钮 ⬚ 右侧的下拉按钮 ·，在打开的下拉列表中选择"蓝色，个性色 1，淡色 40%"选项，设置形状颜色，如图 2-72 所示。

图2-71 绘制形状

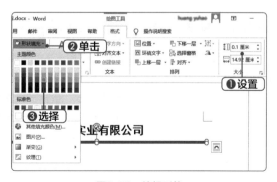

图2-72 编辑形状

STEP 4 在【插入】/【文本】组中单击"文本框"

按钮 📇，在打开的下拉列表中选择"绘制横排文本框"选项，此时鼠标指针将变成 ✚ 形状，按住鼠标左键不放并拖曳鼠标绘制文本框，然后在其中输入"销售业绩报告"文本，将文本字符格式设置为"黑体、三号、加粗、居中"，如图 2-73 所示。

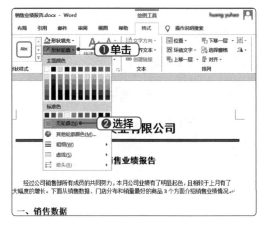

图2-74　设置文本框轮廓

图2-73　绘制文本框并输入文本

STEP 5 在【绘图工具－格式】/【形状样式】组中单击"形状轮廓"按钮 ▱ 右侧的下拉按钮 ·，在打开的下拉列表中选择"无轮廓"选项，如图 2-74 所示。

STEP 6 在【绘图工具－格式】/【形状样式】组中单击"形状填充"按钮 ▱ 右侧的下拉按钮 ·，在打开的下拉列表中选择"白色，背景 1，深色 15%"选项，完成后的效果如图 2-75 所示。

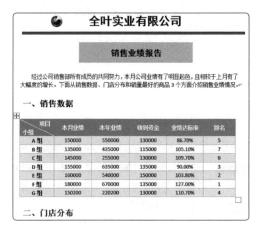

图2-75　完成后的效果

2.6　强化训练

　　本章详细介绍了Word文档的图文混排，为了帮助读者进一步掌握Word 2016的使用方法，下面将通过制作"产品介绍单"文档和编辑"销售工作计划"文档进行强化训练。

2.6.1　制作"产品介绍单"文档

　　产品介绍单是将产品和活动信息传播出去的一种广告形式。其作用是将产品的相关信息利用图形和文字等视觉元素有效地传达给消费者，引导消费者消费，提升产品的销量。在制作这类文档时，需以简单明了的语言让消费者清楚地了解产品名称、产品特点、产品功能等；同时，要展示产品的亮点吸引消费者。

【制作效果与思路】

　　本例制作的"产品介绍单"文档的效果如图2-76所示，具体制作思路如下。

图2-76　"产品介绍单"文档效果

素材所在位置 素材文件\第2章\强化训练\背景图片.jpg
效果所在位置 效果文件\第2章\强化训练\产品介绍单.docx

（1）新建一个空白文档，将其命名为"产品介绍单.docx"并保存，在文档中插入"背景图片.jpg"图片，设置图片环绕方式为"衬于文字下方"。

（2）插入"填充-橙色、着色2，轮廓-着色2"效果的艺术字，在其中输入"保湿美白面膜"，并调整艺术字的位置与大小。

（3）插入文本框并输入文本，在其中设置文本的项目符号为❀，然后设置形状填充为"无填充"、形状轮廓为"无轮廓"，设置文本的艺术字样式为"填充-蓝色，着色1，阴影"，并调整文本框位置。

（4）插入"随机至结果流程"效果的SmartArt图形，设置图形的排列位置为"浮于文字上方"。在SmartArt图形中输入相应的文本，设置字符格式为"思源黑体CN、16、加粗"样式，更改SmartArt图形的颜色为"渐变循环-个性色2"，并调整图形位置与大小。

（5）调整背景图层的大小和位置，使其包含整个流程图。

2.6.2 编辑"销售工作计划"文档

销售工作计划是指为完成某一时间段内的销售工作任务而事先对工作目标、措施和实施过程做出简要部署的事务文书，具有目的性、针对性、预见性和可行性等特点。

【制作效果与思路】

本例的素材文件中已包含了工作计划文字部分的内容，还需要插入表格并设计备注栏。本例制作的"销售工作计划"文档的效果如图2-77所示，具体制作思路如下。

2020 年产品销量计划表

型号	第一季度	第二季度	第三季度	第四季度	平均销量
001-2	2500	2680	3460	2540	2795
002-45	2450	2580	2478	2359	2466.75
0026	2789	2790	2800	2690	2219
0145	2489	2640	2870	2456	2120
00-457	2650	3010	2900	2840	2850
00-23	2480	2564	2389	2487	2480
01-785	2479	2580	2486	2654	2549.75
00330	2589	2470	2890	2398	2135.4
00124	2879	2800	2090	2405	2059.6
0012-456	2690	2500	2457	2078	2431.25
合计	25995	26614	26820	24907	26084

备注1 [文本]
[文本]
[文本]

备注2 [文本]
[文本]
[文本]

备注3 [文本]
[文本]
[文本]

图2-77 "销售工作计划"文档效果

素材所在位置 素材文件\第2章\强化训练\销售工作计划.docx
效果所在位置 效果文件\第2章\强化训练\销售工作计划.docx

（1）打开素材文件"销售工作计划.docx"文档，在文档落款文本上方输入表格标题"2020年产品销量计划表"，设置字符格式为"黑体、小三、居中"。按【Enter】键换行，在【插入】/【表格】组中单击"表格"按钮▦，在打开的下拉列表中选择"插入表格"选项，打开"插入表格"对话框，设置行数为12、列数为6，并在表格中输入相关文本。

（2）调整表格的宽度和高度，选择整个表格，在【表格工具-布局】/【对齐方式】组中单击"水平居中"按钮⊟，使单元格中的数据在水平和垂直方向都居中对齐。

（3）将光标定位到第2行最后一个单元格中，单击【表格工具-布局】/【数据】组中的"公式"按钮 *fx*，打开"公式"对话框，将"公式"文本框中默认的公式删除，输入公式"=AVERAGE(LEFT)"，单击 确定 按钮。使用相同的方法计算"平均销量"列其他单元格的数据。

（4）将光标定位到最后一行第2个单元格中，同样打开"公式"对话框，直接单击 确定 按钮完成求和操作。使用相同的方法计算该行其他单元格的数据。

（5）在【插入】/【插图】组中单击"SmartArt"按钮 🖼，打开"选择SmartArt图形"对话框，在左侧单击"列表"选项卡，在中间的列表框中选择"线型列表"选项，单击 确定 按钮。

（6）打开"在此处键入文字"窗格，在其中输入文本"备注1"，并设置其字号为"24"。

（7）选择整个图形，调整图形的大小，在【SmartArt工具-设计】/【SmartArt样式】组中单击"更改颜色"按钮 ❖，在打开的下拉列表中选择"深色2填充"选项。复制图形，粘贴2次，然后在粘贴的图形中将左侧的文本分别改为"备注2"和"备注3"。

2.7 知识拓展

下面对Word文档中图文混排的一些拓展知识进行介绍，帮助读者更好地进行文档的图文混排，提升文档的视觉效果。

1. 普通文本与表格间的相互转换

在Word 2016中，可将普通文本与表格进行相互转换，其操作方法如下。

- **将普通文本转换为表格内容：** 为要转换成表格内容的文本添加段落标记和英文半角逗号，选择要转换成表格内容的所有文本，在【插入】/【表格】组中单击"表格"按钮 ⊞，在打开的下拉列表中选择"文本转换成表格"选项，打开"将文字转换成表格"对话框；单击选中"固定列宽"、"根据内容调整表格"或"根据窗口调整表格"单选项之一，以设置表格列宽，同时系统会在"文字分隔位置"栏自动选中文本中使用的分隔符；如果不正确可以重新选择，完成设置后单击 确定 按钮。
- **将表格内容转换为普通文本：** 选择需要转换为文本的单元格，如果需要将整张表格转换为文本，则只需单击表格中的任意单元格，在【表格工具-布局】/【数据】组中单击"转换为文本"按钮 🖹，打开"表格转换成文本"对话框，选择文字分隔符并单击 确定 按钮。需要注意的是，选择任意一种文字分隔符都可以将表格转换成文本，只是转换生成的文本的排版方式或添加的标记符号有所不同。其中，最常用的文字分隔符是"段落标记"和"制表符"。

2. 防止表格跨页断行

当表格大小超过一页时，表格中的文本会被页面分成两部分，从而影响表格的美观。此时可以选择整个表格，在【表格工具-布局】/【表】组中单击"属性"按钮 🖩，打开"表格属性"对话框，在"行"选项卡中取消选中"允许跨页断行"复选框，防止表格跨页断行。

3. 将图片裁剪为形状

在文档中插入图片后，若要将图片更改为其他形状，让图片与文档配合得更加完美，可以选择要裁剪的图片，然后在【图片工具-格式】/【大小】组中单击"裁剪"按钮 🖼下方的下拉按钮 ▾，在打开的下拉列表中选择"裁剪为形状"选项，再在打开的子列表中选择需要裁剪的形状即可。图2-78所示为图片裁剪前后的对比效果。

图2-78　图片裁剪前后的对比效果

4. 删除图像背景

在编辑图片的过程中若不需要图片中的背景，可通过"删除背景"功能对图片进行处理。其方法为：选择所需图片，在【图片工具-格式】/【调整】组中单击"删除背景"按钮，进入"背景消除"编辑状态，此时出现图形控制框，用于调节图像范围，其中，保留的图像区域呈高亮显示，删除的图像区域则被紫色覆盖。单击"标记要保留的区域"按钮➕，当鼠标指针变为形状时，单击要保留的图像使其呈高亮显示，再单击"保留更改"按钮✔即可删除图像背景。

2.8　课后练习

本章主要介绍了Word文档中的图片、艺术字和文本框、SmartArt图形与形状、表格的使用，读者应加强该部分内容的练习与应用。下面通过两个练习，读者将对本章所学知识更加熟悉。

练习1　制作"员工个人信息表"文档

本练习将制作"员工个人信息表"文档，需要新建表格并进行编辑，完成后的效果如图2-79所示。

图2-79　"员工个人信息表"文档效果

效果所在位置 效果文件\第2章\课后练习\员工个人信息表.docx

微课视频

操作要求如下。

- 新建一个Word空白文档，将其保存为“员工个人信息表.docx”，输入标题文本并设置其字符格式为“宋体、三号、加粗”，对齐方式为“居中”。
- 按【Enter】键换行，在【插入】/【表格】组中单击“表格”按钮，在打开的下拉列表中选择“插入表格”选项，打开“插入表格”对话框，在“列数”和“行数”数值框中分别输入“7”和“23”，单击 确定 按钮。
- 选择目标单元格，单击鼠标右键，在弹出的快捷菜单中选择“合并单元格”命令，合并单元格。
- 选择目标单元格，单击鼠标右键，在弹出的快捷菜单中选择“拆分单元格”命令，打开“拆分单元格”对话框，分别在其中输入相应的行数和列数，单击 确定 按钮，进行单元格拆分操作。
- 在表格中输入内容，并设置其字符格式为“仿宋、五号”，对齐方式为“居中”。
- 将鼠标指针移到目标单元格的横线下方，当鼠标指针变为÷形状时，按住鼠标左键不放，向下拖曳鼠标，增大目标单元格行高。将鼠标指针移动到目标单元格右侧的垂直边框线上，当鼠标指针变成+||+形状时，按住鼠标左键不放向右拖曳，调整单元格的列宽。
- 选择整个表格，在【表格工具-设计】/【表格样式】组中间的下拉列表中选择“网格表1浅色-着色5”选项。

第1部分

练习 2 制作“招聘简章”文档

本练习将制作“招聘简章”文档，需要在素材文件中插入文本框并进行编辑，然后插入并编辑形状。完成后的参考效果如图2-80所示。

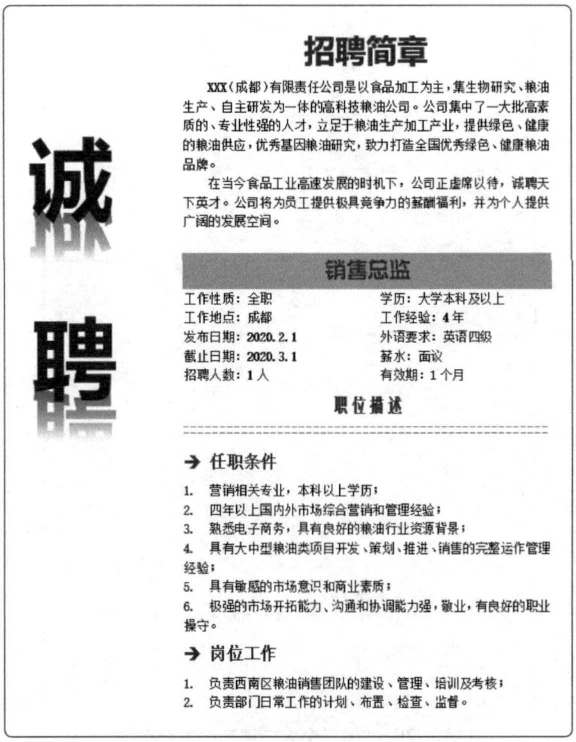

诚聘

招聘简章

XXX（成都）有限责任公司是以食品加工为主，集生物研究、粮油生产、自主研发为一体的高科技粮油公司。公司集中了一大批高素质的、专业性强的人才，立足于粮油生产加工产业，提供绿色、健康的粮油供应，优秀基因粮油研究，致力打造全国优秀绿色、健康粮油品牌。

在当今食品工业高速发展的时机下，公司正虚席以待，诚聘天下英才。公司将为员工提供极具竞争力的薪酬福利，并为个人提供广阔的发展空间。

销售总监

工作性质：全职	学历：大学本科及以上
工作地点：成都	工作经验：4年
发布日期：2020.2.1	外语要求：英语四级
截止日期：2020.3.1	薪水：面议
招聘人数：1人	有效期：1个月

职位描述

➔ 任职条件

1. 营销相关专业，本科以上学历；
2. 四年以上国内外市场综合营销和管理经验；
3. 熟悉电子商务，具有良好的粮油行业资源背景；
4. 具有大中型粮油类项目开发、策划、推进、销售的完整运作管理经验；
5. 具有敏感的市场意识和商业素质；
6. 极强的市场开拓能力、沟通和协调能力强，敬业，有良好的职业操守。

➔ 岗位工作

1. 负责西南区粮油销售团队的建设、管理、培训及考核；
2. 负责部门日常工作的计划、布置、检查、监督。

图2-80 “招聘简章”文档效果

素材所在位置	素材文件\第2章\课后练习\招聘简章.docx
效果所在位置	效果文件\第2章\课后练习\招聘简章.docx

微课视频

操作要求如下。

● 打开素材文件"招聘简章.docx"文档，绘制横排文本框，然后在其中输入"诚"文本。

● 选择"诚"文本，将其字符格式设置为"方正粗金陵、72、加粗"。设置其文本填充为"深蓝，文字2"，设置其文字效果为"映像/紧密映像：接触"。

● 选择文本框，设置其形状轮廓为"无轮廓"。复制该文本框，将刚复制的文本框粘贴到原有文本框的下方，使其竖向排列整齐。将复制的文本框中的文本删除，输入"聘"文本。

● 插入"直线"形状，在"职位描述"文本下方绘制形状，并设置其形状轮廓为"方点、1.5磅"。

● 复制形状，并将复制的形状粘贴到原有形状的下方，使其竖向排列整齐。

第 **2** 章 Word文档的图文混排

第 3 章

Word 长文档的编排与审校

/ 本章导读

　　Word 2016 不仅可以进行图文混排，还能进行长文档的编排和审校。本章主要介绍文档的页面设置与打印、文档的版式设计、文档的审校与修订等内容。

/ 技能目标

　　掌握文档的页面设置与打印。
　　掌握文档的版式设计。
　　掌握文档的审校与修订。

/ 案例展示

3.1 文档的页面设置与打印

在制作Word文档时，有时需要为页面设置背景以提高美观度，同时还需要设置页面大小以及页边距，文档制作完毕后还可以预览并进行打印，下面介绍在Word 2016中进行页面设置并打印文档的操作方法。

3.1.1 设置页面背景

设置页面背景，包括设置背景颜色、设置渐变填充等。下面介绍在Word 2016中设置页面背景的方法。

1. 设置背景颜色

在Word 2016文档中，用户可以根据需要设置页面的背景颜色，如直接应用系统提供的页面颜色或自定义页面颜色。设置背景颜色的方法有以下两种。

● **设置预设颜色：** 要设置预设颜色，可以直接单击【设计】/【页面背景】组中的"页面颜色"按钮，在打开的下拉列表的"主题颜色"栏或"标准色"栏中选择所需颜色，如图3-1所示。

● **设置自定义颜色：** 需要自定义颜色时，可以直接单击【设计】/【页面背景】组中的"页面颜色"按钮，在打开的下拉列表中选择"其他颜色"选项；打开"颜色"对话框的"自定义"选项卡，在"颜色"区域中选择颜色，或在下面的"颜色模式"下拉列表中选择颜色模式，然后在下面的数值框中输入颜色对应的数值，单击 确定 按钮即可，如图3-2所示。

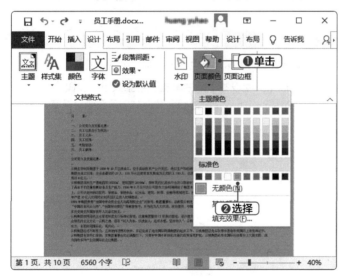

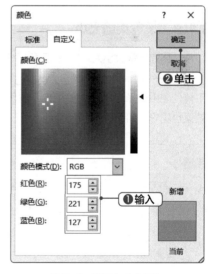

图3-1 设置预设颜色　　　　　　　　　图3-2 设置自定义颜色

2. 设置渐变填充

页面背景如果只能设置颜色，未免太过单一，因此用户还可以在页面中填充其他效果，如渐变色，使Word文档更有层次感。其方法为：在【设计】/【页面背景】组中单击"页面颜色"按钮，在打开的下拉列表中选择"填充效果"选项；打开"填充效果"对话框的"渐变"选项卡，在"颜色"栏中设置渐变填充的类型，如单击选中"双色"单选项，在"底纹样式"栏中设置底纹样式，如单击选中"中心辐射"单选项，在"变形"栏中设置变形效果，完成后单击 确定 按钮，如图3-3所示。

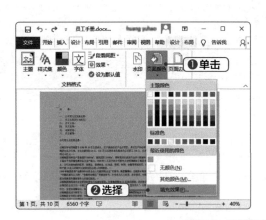
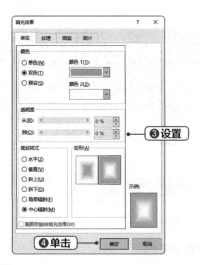

图3-3　设置渐变填充

知识补充

填充纹理、图案和图片

在"填充效果"对话框中单击"纹理"选项卡，在"纹理"列表框中选择需要的纹理样式，可以填充纹理；在"填充效果"对话框中单击"图案"选项卡，在"图案"列表框中选择所需的图案样式，在"前景"下拉列表中选择前面自定义的颜色，可以填充图案；在"填充效果"对话框中单击"图片"选项卡，单击 选择图片(L)... 按钮，依次打开"插入图片"界面和"选择图片"对话框，选择图片即可填充图片。

3.1.2 | 设置页面大小

常使用的纸张大小为A4、16开和32开等，不同文档要求的页面大小也不同，用户可以根据需要设置纸张大小。在Word 2016中设置页面大小的方法：在【布局】/【页面设置】组中单击"纸张大小"按钮，在打开的下拉列表中选择需要的纸张大小，这里选择"A4"，如图3-4所示。设置后会发现文档页面变得更宽，文本显示效果也更好，如图3-5所示。

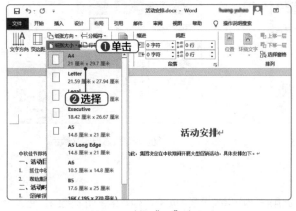

图3-4　选择"A4"选项

图3-5　查看效果

3.1.3 | 设置页边距

页边距是指页面边线到文字的距离，Word 2016允许用户更改页边距，其方法是：在【布局】/【页面设置】组中单击"页边距"按钮▦，在打开的下拉列表中可选择Word 2016预设的一些页边距效果，如图3-6所示。也可选择"自定义页边距"选项，打开"页面设置"对话框，在"页边距"栏中自定义上、下、左、右、装订线、装订线位置等参数，如图3-7所示。

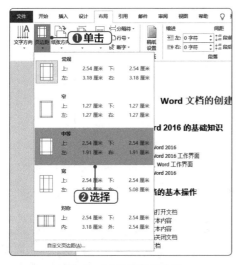

图3-6　应用预设的页边距

图3-7　自定义页边距

知识补充

设置页面方向

为了使页面版式更加美观，用户还可以对页面方向进行设置，其方法是：在【布局】/【页面设置】组中单击"纸张方向"按钮▣，在打开的下拉列表中选择"横向"选项可使页面横向显示，选择"纵向"选项可使页面纵向显示，这里选择"横向"选项，如图3-8所示。

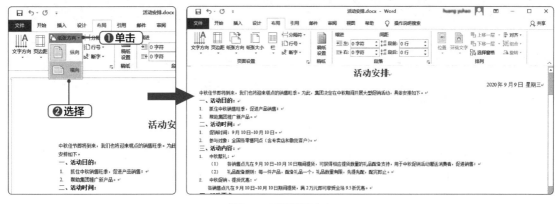

图3-8　设置页面方向

3.1.4 | 预览并打印文档

如果确认文档的内容及格式正确无误，便可对文档进行预览并打印，其方法为：选择【文件】/【打印】命令，在窗口右侧预览打印效果。预览文档打印效果确定无问题后，分别设置打印机、纸张方向、纸张大小等，在"打印"栏的"份数"数值框中设置打印份数，然后单击"打印"按钮 🖶 即可开始打印，如图3-9所示。

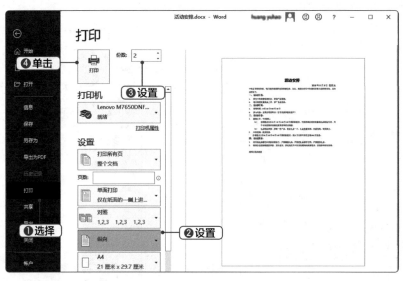

图3-9　预览并打印

第1部分

知识补充

彩色打印

　要将文档的页面背景打印出来，需要选择【文件】/【选项】命令，在打开的"Word选项"对话框的"显示"选项卡中单击选中"打印背景色和图像"单选项。当然，进行此操作的前提是打印机具备彩色打印功能。

3.2 文档的版式设计

在制作Word文档时，为了提高文档的美观度，需要进行文档版式设计，包括应用主题和样式，设置文档分栏，创建封面，添加题注、脚注和尾注，插入分页符与分节符，添加页码、页眉与页脚，添加目录与索引，添加水印等。下面介绍在Word 2016中进行文档版式设计的操作方法。

3.2.1 | 应用主题和样式

Word 2016提供了主题库和样式库，其中包含了各种预先设计好的主题和样式，让用户使用起来更加方便。下面分别从应用主题和应用样式两个方面展开介绍。

1. 应用主题

当文档中的颜色、字体、格式、整体效果需要保持某一主题标准时，可将所需的主题应用于整个文档，其方法为：在【设计】/【文档格式】组中单击"主题"按钮 🎨 ，在打开的下拉列表中选择需要的主题选项，如图3-10所示。

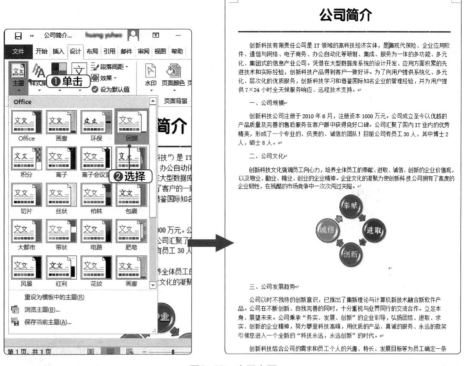

图3-10　应用主题

2. 应用样式

样式即文本字符格式和段落格式等特性的组合。在排版中，应用样式可提高工作效率，用户不必反复设置相同的文本格式。在Word文档中，只需设置一次样式即可将其应用到其他相同格式的文本中，具体操作如下。

素材所在位置　素材文件\第3章\公司简介.docx
效果所在位置　效果文件\第3章\公司简介.docx

微课视频

STEP 1　打开素材文件"公司简介.docx"，将光标定位到"一、公司规模"文本所在行，在【开始】/【样式】组中单击"样式"按钮 ，在打开的下拉列表中选择"创建样式"选项，如图3-11所示。

STEP 2　打开"根据格式化创建新样式"对话框，在"名称"文本框中输入新建样式的名称，这里输入"一级标题"文本。如果直接单击 确定 按钮，此时新建的样式与光标定位时所处位置的文本样式一致，这里单击 修改(M)... 按钮，如图3-12所示。

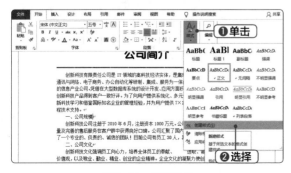

图3-11　创建样式

图3-12　单击"修改"按钮

STEP 3 打开"根据格式化创建新样式"对话框，在"格式"栏中将字体设置为"宋体（中文标题）"，将字号设置为"三号"，将颜色设置为"橙色，个性色 6，深色 50%"，然后单击 格式(O)▼ 按钮，在打开的下拉列表中选择"段落"选项，如图 3-13 所示。

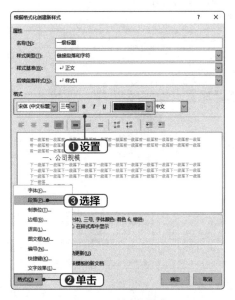

图3-13　创建新样式

STEP 4 打开"段落"对话框，在"间距"栏中将"段前"间距设置为"1 行"，将"段后"间距设置为"1 行"，在"缩进"栏中的"特殊"下拉列表中选择"（无）"选项，连续单击 确定 按钮，完成样式的修改，如图 3-14 所示。

图3-14　设置段落格式

STEP 5 将光标定位到"二、公司文化"文本处，在【开始】/【样式】组中单击"样式"按钮 ⤸，在打开的下拉列表中可看到创建的名为"一级标题"的样式。选择"一级标题"选项，应用此样式，如图 3-15 所示，同时为"三、公司发展趋势"文本应用该样式，效果如图 3-16 所示。

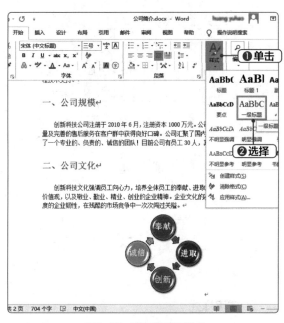

图3-15　应用创建的样式

图3-16　应用样式后的效果

3.2.2 设置文档分栏

分栏是指按实际排版需求将文本分成若干个条块，从而使整个页面布局显得更加错落有致，阅读更方便。其设置方法为：选择需要设置分栏的文本，在【布局】/【页面设置】组中单击"栏"按钮 ▦栏▾，在打开的下拉列表中可直接选择Word预设分栏效果，如一栏、两栏、偏左或偏右等；也可以选择"更多栏"选项进行个性化设置，图3-17所示为个性化设置分栏为两栏的操作过程。

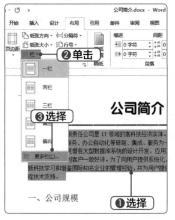 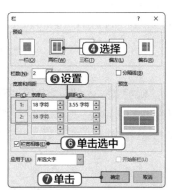 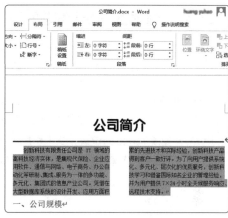

图3-17　个性化设置分栏为两栏

3.2.3 创建封面

在编排如员工手册、报告、论文等长文档时，在文档的首页设置一个封面非常有必要。用户可利用Word提供的封面库来插入精美的封面，其方法为：在【插入】/【页面】组中单击"封面"按钮 ▤，在打开的下拉列表中选择需要的封面选项，即可在文档的第一页插入封面；然后在文档标题、副标题、作者、公司名称、公司地址、日期模块中输入相应的文本，如图3-18所示。

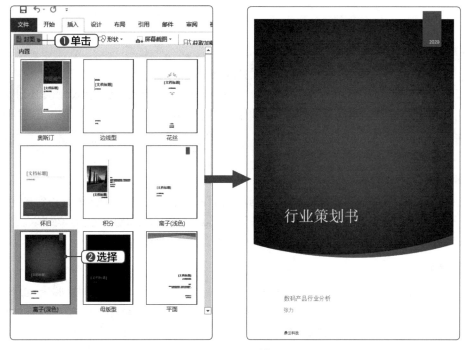

图3-18　设置封面

3.2.4 添加题注、脚注和尾注

　　为了使长文档中的文本内容更有层次、便于管理，可利用Word 2016提供的标题题注为相应的项目进行顺序编号。而脚注和尾注一样，是对文本的补充说明。

1. 添加题注

　　Word 2016提供的标题题注可以为文档中插入的图形、公式、表格等进行统一编号，其添加方法为：将光标定位到需要添加题注的位置，在【引用】/【题注】组中单击"插入题注"按钮 ▤，打开"题注"对话框，在"标签"下拉列表中选择最能恰当地描述该对象的标签，单击 确定 按钮，如图3-19所示。

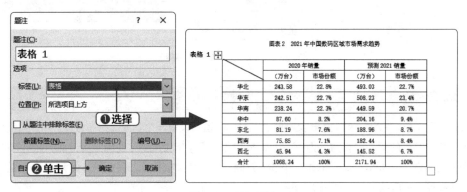

图3-19　添加题注

2. 添加脚注

　　脚注一般位于页面的底部，可以作为文档某处内容的注释，其添加方法为：将光标定位到需添加脚注的文本内容后，在【引用】/【脚注】组中单击"插入脚注"按钮 AB¹。此时系统自动将光标定位到该页的左下角，在其后输入相应内容，如图3-20所示，完成后单击文档任意位置可退出脚注编辑状态。

3. 添加尾注

　　尾注一般位于文档的末尾，起到列出引文出处等作用，其添加方法为：将光标定位到需添加尾注的文本内容后，在【引用】/【脚注】组中单击"插入尾注"按钮 ▤；此时系统自动将光标定位到文档末尾的左下角，在其后输入相应内容，如图3-21所示，完成后在文档任意位置单击退出尾注编辑状态。

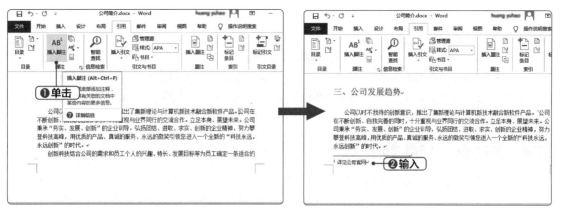

图3-20　添加脚注

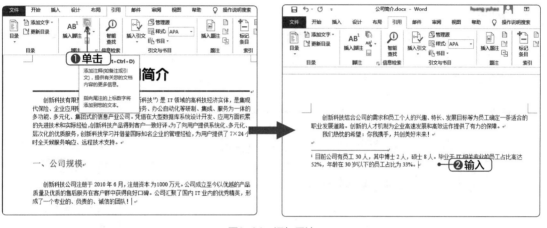

图3-21　添加尾注

3.2.5 插入分页符与分节符

默认情况下，在输入完一页文本内容后，Word将自动分页，但一些特殊文档中需要在指定位置处分页或分节，此时就需插入分页符或分节符。插入分页符的方法为：在文档中将光标定位到需要设置新页面的起始位置，然后在【布局】/【页面设置】组中单击"分隔符"按钮 ，在打开的下拉列表的"分页符"栏中选择"分页符"选项。返回文档可看到插入分页符后正文内容自动跳到下页显示，如图3-22所示。插入分节符与分页符的方法相同，这里不赘述。

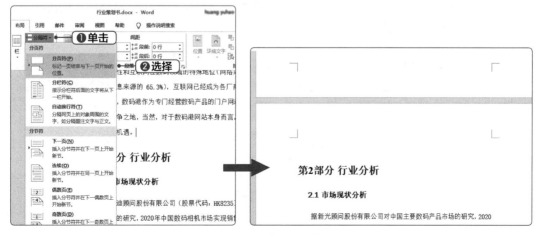

图3-22　插入分页符

> **知识补充**
>
> **分页符与分节符的区别**
>
> 分页符是将前后的内容分隔到不同的页面，分节符是将不同的内容分隔到不同的节。一页可以包含很多节，一节也可以包含很多页。用户可以针对不同的节进行不同的页面设置，并设置不同的页眉、页脚。

3.2.6 添加页码、页眉与页脚

为了使页面便于阅读，可以为文档添加页码，同时还可以添加页眉和页脚，让文档更美观。页眉和页脚位于文档中每个页面的顶部和底部区域。在编辑文档时，可在页眉和页脚中插入文本或图形，如公司徽标、日期、作者名等。

1. 添加页码

添加页码的方法为：在【插入】/【页眉和页脚】组中单击"页码"按钮，在打开的下拉列表中选择需要的页码位置及页码样式选项，如图3-23所示。此外，还可以选择"设置页码格式"选项，打开"页码格式"对话框，设置编号格式和页码编号后单击 确定 按钮即可，如图3-24所示。

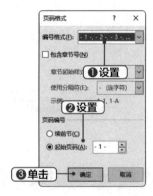

图3-23 选择页码位置及样式　　　　　　　　　图3-24 设置页码格式

2. 添加页眉

添加页眉的方法为：在【插入】/【页眉和页脚】组中单击"页眉"按钮，在打开的下拉列表中选择需要的页眉选项，光标将自动定位到页眉区，输入页眉文本内容，如图3-25所示。在【页眉和页脚工具-设计】/【关闭】组中单击"关闭页眉和页脚"按钮，退出页眉和页脚编辑状态，返回文档可看到设置页眉后的效果。

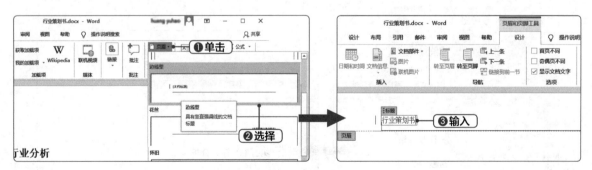

图3-25 输入页眉

3. 添加页脚

添加页脚的方法为：在【插入】/【页眉和页脚】组中单击"页脚"按钮，在打开的下拉列表中选择需要的页脚选项。此时，光标将自动定位到页脚区，编辑页脚内容即可。在【页眉和页脚工具-设计】/【关闭】组中单击"关闭页眉和页脚"按钮，退出页眉和页脚编辑状态，返回文档可看到设置页脚后的效果。

技巧秒杀

快速进入页眉和页脚编辑状态

双击文档页眉和页脚的区域，即可快速进入页眉和页脚编辑状态，在该状态下可通过输入文本、插入形状、插入图片等方式达到设置页眉和页脚的效果，然后双击文档编辑区即可退出页眉和页脚编辑状态。

3.2.7 │ 添加目录与索引

为了方便在长文档中查询某一部分的内容，可通过添加目录与索引来纵览全文结构和管理文档内容。

1. 添加目录

目录是一种常见的文档索引方式，一般包含标题和页码两个部分。通过目录，用户可快速知晓当前文档的主要内容，以及快速查找需要内容的页码。

Word 2016提供了添加目录的功能，无须用户手动输入标题和页码，只需要对对应标题设置相应样式，然后通过查找样式，提炼出标题及页码。因此，添加目录的前提条件是先为标题设置相应的样式。其具体方法为：将光标定位到需要添加目录的位置，再在【引用】/【目录】组中单击"目录"按钮，在打开的下拉列表的"内置"栏中选择目录样式，如选择"自动目录1"选项。返回文档，即可看到添加目录后的效果，如图3-26所示。在目录中按住【Ctrl】键，单击标题文本，将直接跳转到该标题所在的文档页面。

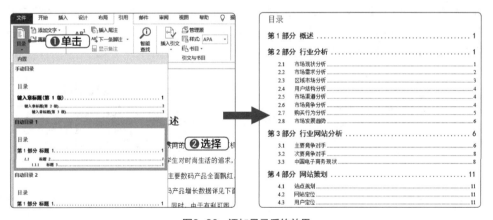

图3-26 添加目录后的效果

知识补充

更新目录

提取文档的目录后，当文档中的标题文本有修改时，目录的内容和页码都有可能发生变化，此时就需要对目录进行调整。使用"更新目录"功能可快速地更正目录，使目录和文档内容保持一致。其方法是：选择【引用】/【目录】组，单击"更新目录"按钮，打开"更新目录"对话框，在其中根据需要单击选中"只更新页码"单选项或"更新整个目录"单选项，然后单击 确定 按钮即可完成更新。

2. 添加索引

索引是一种常见的文档注释。标记索引项本质上是插入一个隐藏的代码，便于用户查询。其添加方法为：将光标定位到需要添加索引的位置，在【引用】/【索引】组中单击"插入索引"按钮 📑，打开"索引"对话框，单击 标记索引项(K)... 按钮，打开"标记索引项"对话框，在"主索引项"文本框中输入注释内容，单击 标记(M) 按钮，如图3-27所示。单击 关闭 按钮关闭"标记索引项"对话框，即可返回文档看到标记的索引项，其索引样式为{ XE:"主索引项": }。

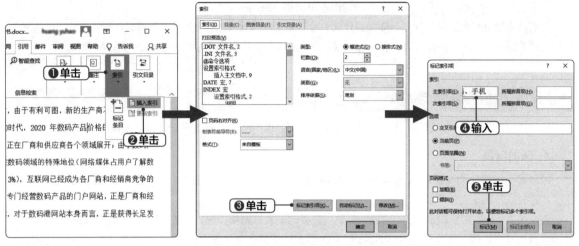

图3-27 添加索引

3.2.8 添加水印

在办公中经常会制作一些机密文件，通过给文档添加水印，可以增加文档识别性。添加水印的方法为：在【设计】/【页面背景】组中单击"水印"按钮 📄，在打开的下拉列表的"机密"栏中选择需要的水印选项，此时页面背景中将显示水印效果，如图3-28所示。

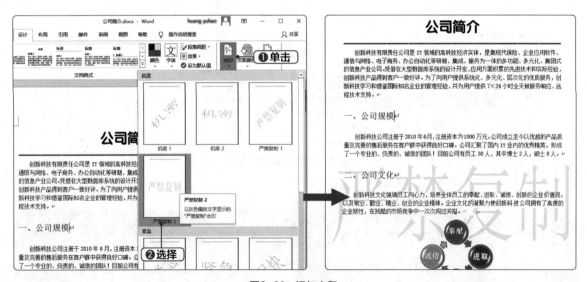

图3-28 添加水印

自定义文字、图片水印

在【设计】/【页面背景】组中单击"水印"按钮，在打开的下拉列表中选择"自定义水印"选项，打开"水印"对话框。单击选中"文字水印"单选项，并进行进一步设置，可以自定义文字水印；单击选中"图片水印"单选项，并进行进一步设置，可以自定义图片水印。

3.3 文档的审校与修订

由于Word长文档的内容较多，所以需要采用一定的技巧来进行审校和修订，以提高工作效率和文档准确性。下面介绍在Word 2016中进行文档的审校与修订的操作方法。

3.3.1 使用大纲视图查看文档

大纲视图就是将文档的标题进行缩进，以不同的级别展示标题在文档中的结构。当一个文档过长时，可使用Word 2016提供的大纲视图来帮助组织并管理，具体操作如下。

 素材所在位置 素材文件\第3章\公司规章制度1.docx

微课视频

STEP 1 打开素材文件"公司规章制度1.docx"，在【视图】/【视图】组中单击"大纲"按钮，如图3-29所示，将视图模式切换到大纲视图。

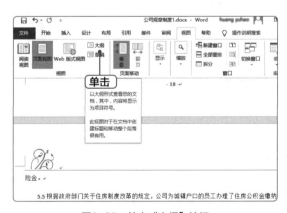

图3-29 单击"大纲"按钮

STEP 2 在【大纲显示】/【大纲工具】组中的"显示级别"下拉列表中选择"2级"选项，查看所有2级标题文本，如图3-30所示。双击"第七章 保密

制度"文本段落左侧的标记，可展开该2级标题下的内容。

图3-30 设置显示级别

STEP 3 设置完成后，在【大纲显示】/【关闭】组中单击"关闭大纲视图"按钮或在【视图】/【视图】组中单击"页面视图"按钮，返回页面视图模式。

知识补充

利用导航功能浏览文档

除了大纲视图外，Word 2016的导航功能在浏览长文档时也是十分常用的功能。在【视图】/【显示】组中单击选中"导航窗格"复选框即可打开"导航"窗格，而"导航"窗格中又包括3种导航功能，即标题导航、页面导航、结果导航，如图3-31所示。用户可根据需要选择不同的方式对文档进行快速浏览。

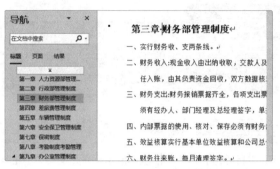

图3-31 "导航"窗格

3.3.2 使用书签快速定位目标位置

书签是用来帮助记录位置而插入的一种符号，使用它可迅速找到目标位置。在编辑长文档时，利用手动滚屏查找目标位置会耗费较长的时间，因此，可利用书签功能快速定位到目标位置。其方法为：选择要插入书签的内容，在【插入】/【链接】组中单击"书签"按钮▶。打开"书签"对话框，在"书签名"文本框中输入书签名文本，这里输入"传统销售渠道分析"，单击选中"隐藏书签"复选框，然后单击 添加(A) 按钮，即可在文档中插入名为"传统销售渠道分析"的书签，如图3-32所示。

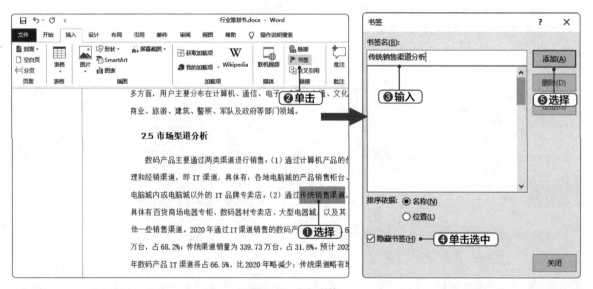

图3-32 添加书签

添加书签后，将光标定位在文档的其他任意位置，在【插入】/【链接】组中单击"书签"按钮▶，在打开的对话框的"书签名"列表框中选择要定位的书签。这里选择"传统销售渠道分析"，单击 定位(G) 按钮，完成后单击 关闭 按钮。在文档中将快速定位到书签所在的位置，如图3-33所示。

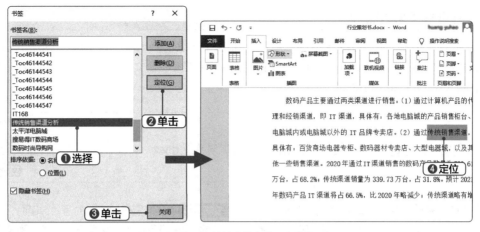

图3-33　快速定位书签所在位置

3.3.3 | 多窗口查看文档

当需要对同一文档中不同部分内容进行比较和编辑时，需要使用Word 2016的窗口拆分功能。窗口拆分后，上下两个窗口的内容完全一致，分别将两个窗口当前显示的内容定位到不同段落，即可进行比较和编辑，具体操作如下。

素材所在位置　素材文件\第3章\公司规章制度1.docx

微课视频

STEP 1　打开素材文件"公司规章制度1.docx"文档，将光标定位到需要拆分的"第八章"页面。在【视图】/【窗口】组中单击"拆分"按钮，如图3-34所示。

图3-34　单击"拆分"按钮

STEP 2　文档中间出现一条深灰色粗直线，鼠标指针变为 形状。移动鼠标指针时直线也一起移动，此时被拆分为两个窗口，如图 3-35 所示。

STEP 3　被拆分的两个窗口中显示的内容为同一文档的内容。此时可拖曳窗口右侧的滚动条，使下面窗口显示第四章内容，如图 3-36 所示，以便对照查看

第四章和第八章的内容。

图3-35　拆分窗口

图3-36　显示窗口内容

3.3.4 | **检查拼写与语法**

　　在输入文字时，有时字符下方将出现红色或绿色的波浪线，这表示Word认为这些字符出现了拼写或语法错误。在一定的语言范围内，利用Word 2016的拼写检查功能，能自动检测文字语言的拼写或语法有无错误，便于用户及时检查并纠正错误，具体操作如下。

 素材所在位置　素材文件\第3章\公司规章制度1.docx

微课视频

STEP 1　打开素材文件"公司规章制度1.docx"文档，将光标定位到文档正文第一行行首，然后在【审阅】/【校对】组中单击"拼写和语法"按钮，如图 3-37 所示。

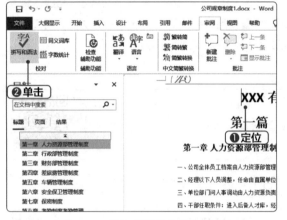

图3-37　单击"拼写和语法"按钮

STEP 2　打开"语法"窗格，在其中的列表框中显示了错误的拼写或语法信息。若确定此时显示的错误的语法无须修改，则可单击 忽略 按钮，系统将自动显示下一个语法错误，如图 3-38 所示。

图3-38　单击"忽略"按钮

STEP 3　当需要修改显示的语法错误时，可直接在文档页面中进行修改。这里将"财务部预差旅费"改为"财务部预支差旅费"，如图 3-39 所示。

图3-39　修改拼写与语法错误

STEP 4　当处理完文档中的错误后，系统将打开提示对话框提示检查完成，然后单击 确定 按钮完成拼写与语法检查，如图 3-40 所示。

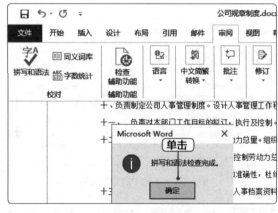

图3-40　完成检查

3.3.5 | 统计文档字数

很多论文或报告都有字数要求，且这类文档通常是长文档，手动统计文档字数非常麻烦。此时可利用Word 2016提供的字数统计功能来对整篇文章，某一页、某一段文字进行字数统计。其方法为：在【审阅】/【校对】组中单击"字数统计"按钮 🔢 ，打开"字数统计"对话框，在其中可以看到文档的统计信息，如页数、字数、行数等，查看后单击 关闭 按钮，如图3-41所示。

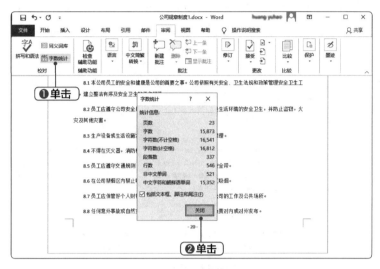

图3-41 字数统计

3.3.6 | 添加批注

批注是指审阅时对文档添加的注释等信息，用于标注文档中存在的一些问题。在Word 2016中添加批注的方法为：选择要设置批注的文本，在【审阅】/【批注】组中单击"新建批注"按钮📝。系统自动为选择的文本添加红色底纹，并用引线连接批注框，在批注框中输入批注内容即可，如图3-42所示。

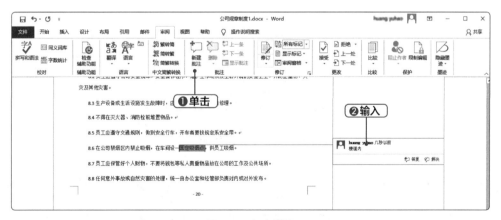

图3-42 添加批注

技巧秒杀

删除批注

为文档添加批注后，若要删除，可在要删除的批注上单击鼠标右键，在弹出的快捷菜单中选择"删除批注"命令。

3.3.7 | 修订文档

修订是指对文档做的每一个编辑的位置进行标记。在对Word文档进行修订时，应先进入修订状态对文档进行修改操作，完成后即可修订标记来显示所做的修改。其方法为：在【审阅】/【修订】组中单击"修订"按钮 下方的下拉按钮 ，在打开的下拉列表中选择"修订"选项，进入修订状态。在文档中进行修改，修改后原位置会显示修订的结果，并在该行靠近左侧边缘的位置出现一条竖线，表示该处进行了修订，如图3-43所示。完成后再次单击"修订"按钮 退出修订状态，否则文档中的任何操作都会被视为修订操作。

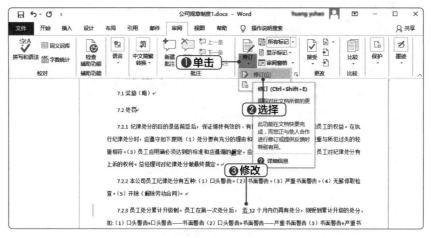

图3-43　添加修订

技巧秒杀

设置修订标记

在修订前，还可以对修订标记进行设置。在【审阅】/【修订】组中单击"显示标记"按钮 ，在打开的下拉列表中选择"批注框/在批注框中显示修订"选项，设置后进行的修订将显示为批注框的形式，如图3-44所示。

图3-44　设置修订标记

3.3.8 | 合并文档

为了使查看文档更加方便，减少打开多个文档的重复操作，可利用Word提供的合并文档功能将多个文件的修订记录全部合并到同一个文件中，具体操作如下。

| 素材所在位置 | 素材文件\第3章\公司规章制度2.docx、公司规章制度3.docx |
| 效果所在位置 | 效果文件\第3章\公司规章制度合并版.docx |

微课视频

STEP 1 在【审阅】/【比较】组中单击"比较"按钮 📄，在打开的下拉列表中选择"合并"选项，如图 3-45 所示。

图3-45 选择"合并"选项

STEP 2 打开"合并文档"对话框，在"原文档"下拉列表后单击"浏览"按钮 📁，在打开的对话框中选择素材文件"公司规章制度 2.docx"文档，然后在"修订的文档"下拉列表后单击"浏览"按钮 📁，在打开的对话框中选择素材文件"公司规章制度 3.docx"文档，完成后单击 确定 按钮，如图 3-46 所示。

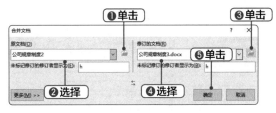

图3-46 "合并文档"对话框

STEP 3 系统将把这两个文档的修订记录逐一合并到新建的名为"合并结果 1"的文档中，在其中用户可继续编辑并同时查看所有修订记录，如图 3-47 所示。完成后将该文档以"公司规章制度合并版 .docx"为名另存到效果文件中。

图3-47 合并后的文档

3.4 课堂案例：编排审校"毕业论文"文档

毕业论文为对本专业学生集中进行科学研究训练而要求学生在毕业前完成的总结性独立作业。教育部与各大院校对毕业论文的质量有严格要求，包括内容的学术水平、准确性以及文档排版的规范性。学生在完成毕业论文后，有必要对其进行编排和审校。

3.4.1 案例目标

本实训的目标是对"毕业论文"文档进行编排和审校。一方面设置文档的版式，使其更加美观、规范；另一方面检查文档的内容，确保其准确性；最后还应对文档的页面进行设置并将文档打印出来上交。本例制作完成后的参考效果如图3-48所示。

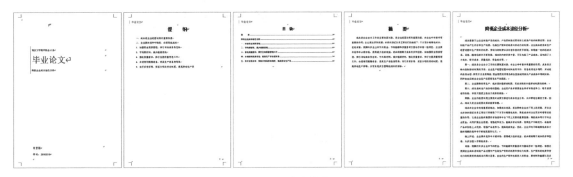

图3-48 参考效果

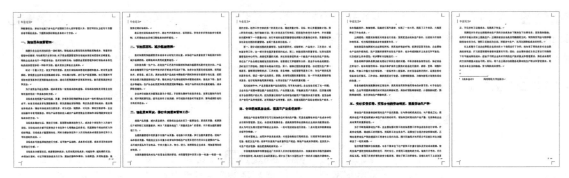

图3-48 参考效果（续）

素材所在位置　素材文件\第3章\毕业论文.docx
效果所在位置　效果文件\第3章\毕业论文.docx

微课视频

3.4.2 制作思路

"毕业论文"文档的内容较多，属于长文档，在制作时既要考虑文档排版的规范性，又要兼顾文档的准确性，这样才能达到学校和教育部对毕业论文的要求。要完成本案例的制作，需要先进行文档版式设计，再进行文档审校，最后进行文档页面设置与打印。其具体制作思路如图3-49所示。

第1部分

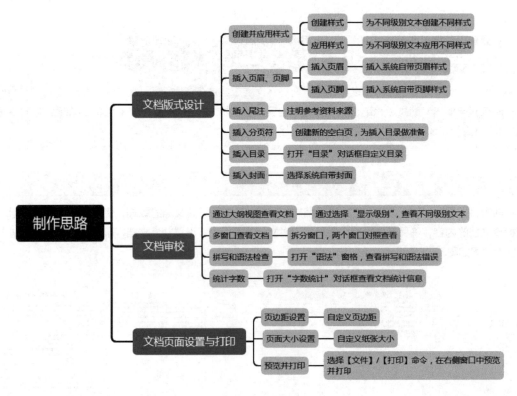

图3-49 制作思路

3.4.3 操作步骤

1. 文档版式设计

下面将在"毕业论文"文档中进行创建并应用样式，插入页眉、页脚、尾注、分页符、目录和封面等，使文档内容层次清晰、排版规范美观，具体操作如下。

STEP 1 打开素材文件"毕业论文.docx"文档，将光标定位到"摘要"文本所在行，在【开始】/【样式】组中单击"样式"按钮 $\mathcal{A}$，在打开的下拉列表中选择"创建样式"选项，如图 3-50 所示。

图3-50　创建样式

STEP 2 打开"根据格式化创建新样式"对话框，在"名称"文本框中输入"一级标题"文本，单击 修改(M)... 按钮，如图 3-51 所示。

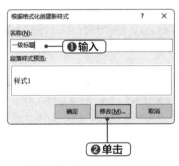

图3-51　单击"修改"按钮

STEP 3 打开"根据格式化创建新样式"对话框，在"格式"栏中将字符格式设置为"宋体、二号、加粗"，设置对齐方式为"居中"，然后单击 格式(O)▾ 按钮，在打开的下拉列表中选择"段落"选项，如图 3-52 所示。

STEP 4 打开"段落"对话框，在"常规"栏中将"大纲级别"设置为"1 级"，在"间距"栏中将"段前"间距设置为"1 行"、"段后"间距设置为"1 行"，在"缩进"栏中的"特殊"下拉列表中选择"（无）"选项，连续单击 确定 按钮，完成样式的修改，如图 3-53 所示。

图3-52　创建新样式

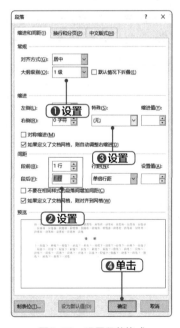

图3-53　设置段落格式

STEP 5 按照相同的方法设置"二级标题"格式，设置字符格式为"宋体、三号、加粗"，对齐方式为"左对齐"，段前段后间距均为"1 行"，大纲级别为

"1级"。

STEP 6 将光标定位到"降低企业成本途径分析"文本处，在【开始】/【样式】组中单击"样式"按钮 A，在打开的下拉列表中选择"一级标题"选项，应用此样式，如图 3-54 所示。同时为"一、加强资金预算管理""二、节约原材料，减少能源消耗"等同级标题文本应用"二级标题"样式。

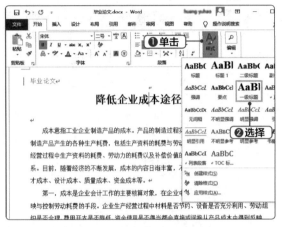

图3-54 应用样式

STEP 7 在【插入】/【页眉和页脚】组中单击"页眉"按钮，在打开的下拉列表的"内置"栏中选择"边线型"选项，此时光标将自动定位到页眉区，在页眉区中输入"毕业论文"文本，如图 3-55 所示。

图3-55 输入页眉

STEP 8 在【页眉页脚工具-设计】/【页眉和页脚】组中单击"页脚"按钮，在打开的下拉列表中选择"丝状"选项。光标将自动定位到页脚区，且自动插入右对齐页码，然后在【页眉页脚工具-设计】/【关闭】组中单击"关闭页眉和页脚"按钮，退出页眉和页

脚编辑状态，如图 3-56 所示。

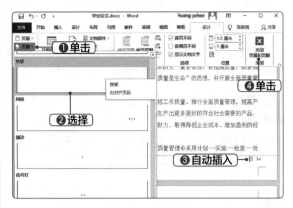

图3-56 设置页脚

STEP 9 将光标定位到"一、加强资金预算管理"下第 4 段段末，在【引用】/【脚注】组中单击"插入尾注"按钮，此时系统自动将光标定位到文档末尾的左下角，在该处输入"《成本会计》 西南财经大学出版社"文本，如图 3-57 所示，完成后单击文档任意位置退出尾注编辑状态。

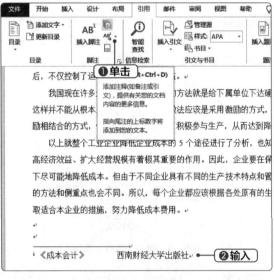

图3-57 添加尾注

STEP 10 将光标定位在"提纲"页的末尾，在【布局】/【页面设置】组中单击"分隔符"按钮，在打开的下拉列表的"分页符"栏中选择"分页符"选项，插入分页符并创建新的空白页，在新页面第 1 行输入"目录"，并设置其字符格式为"宋体、小二、加粗"，对齐方式为"居中"。

STEP 11 按【Enter】键将光标定位于第 2 行左侧，在【引用】/【目录】组中单击"目录"按钮，在打开的下拉列表中选择"自定义目录"选项。打开"目录"对话框，在"制表符前导符"下拉列表中选择第 2 个选项，在"格式"下拉列表中选择"正式"选项，在"显示级别"数值框中输入"2"，取消选中"使用超链接而不使用页码"复选框，单击 确定 按钮，如图 3-58 所示。返回文档编辑区即可查看插入的目录，效果如图 3-59 所示。

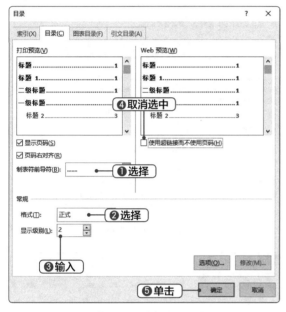

图3-58　自定义目录

图3-59　插入目录

STEP 12　将光标定位在文档开始处，在【插入】/【页面】组中单击"封面"按钮，在打开的下拉列表的"内置"栏中选择"边线型"选项，如图 3-60 所示。在文档标题处输入"毕业论文"文本，设置字符格式为"宋

体、44"，在文档副标题处输入"降低企业成本途径分析"文本。在公司名称处输入"西京大学商学院会计系"文本，在作者处输入"肖雪丽"文本，在日期处输入"学号：2020036"文本，效果如图 3-61 所示。

图3-60　选择"边线型"选项

图3-61　插入封面

2. 文档审校

下面将在"毕业论文"文档中进行审校操作，包括通过大纲视图查看文档、多窗口查看文档、拼写和语法检查以及统计字数，减少文档的错误，具体操作如下。

STEP 1 在【视图】/【视图】组中单击"大纲"按钮，将视图模式切换到大纲视图。在【大纲显示】/【大纲工具】组中的"显示级别"下拉列表中选择"2级"选项，查看所有 2 级标题文本。

STEP 2 双击"一、加强资金预算管理"文本段落左侧的●标记，展开下面的内容并查看，如图 3-62 所示。按照相同的方法查看其他部分的内容，完成后在【大纲显示】/【关闭】组中单击"关闭大纲视图"按钮，返回页面视图。

图3-62 通过大纲视图查看文档

STEP 3 将光标定位到需要拆分的"三、强化质量意识，推行全面质量管理工作"段落。在【视图】/【窗口】组中单击"拆分"按钮，文档中间出现一条深灰色粗直线，鼠标指针变为形状，移动鼠标指针时直线也一起移动，此时被拆分为两个窗口。

STEP 4 拖曳窗口右侧的滚动条，使下面窗口显示"二、节约原材料，减少能源消耗"部分内容，对照查看两部分内容，如图 3-63 所示。

STEP 5 将光标定位到文档正文第一行行首，然后在【审阅】/【校对】组中单击"拼写和语法"按钮，打开"语法"窗格，在其中的列表框中显示了错误的相关信息，对于无须修改的错误，可单击 忽略(I) 按钮跳过，如图 3-64 所示。

STEP 6 当需要修改显示的语法错误时，可以直接在文档页面中进行修改。当处理完文档中的错误后，系统将打开提示对话框提示检查完成，单击 确定 按

钮即可完成拼写与语法检查。

图3-63 多窗口查看文档

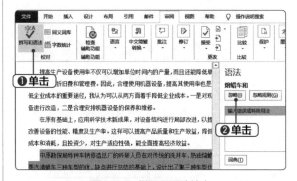

图3-64 拼写和语法检查

STEP 7 在【审阅】/【校对】组中单击"字数统计"按钮，打开"字数统计"对话框，在其中可以看到文档的统计信息，如页数、字数、字符数、行数等，查看后单击 关闭 按钮，如图 3-65 所示。

图3-65 字数统计

3. 文档页面设置与打印

下面将在“毕业论文”文档中进行页面设置与打印，使文档页面更加美观，具体操作如下。

STEP 1 在【布局】/【页面设置】组中单击“页边距”按钮，在打开的下拉列表中选择“自定义页边距”选项，打开“页面设置”对话框。在“页边距”栏中的“上”“下”数值框中分别输入“1 厘米”，在“左”“右”数值框中分别输入“1.5 厘米”，单击确定按钮，如图 3-66 所示。

页面设置
页边距
纸张
布局
文档网格
上(T):
1 厘米
下(B):
左(L):
1.5厘米
右(R):
装订线(G):
0 厘米
装订线位置(U):
靠左
纸张方向
纵向(P)
横向(S)
页码范围
多页(M):
普通
预览
应用于(Y):
整篇文档
设为默认值(D)
确定
取消
❶设置
❷单击

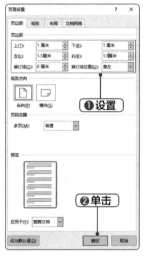

图3-66　设置页边距

STEP 2 在【布局】/【页面设置】组中单击“纸张大小”按钮，在打开的下拉列表中选择“其他纸张大小”选项。打开“页面设置”对话框，在“纸张大小”下拉列表中选择“自定义大小”选项，分别设置“宽度”和“高度”为“20 厘米”和“28 厘米”，单击确定按钮，如图 3-67 所示。

页面设置
页边距
纸张
布局
文档网格
纸张大小(R):
自定义大小
宽度(W):
20 厘米
高度(E):
28 厘米
纸张来源
首页(F):
其他页(O):
默认纸盒 (自动选择)
自动选择
纸盒1
手动
预览
应用于(Y):
整篇文档
打印选项(T)...
设为默认值(D)
确定
取消
❶选择
❷设置
❸单击

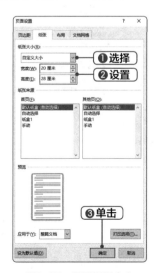

图3-67　设置纸张大小

STEP 3 返回文档编辑区，可查看页面设置后的效果，如图 3-68 所示。

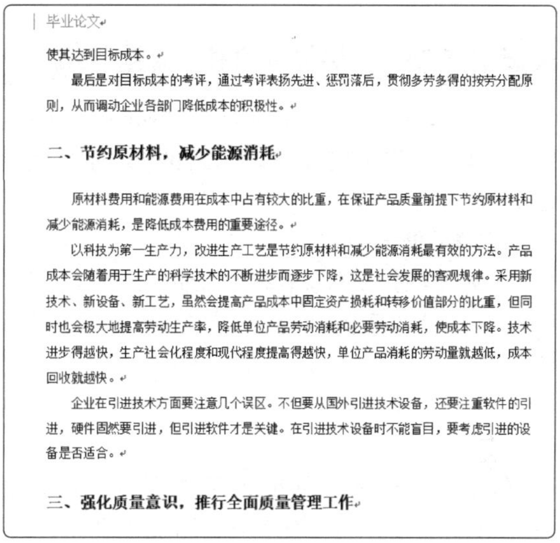

毕业论文
使其达到目标成本。
最后是对目标成本的考评，通过考评表扬先进、惩罚落后，贯彻多劳多得的按劳分配原则，从而调动企业各部门降低成本的积极性。
二、节约原材料，减少能源消耗
原材料费用和能源费用在成本中占有较大的比重，在保证产品质量前提下节约原材料和减少能源消耗，是降低成本费用的重要途径。
以科技为第一生产力，改进生产工艺是节约原材料和减少能源消耗最有效的方法。产品成本会随着用于生产的科学技术的不断进步而逐步下降，这是社会发展的客观规律。采用新技术、新设备、新工艺，虽然会提高产品成本中固定资产损耗和转移价值部分的比重，但同时也会极大地提高劳动生产率，降低单位产品劳动消耗和必要劳动消耗，使成本下降。技术进步得越快，生产社会化程度和现代程度提高得越快，单位产品消耗的劳动量就越低，成本回收就越快。
企业在引进技术方面要注意几个误区。不但要从国外引进技术设备，还要注重软件的引进，硬件固然要引进，但引进软件才是关键。在引进技术设备时不能盲目，要考虑引进的设备是否适合。
三、强化质量意识，推行全面质量管理工作

图3-68　页面设置的效果

STEP 4 选择【文件】/【打印】命令，在窗口右侧预览打印效果。预览文档打印效果确定无问题后，单击“打印”按钮即可开始打印，如图 3-69 所示。

毕业论文.docx - Word
打印
份数:
1
开始
新建
打开
信息
保存
另存为
导出为PDF
打印
共享
关闭
打印机
就绪
打印机属性
设置
打印所有页
整个文档
页数:
单面打印
仅在纸面的一侧上进...
对照
1,2,3 1,2,3 1,2,3
纵向
34%
❶选择
❷单击

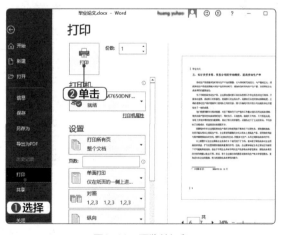

图3-69　预览并打印

3.5 强化训练

本章详细介绍了Word长文档的编排与审校，为了帮助读者进一步掌握Word 2016的使用，下面将通过制作"岗位说明书"文档和审校"办公设备管理办法"文档进行强化训练。

3.5.1 制作"岗位说明书"文档

岗位说明书用于表明企业对岗位的描述和职员的任职资格。在编制岗位说明书时，要注重内容简单明了，并使用浅显易懂的文字填写。岗位说明书一般包括岗位基本资料、岗位工作概述、岗位工作责任、岗位工作资格以及岗位发展方向。

【制作效果与思路】

本例制作的"岗位说明书"文档的部分效果如图3-70所示，具体制作思路如下。

（1）插入"离子（浅色）"封面，输入标题"岗位说明书"、副标题"雨蓝有限公司"、作者"人事部"和年份"2020"。

（2）在"岗位说明书"标题下方添加"一、职位说明"文本，在第9页"会计核算科"前添加"二、部门说明"文本。

（3）为"一、职位说明"应用"标题1"样式，将光标定位到"管理副总经理岗位职责"所在行，新建一个名为"标题2"的样式，设置样式类型为"段落"、样式基准为"标题2"、后续段落样式为"正文"；设置字符格式为"黑体、四号"；设置段前段后间距为"5磅"、行距为"单倍行距"。

（4）依次为各个标题应用样式。

（5）在文档标题下方提取目录，应用"自动目录1"样式。

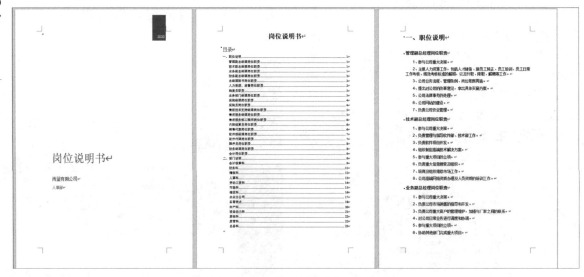

图3-70　"岗位说明书"文档部分效果

素材所在位置　素材文件\第3章\岗位说明书.docx
效果所在位置　效果文件\第3章\岗位说明书.docx

微课视频

第1部分

3.5.2 审校"办公设备管理办法"文档

"办公设备管理办法"文档属于公司规章类文档，主要用于规范公司办公设备的使用，提高办公设备的使用效率，其在内容和格式设置上相对比较正式。

【制作效果与思路】

本例审校的"办公设备管理办法"文档效果如图3-71所示，具体制作思路如下。

（1）选择文档第三条中的"当事人"文本，在【审阅】/【批注】组中单击"新建批注"按钮🗨️，在批注框中输入"配备人员见'附表1'"文本。

（2）选择第四条中的"在规定使用年限期间，一般情况是公司所有，个人使用。"文本，为其添加批注"具体可参见'附表1'"。

（3）在【审阅】/【修订】组中单击"修订"按钮📝下方的下拉按钮，在打开的下拉列表中选择"修订"选项，进入修订状态。

（4）在【审阅】/【修订】组中单击"显示标记"按钮📄，在打开的下拉列表中选择"批注框/在批注框中显示修订"选项。选择第二条中的"买购"文本，将其修改为"购买"文本，退出修订状态。

（5）将光标定位到文档正文第一行行首，然后在【审阅】/【校对】组中单击"拼写和语法"按钮✓，打开"语法"窗格，处理列表框中显示的错误，这里将第八条中的"唯修"改为"维修"，将第九条中的"刚"改为"岗"。

图3-71 "办公设备管理办法"文档效果

素材所在位置　素材文件\第3章\办公设备管理办法.docx
效果所在位置　效果文件\第3章\办公设备管理办法.docx

微课视频

第 **3** 章　Word长文档的编排与审校

3.6 知识拓展

下面对Word长文档的编排和审校的一些拓展知识进行介绍，帮助读者更全面地掌握本章所学知识。

1. 接受与拒绝修订

对于文档中的修订，用户可根据需要逐个选择接受或拒绝，也可以一次性接受或拒绝所有修订，具体操作如下。

● 在【审阅】/【更改】组中单击"接受"按钮☑接受修订，或单击"拒绝"按钮☒拒绝修订。

● 单击"接受"按钮☑下方的下拉按钮·，在打开的下拉列表中选择"接受所有修订"选项，可一次性接受文档的所有修订。同样，单击"拒绝"按钮☒下方的下拉按钮·，在打开的下拉列表中选择"拒绝所有修订"选项，可一次性拒绝文档的所有修订。

2. 清除样式

设置了样式后的文档，用户可以根据需要将样式清除，主要有以下两种方法。

● 打开Word文档，选择需要清除样式的文本或段落。在【开始】/【样式】组中单击"对话框启动器"按钮，打开"样式"窗格，在样式列表框中选择"全部清除"选项，即可清除所有样式和格式。

● 打开Word文档，选择需要清除样式的文本或段落。在【开始】/【样式】组中单击"其他"按钮，并在打开的下拉列表中选择"清除格式"选项。

3.7 课后练习

本章主要介绍了文档的页面设置与打印、文档的版式设计以及文档的审校与修订等知识，读者应加强该部分内容的练习与应用。下面通过两个练习，使读者对本章所学知识更加熟悉。

第1部分

练习 1 | 制作"员工手册"文档

本练习将制作"员工手册"文档，包括插入封面，应用主题和样式，使用大纲视图查看文档，插入题注、脚注和尾注，插入分页符，最后添加目录。制作的部分效果如图3-72所示。

图3-72 "员工手册"文档部分效果

素材所在位置 素材文件\第3章\员工手册.docx
效果所在位置 效果文件\第3章\员工手册.docx

操作要求如下。

● 为文档插入"运动型"封面,在"年份""标题""作者""公司""日期"占位符中输入相应的文本。

● 为整个文档应用"画廊"主题。

● 在文档中为每一章的章标题、"声明"文本、"附件:"文本应用"标题1"样式。

● 使用大纲视图显示两级大纲内容,然后退出大纲视图。

● 为文档中的图片插入题注,在文档中的"《招聘员工申请表》和《职位说明书》"文本后面输入"(请参阅)"文本,并在其后添加交叉引用。

● 在第三章的电子邮箱后面插入脚注,并在文档中插入尾注,用于输入公司地址和电话。

● 在"第一章"文本前插入一个分页符,然后为文档添加相应的页眉、页脚内容。

● 将文本插入点定位在"序"文本前,添加目录,并设置相关格式。

练习2 审校并打印"办公室日常行为守则"文档

本练习要对"办公室日常行为守则"文档进行审校并打印,参考效果如图3-73所示。

▲办公室日常行为守则

一、按时上班,不迟到、不早退、不缺勤、不旷工,自觉遵守公司考勤制度,有事及时请假。

二、公司内着装整齐,不允许穿戴奇装异服,男性不允许穿背心、短裤,女性不允许穿紧身、暴露、过于性感的服装。

三、男性不允许留长发,女性不允许浓妆艳抹。

四、在办公室坐姿要端正,不允许将腿脚搭在桌椅上;站立时不要身倚墙壁、柱子等;不允许在办公室躺卧。

五、上班期间必须佩戴工作牌。工作牌严禁转借、复制、伪造和涂改,丢失要及时补办及赔偿。

六、公司内与同事相遇相互问候或点头行礼表示致意,与公司领导相遇应停止行进并问候或点头行礼。

七、上班期间严禁擅离职守,外出办事必须提前向上级汇报申请。

八、进入办公室前应先敲门示意,严禁在未经上级同意的情况下进入经理/主管办公室或存放有重要物品、公司产品等特殊部门。

九、自觉遵守各项保密规定,严守保密纪律。

十、严禁在未经上级批准的情况下将公司财物私自带离。

十一、未经有关人员允许不能随意翻看、查找或滥用他人用品、物件等。

十二、在工作期间严禁大声喧哗、打闹,禁止传播"小道消息",不允许在办公室吃东西、喝酒及做与工作无关的事宜。

十三、使用礼貌用语进行公司内部及外来人员的交流,接待时需统一使用文明礼貌用语:"您好,请问有什么可以帮您?";待来访人员离开后及时整理好接待区域,将所使用的物品归位。

十四、接听及拨打电话应使用礼貌用语:您好!这里是侨丰集团;通话中要态度谦和,语音适中;通话内容要简明扼要。

十五、来电时,须在电话铃响三声后接听,当遇到自己不熟悉的业务时,不可直接回答:"不知道!",需及时向上级领导或相关人员请示后再给予答复;通话结束时应等对方先挂电话,不允许抢先挂断。

十六、严禁在工作时间利用公司计算机闲聊与工作无关的事宜,严禁打游戏、听音乐、看视频及登录与工作无关的网站网页。

十七、禁止随意调换他人计算机的部件,如鼠标、键盘等。

十八、尊敬领导、服从上级、同舟共济、互助合作,主动复核上级布置的工作任务,不断提高自己的工作技能及工作效率,精益求精,使工作顺利完成。

十九、各级部门经理/主管应以身作则,做好表率,不断加强自身修养,提高团队凝聚力。

二十、每天打扫办公室卫生,保持办公环境清洁及个人桌面整洁,物品摆放有序。

二十一、爱护公共财物,公私分明,做到不侵占、不损坏;当发现他人有侵害行为时,应及时制止或检举揭发。

二十二、勤俭节约,长时间离开办公室,须关闭计算机和其他办公设备。

> **Windows**
> 最好是响三声后接听。

> **Windows**
> 删除了:可以

图3-73 "办公室日常行为守则"文档效果

素材所在位置	素材文件\第3章\行为守则.docx
效果所在位置	效果文件\第3章\行为守则.docx

操作要求如下。

● 为"须在电话铃响后接听"文本添加批注，并检查拼写与语法错误。

● 设置修订标记并修订文档。

● 设置页面颜色为"蓝色，个性色5，淡色80%"。

● 设置"上""下"页边距为"2.54厘米"，"左""右"页边距为"3.17厘米"，纸张的宽度和高度分别为20厘米和28厘米。

● 完成后打印输出文档。

第2部分

第 4 章

Excel 表格的制作与美化

/ 本章导读

Excel 2016 是一款功能强大的电子表格处理软件，能够将复杂的数据转换为比较直观的图表。本章主要介绍工作簿、工作表、单元格的基本操作，数据的输入与编辑，以及表格的美化与打印等内容。

/ 技能目标

掌握工作簿、工作表、单元格的基本操作。

掌握数据的输入与编辑。

掌握表格的美化与打印。

/ 案例展示

	A	B	C	D	E	F	G	H	I	J
1				产品价格清单						
2	序号	货号	产品名称	净含量	包装规格	单价（元）	等级	生产日期	备注	
3	1	BS001	保湿洁面乳	105g	48支/箱	68	优等	2020年6月7日		
4	2	BS002	保湿紧肤水	110mL	48瓶/箱	88	优等	2020年7月3日		
5	3	BS003	保湿乳液	110mL	48瓶/箱	68	优等	2020年6月20日		
6	4	BS004	保湿霜	35g	48瓶/箱	105	优等	2020年6月15日		
7	5	MB009	美白活性营养滋润霜	35g	48瓶/箱	125	优等	2020年6月25日		
8	6	MB010	美白精华露	30mL	48瓶/箱	128	优等	2020年7月7日		
9	7	RF015	柔肤再生青春眼膜	2片装	1152袋/箱	10	优等	2020年6月7日		
10	8	RF016	柔肤祛皱眼霜	35g	48支/箱	135	优等	2020年7月2日		
11	9	RF017	柔肤黑眼圈防护霜	35g	48支/箱	138	中等	2020年6月27日		
12	10	RF018	柔肤焕采面贴膜	1片装	288片/箱	20	优等	2020年6月14日		

4.1 Excel 2016 的基础知识

Excel属于Office的组件之一，使用它不仅可以制作各类电子表格，还可以对数据进行计算、分析和预测。要想熟练使用Excel 2016，首先应熟悉Excel 2016工作界面，认识工作簿、工作表和单元格，并学会切换工作簿视图。

4.1.1 认识 Excel 2016 工作界面

Excel 2016的工作界面与Word 2016的工作界面基本相似，由快速访问工具栏、标题栏、"文件"菜单、功能选项卡和功能区、状态栏等部分组成，但它也有一些自己特有的部分，如图4-1所示。下面重点介绍编辑栏和工作表编辑区的作用。

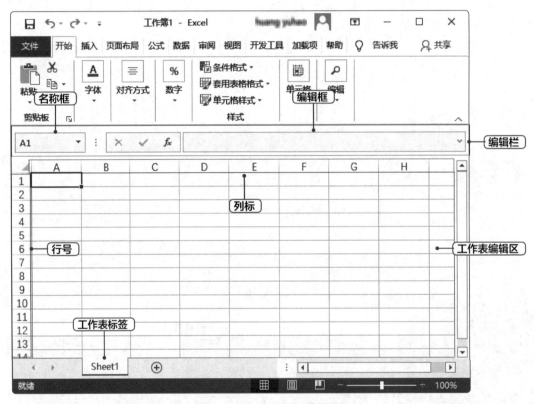

图4-1　Excel 2016工作界面

1. 编辑栏

编辑栏用来显示和编辑当前活动的单元格中的数据或公式。在默认情况下，编辑栏中包括名称框、"取消"按钮×、"输入"按钮✓、"插入函数"按钮 *fx* 和编辑框。

● **名称框：** 名称框用来显示当前单元格的地址或函数名称，如在名称框中输入"A3"后，按【Enter】键则表示选中A3单元格。

● **"取消"按钮×：** 单击该按钮表示取消输入的内容。

● **"输入"按钮✓：** 单击该按钮表示确定并完成输入。

● **"插入函数"按钮 *fx*：** 单击该按钮，将快速打开"插入函数"对话框，在其中可选择相应的函数插入表格。

● **编辑框：** 编辑框用于显示在单元格中输入或编辑的内容，也可直接在其中进行输入和编辑。

2. 工作表编辑区

工作表编辑区是Excel 2016编辑数据的主要场所，它包括行号与列标、单元格地址和工作表标签等。

● **行号与列标：** 行号用"1、2、3"等阿拉伯数字标识，列标用"A、B、C"等大写英文字母标识。

● **单元格地址：** 一般情况下，单元格地址表示为"列标+行号"，如位于A列1行的单元格可表示为A1单元格。

● **工作表标签：** 用来显示工作表的名称。Excel 2016默认只包含一张工作表，单击"新工作表"按钮 ⊕，将新建一张工作表。当工作簿中包含多张工作表后，便可单击任意一个工作表标签进行工作表之间的切换操作。

4.1.2 | 认识工作簿、工作表、单元格

工作簿、工作表、单元格是构成Excel表格的框架，同时它们之间存在包含与被包含的关系。了解其概念和相互之间的关系，有助于在Excel 2016中执行相应的操作。

1. 工作簿、工作表和单元格的概念

下面介绍工作簿、工作表和单元格的概念。

● **工作簿：** 工作簿即Excel文件，是用来存储和处理数据的主要文档，也称为电子表格。默认情况下，新建的工作簿以"工作簿1"命名。若继续新建工作簿将以"工作簿2""工作簿3"…命名，且工作簿名称将显示在标题栏的文档名处。

● **工作表：** 工作表用于显示和分析数据，存储在工作簿中。默认情况下，使用Excel 2016新建的空白工作簿中只包含1张工作表，以"Sheet1"命名。

● **单元格：** 单元格是Excel 2016中最基本的存储数据单元，它通过对应的列标和行号进行命名和引用。单个单元格地址可表示为列标+行号；而多个连续的单元格称为单元格区域，其地址表示为单元格:单元格，如A2单元格与C5单元格之间连续的单元格可表示为A2:C5单元格区域。

2. 工作簿、工作表、单元格的关系

工作簿中包含一张或多张工作表，工作表又是由排列成行和列的单元格组成的。在计算机中，工作簿以文件的形式独立存在，Excel 2016创建的文件扩展名为".xlsx"。工作表依附在工作簿中，单元格依附在工作表中，因此，三者的关系是包含与被包含的关系。

4.1.3 | 切换工作簿视图

在Excel 2016中，用户可根据需要在视图栏中单击视图按钮组 ▦ ▣ ▥ 中的相应按钮，或在【视图】/【工作簿视图】组中单击相应的按钮来切换工作簿视图。下面分别介绍各工作簿视图的作用。

● **普通视图：** 普通视图是Excel 2016的默认视图，用于正常显示工作表，在其中可以执行数据输入、数据计算和图表制作等操作。

● **页面布局视图：** 在页面布局视图中，每一页都会显示页边距、页眉和页脚，用户可以在此视图模式下编辑数据、添加页眉和页脚，如图4-2所示。

● **分页预览视图：** 分页预览视图可以显示蓝色的分页符，用户可以用鼠标拖曳分页符以改变显示的页数和每页的显示比例，如图4-3所示。

图4-2　页面布局视图的效果　　　　　　　　图4-3　分页预览视图的效果

4.2　工作簿的基本操作

在Excel 2016中，工作簿的基本操作包括创建与保存新工作簿、打开和关闭工作簿以及保护工作簿，下面进行具体介绍。

4.2.1　创建与保存新工作簿

启动Excel 2016后，系统将自动创建名为"工作簿1"的空白工作簿。为了满足需要，用户还可新建更多的空白工作簿，其方法为：启动Excel 2016，选择【文件】/【新建】命令，在窗口中间选择"空白工作簿"选项，如图4-4所示，系统将新建名为"工作簿1"的空白工作簿。若要保存新工作簿，选择【文件】/【另存为】命令，在打开的"另存为"窗口中选择"浏览"选项，在打开的"另存为"对话框中选择文件保存路径，在"文件名"文本框中输入文件名文本，然后单击 确定 按钮，如图4-5所示。

知识补充

创建基于模板的工作簿

Excel 2016自带许多具有专业表格样式的模板，这些模板有固定的格式，用户在使用时只需输入相应的数据或稍做修改即可快速创建所需的工作簿。选择【文件】/【新建】命令，在"搜索联机模板"文本框中输入模板相关关键词，如"考勤表"，在查询的结果中选择所需模板，在打开的对话框中单击"创建"按钮📄，即可创建模板工作簿。

图4-4　新建空白工作簿

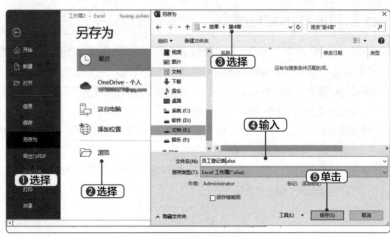

图4-5　另存为新工作簿

第2部分

4.2.2 打开和关闭工作簿

工作簿的打开和关闭操作都较为简单。打开工作簿的方法为：启动Excel 2016，选择【文件】/【打开】命令，或按【Ctrl+O】组合键，在打开的"打开"窗口中选择"浏览"选项，打开"打开"对话框，选择要打开工作簿所在的位置，并选择要打开的工作簿，单击 打开(O) ▾ 按钮，如图4-6所示。

关闭工作簿的方法为：选择【文件】/【关闭】命令，或按【Ctrl+W】组合键，此时将关闭当前打开的工作簿窗口。

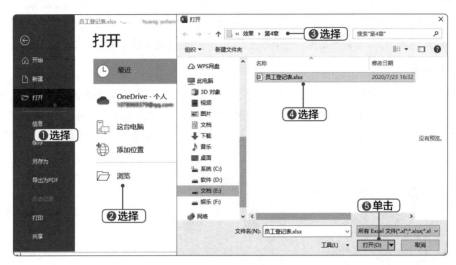

图4-6　打开工作簿

4.2.3 保护工作簿

办公过程中时常会输入一些重要数据和资料，为了防止被窃取，需要设置密码。其方法为：选择【文件】/【信息】命令，在窗口中单击"保护工作簿"按钮 🔒，在打开的下拉列表中选择"用密码进行加密"选项，如图4-7所示。打开"加密文档"对话框，在文本框中输入密码，然后单击 确定 按钮。打开"确认密码"对话框，在文本框中重复输入密码，然后单击 确定 按钮，加密完成后在"保护工作簿"栏将显示"需要密码才能打开此工作簿。"，如图4-8所示。

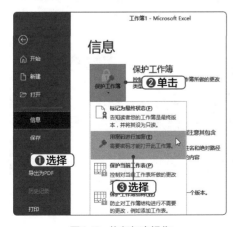

图4-7　执行加密操作

图4-8　加密文档及效果

4.3 工作表的基本操作

在Excel 2016中，工作表的基本操作包括插入、删除和重命名工作表，移动和复制工作表，隐藏和显示工作表，拆分工作表，以及保护工作表。下面进行具体介绍。

4.3.1 插入、删除和重命名工作表

在Excel 2016中，当工作表的数量不够使用时，可通过插入工作表来增加工作表的数量。若插入了多余的工作表，则可将其删除，以节省系统资源。而重命名工作表便于查看和管理工作表。

1. 插入工作表

在默认情况下，Excel 2016工作簿提供了1张工作表，用户可以根据需要插入工作表。其方法为：在"Sheet1"工作表标签上单击鼠标右键，在弹出的快捷菜单中选择"插入"命令。打开"插入"对话框，在"常用"选项卡的列表框中选择"工作表"选项，然后单击 确定 按钮，即可插入新的空白工作表，如图4-9所示。

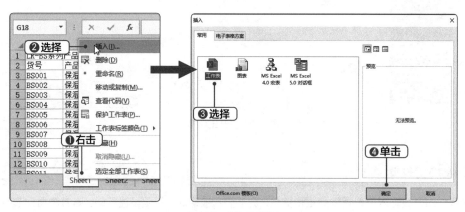

图4-9 插入工作表

2. 删除工作表

当工作簿中存在多余的工作表或不需要的工作表时，可以将其删除。其方法为：按住【Ctrl】键不放，同时选择多个工作表，这里选择"Sheet2""Sheet3"工作表，单击鼠标右键，在弹出的快捷菜单中选择"删除"命令。此时可看到"Sheet2""Sheet3"工作表已被删除，如图4-10所示。

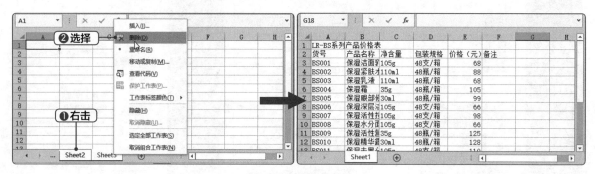

图4-10 删除工作表

3. 重命名工作表

工作表的名称被默认设置为"Sheet1""Sheet2"…，为了便于查询，可重命名工作表。其方法为：双击

需重命名的工作表的工作表标签，或在工作表标签上单击鼠标右键，在弹出的快捷菜单中选择"重命名"命令，此时被选中的工作表标签呈可编辑状态，且该工作表的名称自动呈灰底黑字显示，直接输入工作表的新名称，然后按【Enter】键或单击工作表的任意位置即可退出编辑状态。

4.3.2 移动和复制工作表

Excel 2016中工作表的位置并不是固定不变的，同时，为了避免重复制作相同的工作表，用户可根据需要移动或复制工作表，即在原表格的基础上改变表格位置或快速添加多个相同的表格。移动工作表的方法为：在需移动的工作表的工作表标签上单击鼠标右键，在弹出的快捷菜单中选择"移动或复制"命令。打开"移动或复制工作表"对话框，在"下列选定工作表之前"列表框中选择移动工作表的位置，这里选择"（移至最后）"选项，然后单击 确定 按钮即可移动"Sheet1"工作表，如图4-11所示。若想要复制工作表，只需同时在"移动或复制工作表"对话框中单击选中"建立副本"复选框即可。

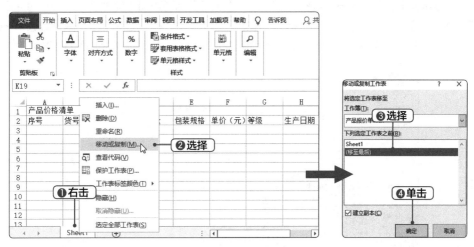

图4-11　移动工作表

知识补充

设置工作表标签颜色

为了让工作表标签更美观、醒目，用户可设置工作表标签的颜色，其方法为：选择需设置颜色的工作表标签，然后在其上单击鼠标右键，在弹出的快捷菜单中选择"工作表标签颜色"命令，在打开的列表中选择颜色即可。

4.3.3 隐藏和显示工作表

当不需要显示某个工作表时，可将其隐藏，待需要时再将其重新显示出来。其方法为：选择需要隐藏的工作表，然后在其上单击鼠标右键，在弹出的快捷菜单中选择"隐藏"命令，即可隐藏所选的工作表，如图4-12所示。

当需要再次将其显示出来时，可在工作簿的任意工作表标签上单击鼠标右键，在弹出的快捷菜单中选择"取消隐藏"命令。打开"取消隐藏"对话框，在列表框中选择需要显示的工作表，然后单击 确定 按钮即可将隐藏的工作表显示出来，如图4-13所示。

图4-12 隐藏工作表

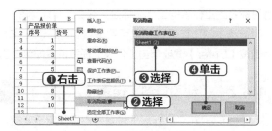

图4-13 显示工作表

4.3.4 拆分工作表

在Excel 2016中可以使用拆分工作表的方法将工作表拆分为多个窗格，每个窗格中都可进行单独的操作，这样有利于在数据量比较大的工作表中查看数据的前后对照关系。要拆分工作表首先应选择作为拆分中心的单元格，然后在【视图】/【窗口】组中单击"拆分"按钮▭，如图4-14所示。此时工作表将以该单元格为中心拆分为4个窗格，在任意一个窗格中选择单元格，然后滚动鼠标滚轴可显示出该窗格中的其他数据。

图4-14 拆分工作表

知识补充

冻结窗格

选择某一单元格作为冻结中心，如A2单元格，然后在【视图】/【窗口】组中单击"冻结窗格"按钮▦，在打开的下拉列表中选择"冻结窗格"选项。拖曳水平滚动条或垂直滚动条，即可在保持A2单元格上方和左侧的行和列位置不变的情况下，查看工作表其他部分的行或列。

4.3.5 保护工作表

设置保护工作表功能后，其他用户只能查看该工作表的表格数据，不能修改该工作表中的数据，这样可避免他人恶意更改表格数据。其方法为：在【审阅】/【保护】组中单击"保护工作表"按钮▦。在打开的"保护工作表"对话框的"取消工作表保护时使用的密码"文本框中输入密码，然后单击 确定 按钮。在打开的"确认密码"对话框的"重新输入密码"文本框中输入与前面相同的密码，然后单击 确定 按钮，返回工作簿中可发现工作表标签中出现🔒图标，如图4-15所示。

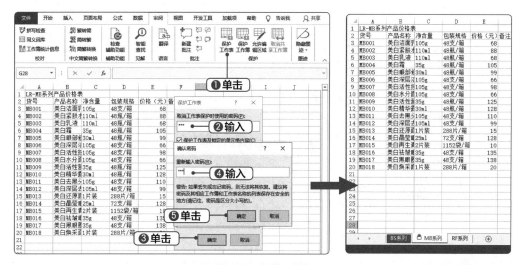

图4-15　保护工作表

4.4　单元格的基本操作

在Excel 2016中，单元格的基本操作包括选择单元格、合并与拆分单元格，以及插入与删除单元格。下面进行具体介绍。

4.4.1　选择单元格

要在表格中输入数据，首先应选择输入数据的单元格。在工作表中选择单元格的方法有以下6种。

● **选择单个单元格：** 单击单元格，或在名称框中输入单元格的列标+行号后按【Enter】键即可选择所需的单元格。

● **选择所有单元格：** 单击行号和列标左上角交叉处的"全选"按钮，或按【Ctrl+A】组合键，即可选择工作表中的所有单元格。

● **选择相邻的多个单元格：** 选择起始单元格后，按住鼠标左键不放拖曳鼠标到目标单元格，或在按住【Shift】键的同时选择目标单元格，即可选择相邻的多个单元格。

● **选择不相邻的多个单元格：** 在按住【Ctrl】键的同时依次单击需要选择的单元格，即可选择不相邻的多个单元格。

● **选择整行：** 将鼠标指针移动到需选择行的行号上，当鼠标指针变成➡形状时，单击即可选择该行。

● **选择整列：** 将鼠标指针移动到需选择列的列标上，当鼠标指针变成⬇形状时，单击即可选择该列。

4.4.2　合并与拆分单元格

为了使表格更加美观和专业，常常需要合并与拆分单元格，如将工作表首行的多个单元格合并以突出显示工作表的标题；若合并后的单元格不满足要求，则可拆分已合并的单元格。

合并单元格的方法为：选择需要合并的单元格区域，在【开始】/【对齐方式】组中单击"合并后居中"按钮，此时所选的单元格区域合并为一个单元格，且其中的数据自动居中显示，如图4-16所示。而拆分单元格的方法为：选择合并后的单元格，单击"合并后居中"按钮，即可拆分已合并的单元格。

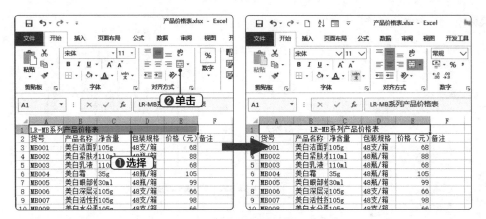

图4-16 合并单元格

4.4.3 插入与删除单元格

在编辑表格数据时，若发现工作表中有遗漏的数据，可在已有表格数据的所需位置插入新的单元格、行或列，然后输入数据；若发现有多余的单元格、行或列时，则可将其删除。插入单元格的方法与删除单元格的方法相似，其方法为：选择单元格，在【开始】/【单元格】组中单击"插入"按钮 下方的下拉按钮 ，在打开的下拉列表中选择"插入单元格"选项；打开"插入"对话框，单击选中"活动单元格右移"或"活动单元格下移"单选项后（此处单击选中"活动单元格下移"单选项），单击 确定 按钮，如图4-17所示，即可在选中单元格的左侧或上方插入单元格。

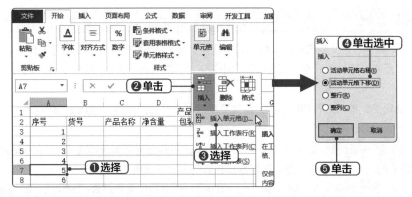

图4-17 插入单元格

删除单元格的方法为：选择要删除的单元格，在【开始】/【单元格】组中单击"删除"按钮 右侧的下拉按钮 ，在打开的下拉列表中选择"删除单元格"选项。打开"删除"对话框，单击选中对应单选项后，单击 确定 按钮即可删除所选单元格，并使不同位置的单元格代替所选单元格。

技巧秒杀

插入或删除行和列

在【开始】/【单元格】组中单击"插入"按钮 下方的下拉按钮 ，在打开的下拉列表中选择"插入工作表行"或"插入工作表列"选项，或在"插入"对话框中单击选中"整行"或"整列"单选项，可分别插入行或列，且原单元格所在位置的数据自动下移一行或右移一列。删除行和列的操作与此类似，这里不赘述。

4.5 数据的输入与编辑

在Excel 2016中，数据的输入与编辑包括输入和填充数据、移动和复制数据、设置数据类型、清除与修改数据以及查找与替换数据。下面进行具体介绍。

4.5.1 输入和填充数据

在Excel 2016中，除了采用直接输入方式输入数据，还可以通过填充功能快速输入数据。下面在新建的"员工通讯录.xlsx"工作簿中输入相关数据，具体操作如下。

 效果所在位置 效果文件\第4章\员工通讯录.xlsx

微课视频

STEP 1 在 A1 单元格上双击，将光标定位到该单元格中，切换到中文输入法，输入"技术部员工通讯录"文本，然后按【Enter】键确认输入。此时自动向下选中 A2 单元格，直接输入"员工编号"文本，然后按【Enter】键确认输入。

STEP 2 在 B2:G2 单元格区域中分别输入"姓名""性别""职务""所属部门""入职日期""联系电话"文本作为表头内容。

STEP 3 选择 A1:G1 单元格区域，然后在【开始】/【对齐方式】组中单击"合并后居中"按钮圖，合并单元格并使表格标题居中显示。

STEP 4 在 A3 单元格中输入数字"1"，然后将鼠标指针移动到单元格右下角的控制柄上，当其变成╋形状时，按【Ctrl】键的同时，按住鼠标左键不放向下拖曳至 A10 单元格后释放鼠标，以"1"为递增单位快速填充数据，如图 4-18 所示。

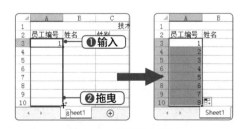

图4-18 递增填充数据

STEP 5 在 E3 单元格中输入"技术部"文本，然后将鼠标指针移动到单元格右下角的控制柄上，当其

变成╋形状时，按住鼠标左键不放向下拖曳至 E10 单元格后释放鼠标，快速填充相同文本。

技巧秒杀

序列填充

在A3单元格中输入数字"1"，选择A1:A10单元格区域，在【开始】/【编辑】组中单击"填充"按钮□，在打开的下拉列表中选择"序列"选项。打开"序列"对话框，在"类型"栏中单击选中"等差序列"单选项，在"步长值"文本框中设置序列之间的差值，如输入"1"，以"1"为单位进行递增，如输入"2"，以"2"为单位进行递增。

STEP 6 分别在"姓名""性别""职务""入职日期""联系电话"列中输入对应的数据，效果如图 4-19 所示。按【Ctrl+S】组合键，即可保存该工作簿。

图4-19 完成后效果

4.5.2 | 移动和复制数据

当需要调整单元格中相应数据之间的位置，或在其他单元格中编辑相同的数据时，可利用Excel 2016提供的移动与复制功能快速修改数据，提高工作效率。移动或复制数据的方法为：选择数据所对应的单元格区域，在【开始】/【剪贴板】组中单击"剪切"按钮✂或"复制"按钮🔲，再选择欲粘贴数据的单元格区域，然后在【开始】/【剪贴板】组中单击"粘贴"按钮📋，即可完成数据的移动或复制。

技巧秒杀

选择性粘贴

完成数据的复制后，在【开始】/【剪贴板】组中单击"粘贴"按钮📋下方的下拉按钮，在打开的下拉列表中选择"选择性粘贴"选项，打开"选择性粘贴"对话框，可选择粘贴源格式、粘贴数值，以及其他粘贴选项，以不同的方式粘贴数据。

4.5.3 | 设置数据类型

Excel 2016中的数据类型包括"货币""数值""会计专用""日期""百分比"等类型，用户可根据需要设置所需的数据类型。这里以设置"日期"类型为例，其方法为：选择需要设置数据类型的单元格区域，在【开始】/【数字】组右下角单击"对话框启动器"按钮。打开"设置单元格格式"对话框，在"数字"选项卡的"分类"列表框中选择"日期"选项，在"类型"列表框中选择"2012年3月14日"选项，单击 确定 按钮，如图4-20所示。

图4-20　设置日期格式

4.5.4 | 清除与修改数据

在单元格中输入数据后，难免会出现输入错误或数据发生改变等情况，此时可以清除不需要的数据，并将其修改为所需的数据。清除数据的方法为：选择包含数据的目标单元格区域，在【开始】/【编辑】组中单击"清除"按钮，在打开的下拉列表中选择"清除内容"选项，如图4-21所示。此时可看到所选单元格区域中的数据已被清除。

修改数据的方法为：双击需要修改数据的单元格，将光标定位在该单元格中，修改数据后按【Ctrl+Enter】组合键即可。或选择需要修改的数据所在的单元格，将光标定位在编辑框中，直接进行修改即可，如图4-22所示。

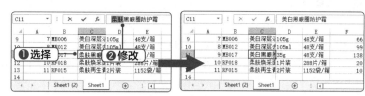

图4-21　清除数据　　　　　　　　　　　　　　图4-22　修改数据

4.5.5　查找与替换数据

在Excel表格中手动查找与替换某个数据不仅麻烦，且容易出错，此时可利用查找与替换功能快速定位到满足查找条件的单元格，并将单元格中的数据替换为需要的数据。其方法为：在【开始】/【编辑】组中单击"查找和选择"按钮，在打开的下拉列表中选择"替换"选项。打开"查找和替换"对话框，在"查找内容"和"替换为"文本框中分别输入相关关键字或数据，单击 查找下一个(F) 按钮，如图4-23所示，即可在工作表中查找到第一个符合条件的数据所在的单元格，并选择该单元格。单击 查找全部(I) 按钮，在"查找和替换"对话框的下方区域将显示所有符合条件数据的具体信息。单击 替换(R) 按钮，在工作表中将替换选择的第一个符合条件的单元格数据，且自动选择下一个符合条件的单元格。单击 全部替换(A) 按钮，将在工作表中替换所有符合条件的单元格数据，且会打开提示对话框，单击 确定 按钮，如图4-24所示，然后在"查找和替换"对话框中单击 关闭 按钮关闭"查找和替换"对话框。

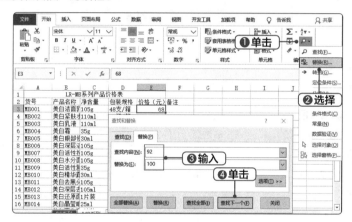

图4-23　查找数据　　　　　　　　　　　　　图4-24　替换全部数据

4.6　表格的美化与打印

在Excel 表格中输入并编辑数据后，还需要对表格进行美化，包括设置单元格格式、套用表格样式、设置条件格式、调整行高和列宽以及设置工作表背景。美化后还可以对表格进行页面设置与打印。

4.6.1　设置单元格格式

输入数据后通常还需要对单元格格式进行相关设置，包括合并居中单元格、设置文本字体字号与对齐方式、设置单元格填充颜色、设置单元格边框，以美化表格，具体操作如下。

素材所在位置　素材文件\第4章\客户资料管理表.xlsx
效果所在位置　效果文件\第4章\客户资料管理表.xlsx

微课视频

STEP 1 打开素材文件“客户资料管理表.xlsx”，选择A1:G1单元格区域，在【开始】/【对齐方式】组中单击“合并后居中”按钮。此时可看到所选中的单元格区域合并为一个单元格，且其中的数据自动居中显示。

STEP 2 保持单元格的选择状态，在【开始】/【字体】组的“字体”下拉列表中选择“方正粗黑宋简体”选项，在“字号”下拉列表中选择“18”选项。选择A2:G2单元格区域，设置其字体为“方正中等线简体”，字号为“12”，在【开始】/【对齐方式】组中单击“居中”按钮，如图4-25所示。

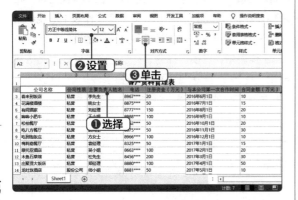

图4-25 设置单元格格式

STEP 3 在【开始】/【字体】组中单击“填充颜色”按钮右侧的下拉按钮▾，在打开的下拉列表中选择“绿色，个性色6，淡色40%”选项，如图4-26所示。选择A3:G17单元格区域，设置填充颜色为“白色，背景1，深色5%”，对齐方式为“居中”。

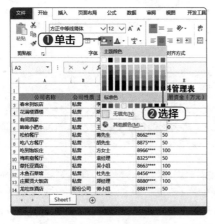

图4-26 设置单元格填充颜色

STEP 4 选择A2:G17单元格区域，在【开始】/【字体】组中单击“边框”按钮右侧的下拉按钮▾，在打开的下拉列表中选择“其他边框”选项。打开“设置单元格格式”对话框，在“边框”选项卡的“样式”列表框中选择——，在“预置”栏中单击“外边框”按钮；继续在“样式”列表框中选择┄┄，在“预置”栏中单击“内部”按钮，完成后单击“确定”按钮，如图4-27所示。

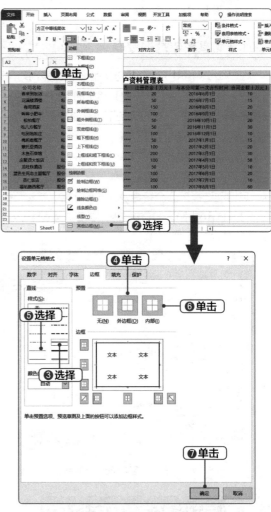

图4-27 设置单元格边框

STEP 5 返回工作表，查看设置后的效果，如图4-28所示。

客户资料管理表

公司名称	公司性质	主要负责人姓名	电话	注册资金（万元）	与本公司第一次合作时间	合同金额（万元）
春来到饭店	私营	李先生	8967****	20	2016年6月1日	10
花满楼酒楼	私营	姚女士	8875****	50	2016年7月1日	15
有间酒家	私营	刘经理	8777****	150	2016年8月1日	20
哞哞小肥牛	私营	王小姐	8988****	100	2016年9月1日	10
松柏餐厅	私营	蒋先生	8662****	50	2016年10月1日	20
吃八方餐厅	私营	胡先生	8875****	50	2016年11月1日	30
吃到饱饭庄	私营	方女士	8966****	100	2016年12月1日	10
梅莉嘉餐厅	私营	袁经理	8325****	50	2017年1月1日	15
蒙托亚酒店	私营	吴小姐	8663****	100	2017年2月1日	20
木鱼石菜馆	私营	杜先生	8456****	200	2017年3月1日	30
庄聚贤大饭店	私营	郑经理	8880****	100	2017年4月1日	50
龙吐珠酒店	股份公司	师小姐	8881****	50	2017年5月1日	10
蓝色生死恋主题餐厅	股份公司	陈经理	8898****	100	2017年6月1日	20
杏仁饭店	股份公司	王经理	8878****	200	2017年7月1日	10
福佑路西餐厅	股份公司	柳小姐	8884****	100	2017年8月1日	60

图4-28 设置后效果

第2部分

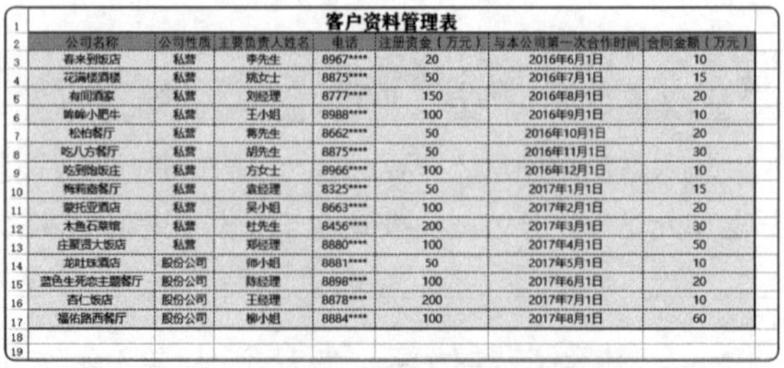

4.6.2 套用表格样式

Excel 2016中预设了大量的表格样式，用户可以直接套用，以提高工作效率。套用表格样式的方法为：选择需要套用表格样式的单元格区域，在【开始】/【样式】组中单击"套用表格格式"按钮，在打开的下拉列表中选择需要的样式，这里选择"中等深浅"栏中的"红色，表样式中等深浅10"选项。由于已选择了套用表格样式的单元格区域，这里只需在打开的"套用表格式"对话框中单击 确定 按钮即可，如图4-29所示。

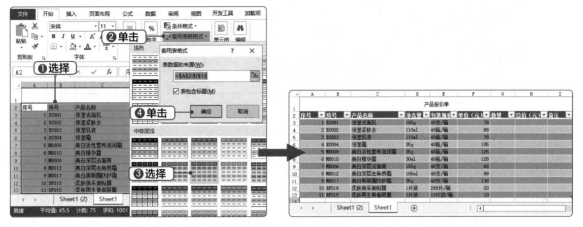

图4-29 套用表格样式

4.6.3 设置条件格式

设置条件格式，可以将不满足或满足条件的单元格突出显示，使其更加醒目、直观。其方法为：选择包含数据的单元格区域，在【开始】/【样式】组中单击"条件格式"按钮，在打开的下拉列表中选择"新建规则"选项，打开"新建格式规则"对话框。在"选择规则类型"列表框中选择"只为包含以下内容的单元格设置格式"选项，然后在"编辑规则说明"栏中设置格式规则，这里在从左往右数第2个下拉列表中选择"小于"选项，并在其右侧的数值框中输入"60"。单击 格式(F)... 按钮，打开"设置单元格格式"对话框，在"字体"选项卡中设置字形为"加粗倾斜"，将颜色设置为标准色中的"红色"，依次单击 确定 ，按钮返回工作界面，如图4-30所示。返回工作表即可查看设置完条件格式的效果，如图4-31所示。

图4-30 设置条件格式

第 4 章 Excel表格的制作与美化

	A	B	C	D	E	F	G
1				客户资料管理表			
2	公司名称	公司性质	主要负责人姓名	电话	注册资金（万元）	与本公司第一次合作时间	合同金额（万元）
3	春天到饭店	私营	李先生	8967****	20	2016年6月1日	10
4	花满楼酒楼	私营	姚女士	8875****	50	2016年7月1日	15
5	有间酒家	私营	刘经理	8777****	150	2016年8月1日	20
6	哞哞小肥牛	私营	王小姐	8988****	100	2016年9月1日	10
7	松柏餐厅	私营	蒋先生	8662****	50	2016年10月1日	20
8	吃八方餐厅	私营	胡先生	8875****	50	2016年11月1日	30
9	吃到饱饭庄	私营	方女士	8966****	100	2016年12月1日	10
10	梅莉嘉餐厅	私营	袁经理	8325****	50	2017年1月1日	15
11	蒙托亚酒店	私营	吴小姐	8663****	100	2017年2月1日	20
12	木鱼石菜馆	私营	杜先生	8456****	200	2017年3月1日	30
13	庄聚贤大饭店	私营	郑经理	8880****	100	2017年4月1日	50
14	龙吐珠酒店	股份公司	师小姐	8881****	50	2017年5月1日	10
15	蓝色生死恋主题餐厅	股份公司	陈经理	8898****	100	2017年6月1日	20
16	杏仁饭店	股份公司	王经理	8878****	200	2017年7月1日	10
17	福佑路西餐厅	股份公司	柳小姐	8884****	100	2017年8月1日	60
18							

图4-31　设置后效果

4.6.4　调整行高和列宽

默认状态下，单元格的行高和列宽是固定不变的。但是当单元格中的数据太多而不能完全显示其内容时，可调整单元格的行高或列宽使其完全显示单元格内容，使表格更加美观，方法主要有3种。

- **自动调整行高和列宽：**选择需要调整的行或列，这里选择B列，在【开始】/【单元格】组中单击"格式"按钮，在打开的下拉列表中选择"自动调整行高"或"自动调整列宽"选项，这里选择"自动调整列宽"选项，如图4-32所示，返回工作表中可看到B列的列宽已经变大。
- **精确调整行高和列宽：**以调整行高为例，选择需要调整的行，在【开始】/【单元格】组中单击"格式"按钮，在打开的下拉列表中选择"行高"选项。打开"行高"对话框，在"行高"文本框中输入具体的行高数值，单击 确定 按钮即可。
- **利用鼠标拖曳调整行高和列宽：**以调整第1行行高为例，将鼠标指针移到第1行与第2行行号间的间隔线上，当其变为 形状时，按住鼠标左键不放向下拖曳，待拖曳至适合的位置后释放鼠标左键，即可调整行高，如图4-33所示。

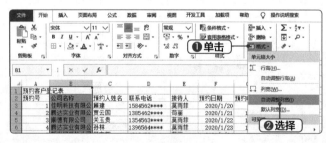

图4-32　自动调整列宽

图4-33　拖曳鼠标调整行高

4.6.5　设置工作表背景

默认情况下，Excel工作表中的数据呈白底黑字显示。为使工作表更美观，除了为其填充颜色，还可插入喜欢的图片作为背景。其方法为：在【页面布局】/【页面设置】组中单击"背景"按钮，打开"插入图片"对话框，在其中选择"从文件"选项，打开"工作表背景"对话框，选择背景图片的保存路径，选择作为背景的图片，然后单击 插入(S) 按钮即可，如图4-34所示。返回工作表中可看到将图片设置为工作表背景后的效果，如图4-35所示。

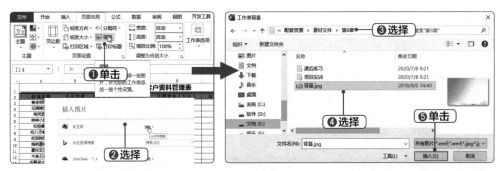

图4-34 设置工作表背景

公司名称	公司性质	主要负责人姓名	电话	注册资金（万元）	与本公司第一次合作时间	合同金额（万元）
			客户资料管理表			
春来到饭店	私营	李先生	8967****	¥20.00	2016年6月1日	¥10.00
花满楼酒楼	私营	姚女士	8875****	¥50.00	2016年7月1日	¥15.00
有间酒家	私营	刘经理	8777****	¥150.00	2016年8月1日	¥20.00
畔畔小肥牛	私营	王小姐	8988****	¥100.00	2016年9月1日	¥10.00
松柏餐厅	私营	肖先生	8662****	¥50.00	2016年10月1日	¥20.00
吃八方餐厅	私营	胡先生	8875****	¥50.00	2016年11月1日	¥30.00
吃到饱饭庄	私营	方女士	8966****	¥100.00	2016年12月1日	¥10.00
梅莉嘉餐厅	私营	袁经理	8325****	¥50.00	2017年1月1日	¥15.00
蒙托业酒店	私营	吴小姐	8663****	¥50.00	2017年2月1日	¥20.00
木鱼石菜馆	私营	杜先生	8456****	¥200.00	2017年3月1日	¥30.00
庄聚贤大饭店	私营	郑经理	8880****	¥100.00	2017年4月1日	¥50.00
龙吐珠酒店	股份公司	师小姐	8881****	¥50.00	2017年5月1日	¥10.00
蓝色生死恋主题餐厅	股份公司	陈经理	8898****	¥100.00	2017年6月1日	¥20.00
杏仁饭店	股份公司	王经理	8878****	¥200.00	2017年7月1日	¥10.00
福佑路西餐厅	股份公司	柳小姐	8884****	¥100.00	2017年8月1日	¥60.00

图4-35 设置后效果

4.6.6 | 页面设置与打印

在打印表格前需要先预览打印效果，对表格页面设置满意后再进行打印。其方法为：选择【文件】/【打印】命令，在"打印"窗口右侧预览工作表的打印效果，在窗口中间列表框的"设置"栏的"纵向"下拉列表中选择"横向"选项设置纸张方向。再在窗口中间列表框的下方单击 页面设置 超链接，打开"页面设置"对话框，单击"页边距"选项卡，在"居中方式"栏中单击选中"水平"和"垂直"复选框，然后单击 确定 按钮。返回"打印"窗口，在"份数"数值框中设置打印份数，单击"打印"按钮🖶打印即可，如图4-36所示。

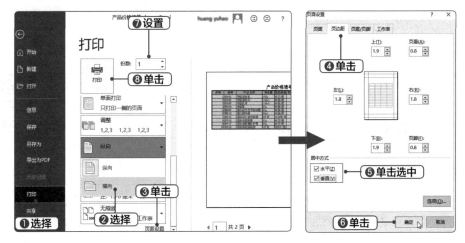

图4-36 预览打印效果并进行页面设置

技巧秒杀

打印区域数据

当只需打印表格中的部分数据时，可选择需打印的单元格区域，在【页面布局】/【页面设置】组中单击"打印区域"按钮，在打开的下拉列表中选择"设置打印区域"选项，所选区域四周将出现灰线框，表示该区域将被打印。选择【文件】/【打印】命令，预览打印效果并进行页面设置后单击"打印"按钮即可。

4.7 课堂案例：制作"产品价格清单"工作簿

产品价格清单是公司为了让客户对公司产品的价格等情况一目了然而制作的。在制作时，首先站在公司的立场确定产品的实际情况，然后站在客户的角度考虑其需要了解产品的哪些信息。其中产品名称、规格以及价格等是必不可缺的，即客户在购买产品时需要知道购买的是什么产品、产品的规格以及产品的价格等。

4.7.1 案例目标

产品价格清单涉及各项数据分类，在制作时要让表格完整反映产品的相关信息，使内容井井有条，并通过设置使重点内容突出显示。本例将制作"产品价格清单"工作簿，需要综合运用本章所学知识，包括输入数据并进行编辑、美化工作表以及设置工作表保护并预览打印等。本例制作完成后的参考效果如图4-37所示。

序号	货号	产品名称	净含量	包装规格	单价（元）	等级	生产日期	备注
				产品价格清单				
1	BS001	保湿洁面乳	105g	48支/箱	68	优等	2020年6月7日	
2	BS002	保湿紧肤水	110mL	48瓶/箱	88	优等	2020年7月3日	
3	BS003	保湿乳液	110mL	48瓶/箱	68	优等	2020年6月20日	
4	BS004	保湿霜	35g	48瓶/箱	105	优等	2020年6月15日	
5	MB009	美白活性营养滋润霜	35g	48瓶/箱	125	优等	2020年6月25日	
6	MB010	美白精华露	30mL	48瓶/箱	128	优等	2020年7月7日	
7	RF015	柔肤再生青春眼膜	2片装	1152袋/箱	10	优等	2020年6月7日	
8	RF016	柔肤祛皱眼霜	35g	48支/箱	135	优等	2020年7月2日	
9	RF017	柔肤黑眼圈防护霜	35g	48支/箱	138	中等	2020年6月27日	
10	RF018	柔肤焕采面贴膜	1片装	288片/箱	20	优等	2020年6月14日	

图4-37　参考效果

素材所在位置　素材文件\第4章\产品价格清单.xlsx、产品目录.xlsx

效果所在位置　效果文件\第4章\产品价格清单.xlsx

微课视频

4.7.2 制作思路

"产品价格清单"工作簿包含较多数据，一方面应能够直观反映信息，另一方面应保证表格的美观性。在制作时首先需要输入数据并进行编辑，然后美化工作表，最后设置工作表保护并进行预览打印。图4-38所示为具体的制作思路。

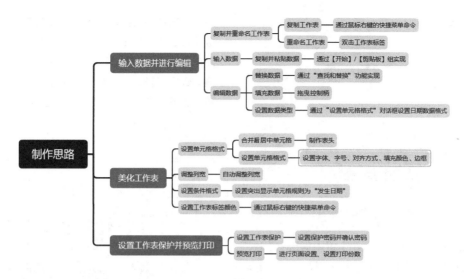

图4-38 制作思路

4.7.3 | 操作步骤

1. 输入数据并进行编辑

下面将在"产品价格清单"工作簿中复制并重命名工作表，然后利用复制数据、填充数据等功能输入数据，设置数据类型，并利用查找和替换功能修改数据，具体操作如下。

STEP 1 打开素材文件"产品价格清单 .xlsx"，在"Sheet1"工作表标签上单击鼠标右键，在弹出的快捷菜单中选择"移动或复制"命令。打开"移动或复制工作表"对话框，在"下列选定工作表之前"列表框中选择移动工作表的位置，这里选择"（移至最后）"选项，然后单击选中"建立副本"复选框，完成后单击 确定 按钮复制"Sheet1"工作表，如图 4-39 所示。

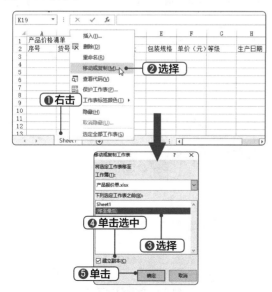

图4-39 复制工作表

STEP 2 分别双击"Sheet1""Sheet1（2）"工作表的工作表标签，分别重命名为"2020 年 8 月"和"2020 年 9 月"，如图 4-40 所示。

	A	B	C	D	E
1	产品价格清单				
2	序号	货号	产品名称	净含量	包装规格
3					
4					
5					
6					
7					
8					
9					
10					
11					
12					
13					
14					
15					
16					

2020年8月 | 2020年9月

图4-40 重命名工作表

STEP 3 打开素材文件"产品目录 .xlsx"，在"BS系列"工作表中选择 A3:E6 单元格区域，在【开始】/【剪贴板】组中单击"复制"按钮。在"产品价格清单"工作簿中选择 B3 单元格，然后在【开始】/【剪贴板】组中单击"粘贴"按钮完成数据的复制，如图 4-41 所示。

STEP 4 用相同的方法将"MB 系列"工作表的A11:E12 单元格区域和"RF 系列"工作表的 A17:E20单元格区域中的数据分别复制到"产品价格清单"工

作簿的 B7 单元格和 B9 单元格。

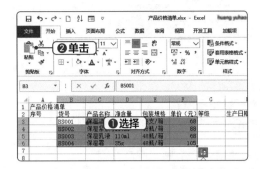

图4-41　复制并粘贴数据

STEP 5 在【开始】/【编辑】组中单击"查找和选择"按钮，在打开的下拉列表中选择"替换"选项。打开"查找和替换"对话框，在"查找内容"文本框中输入数据"68"，在"替换为"文本框中输入数据"78"，然后单击 全部替换(A) 按钮，在工作表中替换所有符合条件的单元格数据，且会打开提示对话框，单击 确定 按钮，然后单击 关闭 按钮关闭"查找和替换"对话框，如图 4-42 所示。

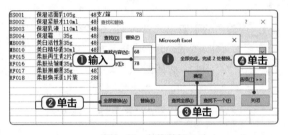

图4-42　替换数据

STEP 6 在 A3 单元格中输入数字"1"，然后将鼠标指针移动到单元格右下角的控制柄上，当其变成✚形状时，按【Ctrl】键的同时，按住鼠标左键不放向下拖曳至 A12 单元格后释放鼠标左键，以快速填充数据，如图 4-43 所示。

图4-43　填充数据

STEP 7 在 G3 单元格中输入"优等"文本，然后

将鼠标指针移动到单元格右下角的控制柄上，当其变成✚形状时，按【Ctrl】键的同时，按住鼠标左键不放向下拖曳至 G12 单元格后释放鼠标左键，以快速填充数据。选择 G11 单元格，将光标定位在编辑框中，将"优等"修改为"中等"，如图 4-44 所示。

图4-44　填充并修改数据

STEP 8 在 H3:H12 单元格区域中输入生产日期数据，选择该单元格区域，在【开始】/【数字】组右下角单击"对话框启动器"按钮。打开"设置单元格格式"对话框，在"数字"选项卡的"分类"列表框中选择"日期"选项，在"类型"列表框中选择"2012年3月14日"选项，单击 确定 按钮，如图4-45 所示。

图4-45　设置数据类型

第 2 部分

2. 美化工作表

下面将对"产品价格清单"工作簿进行美化，包括合并单元格、设置单元格格式、设置颜色填充、调整列宽、设置边框、设置条件格式以及设置工作表标签颜色，具体操作如下。

STEP 1 选择 A1:I1 单元格区域，在【开始】/【对齐方式】组中单击"合并后居中"按钮 ，返回工作表中可看到所选的单元格区域合并为一个单元格，且其中的数据自动居中显示，如图 4-46 所示。

图4-46 合并后居中

STEP 2 在【开始】/【字体】组的"字体"下拉列表中选择"等线"选项，在"字号"下拉列表中选择"18"选项，并设置字体为加粗显示。选择 A2:I2 单元格区域，设置其字体为"方正兰亭黑简体"、字号为"12"，在【开始】/【对齐方式】组中单击"居中"按钮 ，如图 4-47 所示。

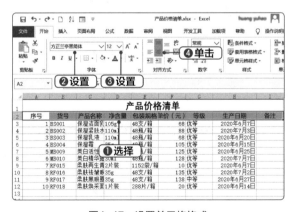

图4-47 设置单元格格式

STEP 3 在【开始】/【字体】组中单击"填充颜色"按钮 右侧的下拉按钮 ，在打开的下拉列表中选择"绿色，个性色 3，淡色 40%"选项，如图 4-48 所示。选择 A3:I12 单元格区域，设置填充颜色为"蓝色，个性色 1，淡色 80%"。

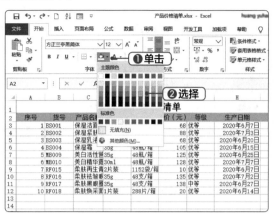

图4-48 设置颜色填充

STEP 4 同时选择 C 列和 F 列，在【开始】/【单元格】组中单击"格式"按钮 ，在打开的下拉列表中选择"自动调整列宽"选项，如图 4-49 所示。此时 C 列和 F 列的列宽明显变大了。

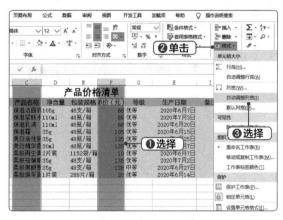

图4-49 自动调整列宽

STEP 5 选择 H2:H12 单元格区域，在【开始】/【字体】组中单击"边框"按钮 右侧的下拉按钮 ，在打开的下拉列表中选择"其他边框"选项。打开"设置单元格格式"对话框，在"边框"选项卡的"样式"列表框中选择 ——，在"预置"栏中单击"外边框"按钮 ；继续在"样式"列表框中选择 ——，在"预置"栏中单击"内部"按钮 ，完成后单击 确定 按钮，如图 4-50 所示。

STEP 6 选择 A2:I12 单元格区域，在【开始】/【样式】组中单击"条件格式"按钮 ，在打开的下拉列表中选择"突出显示单元格规则 / 重复值"选项，如

图 4-51 所示。

所示。

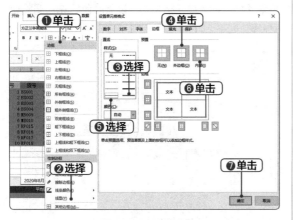

图4-50 设置边框

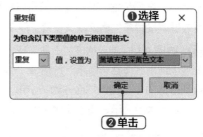

图4-52 设置显示规则

图4-53 设置后效果

STEP 8 在"2020 年 8 月"工作表标签上单击鼠标右键，在弹出的快捷菜单中选择"工作表标签颜色"命令，在打开的列表中选择"深蓝，文字 2，淡色 80%"选项。按相同的方法设置"2020 年 9 月"工作表标签的颜色为"绿色，个性色 3，淡色 60%"，如图 4-54 所示。

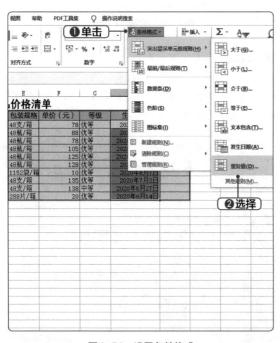

图4-51 设置条件格式

STEP 7 打开"重复值"对话框，在第二个下拉列表中选择"黄填充色深黄色文本"选项，单击 确定 按钮，如图 4-52 所示。设置后的效果如图 4-53

3. 设置工作表保护并预览打印

下面将对"产品价格清单"工作簿设置工作表密码保护，然后预览打印工作表，具体操作如下。

STEP 1 在【审阅】/【保护】组中单击"保护工作表"按钮。在打开的"保护工作表"对话框中的"取消工作表保护时使用的密码"文本框中输入密码"123"，然后单击 确定 按钮。在打开的"确认密码"对话框

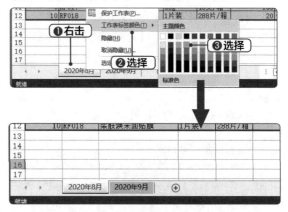

图4-54 设置工作表标签颜色

的"重新输入密码"文本框中输入密码"123"，然后单击 确定 按钮，如图 4-55 所示。

STEP 2 选择【文件】/【打印】命令，在"打印"窗口右侧预览工作表的打印效果，在窗口中间列表框

的下方单击 页面设置 超链接。打开"页面设置"对话框，单击"页边距"选项卡，在"居中方式"栏中单击选中"水平"和"垂直"复选框，然后单击 确定 按钮。返回"打印"窗口，在"份数"数值框中设置打印份数，单击"打印"按钮🖨️打印即可，如图4-56所示。

图4-55　保护工作表

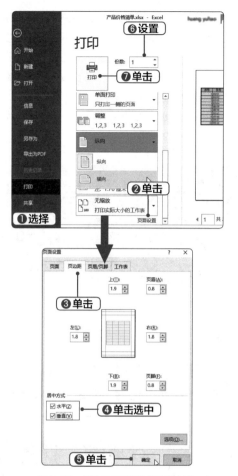

图4-56　进行页面设置并预览打印

4.8　强化训练

本章详细介绍了Excel表格的制作与美化，为了帮助读者进一步掌握Excel 2016的使用方法，下面将通过制作"往来客户一览表"工作簿和制作"外勤报销单"工作簿进行强化训练。

4.8.1　制作"往来客户一览表"工作簿

往来客户一览表是公司对往来客户在交易上的原始资料整理文件，用来记录往来客户信息，如往来客户的企业名称、联系人、信誉等级，以及合作性质等。在制作这类表格时，应定期对交易往来客户做调查，有关交易往来客户的变化情况应及时更正，交易往来客户如果解散或与本公司的交易关系解除，应尽快将其从往来客户一览表中删除，并将其与交易往来客户原始资料分别保管。

【制作效果与思路】

本例制作的"往来客户一览表"工作簿的效果如图4-57所示，具体制作思路如下。

（1）打开素材文件"往来客户一览表.xlsx"，合并A1:L1单元格区域，然后选择A~L列，自动调整列宽。

（2）选择A3:A12单元格区域，自定义序号的格式为"000"，再选择I3:I12单元格区域，设置数字格式为"文本"，完成后在相应的单元格中输入11位以上的数字。

（3）剪切A10:L10单元格区域中的数据，将其插入第7行下方，然后将B6单元格中的"明铭"修改为"德瑞"，再查找数据"有限公司"，并替换为"有限责任公司"。

（4）选择A1单元格，设置字符格式为"方正大黑简体、20、深蓝"，选择A2:L2单元格区域，设置字符格式为"方正黑体简体、12"，然后选择A2:L12单元格区域，设置对齐方式为"居中"，边框为"所有框线"，完成后重新调整单元格行高与列宽。

（5）选择A2:L12单元格区域，套用表格样式"蓝色，表样式中等深浅16"。

序号	企业名称	法人代表	联系人	电话	传真	企业邮箱	地址	账号	合作性质	建立合作关系时间	信誉等级
						往来客户一览表					
001	东宝网络有限责任公司	张大东	王宝	1875362****	0571-665****		杭州市下城区文辉路	9559904458625****	一级代理商	2016/5/15	良
002	祥瑞有限责任公司	李祥瑞	李丽	1592125****	010-664****		北京市西城区金融街	9559044586235****	供应商	2016/10/1	优
003	威远有限责任公司	王均	王均	1332132****	025-669****		南京市浦口区海院路	9559904458625****	一级代理商	2016/10/10	优
004	德瑞电子商务公司	郑志国	罗鹏程	1892129****	0769-667****		东莞市东莞大道	9559904458625****	供应商	2016/12/6	优
005	诚信建材公司	邓杰	谢巧巧	1586987****	021-666****		上海浦东新区	9559044586235****	供应商	2017/6/1	优
006	兴邦物流有限责任公司	李林峰	郑红梅	1336582****	0755-672****		深圳市南山区科技园	9559044586235****	一级代理商	2017/8/10	良
007	雅奇电子公司	陈科	鄂林	1345133****	027-669****		武汉市汉阳区芳草苑	9559904458625****	供应商	2017/7/1	优
008	康泰公司	李睿	江丽娟	1852686****	020-670****		广州市白云区白云大道南	9559044586235****	一级代理商	2017/5/25	差
009	华太实业有限责任公司	姜芝华	姜芝华	1362126****	028-663****		成都市一环路东三段	9559904458625****	供应商	2017/9/10	优
010	荣鑫建材公司	蒲建国	曾静	1365630****	010-671****		北京市丰台区东大街	9559904458625****	一级代理商	2017/1/20	良

图4-57 "往来客户一览表"工作簿效果

素材所在位置	素材文件\第4章\往来客户一览表.xlsx	
效果所在位置	效果文件\第4章\往来客户一览表.xlsx	

4.8.2 制作"外勤报销单"工作簿

外勤报销单是员工因公司事务前往外地出差产生一系列费用，并将所有费用以表单的形式列出来，交予公司报销的工作表。制作外勤报销单要求列出的事项详细、清晰。

【制作效果与思路】

本例制作的"外勤报销单"工作簿效果如图4-58所示，具体制作思路如下。

（1）打开素材文件"外勤报销单.xlsx"，选择B2:G13单元格区域，设置填充颜色为"绿色，个性色6，淡色80%"。设置外边框为双线、颜色为浅绿；设置内框线为点虚线、颜色为绿色。

（2）选择B2:G2单元格区域，设置对齐方式为"合并后居中"，为B5:C5、B6:C6、B7:C7、B8:C8、B9:C9、B10:C10、B11:C11、E3:G3、E4:G4、E5:G5、E6:G11和C12:G12单元格区域设置相同的对齐方式；选择B3:G13单元格区域，在"对齐方式"组中单击"居中"按钮 ≡ 。

外勤报销单			
姓名	张珊	联系电话	86****02
所属部门	资料部	职工编号	ZS 1003
报销费用类型		单价	备注
交通费		¥123.00	
住宿费		¥236.00	
补贴费		¥215.00	
交际费		¥436.00	
其他		¥238.00	
合计			
人民币大写			
经办人：		审核人：	报销日期： 2017年12月1日

图4-58 "外勤报销单"工作簿效果

（3）将B2单元格的字符格式设置为"宋体、20"，填充颜色设置为"浅绿"，并调整行高；选择B3:G13单元格区域，设置其字体为"思源黑体 CN Normal"。

（4）选择D6:D10单元格区域，在"数字"组中设置其数字格式为"货币"。

素材所在位置	素材文件\第4章\外勤报销单.xlsx
效果所在位置	效果文件\第4章\外勤报销单.xlsx

微课视频

4.9 知识拓展

下面对Excel表格的制作与美化的一些拓展知识进行介绍，帮助读者更全面地掌握本章所学知识。

1. 输入以"0"开头的数字

默认状态下，以"0"开头的数字在单元格中输入后不能正确显示，此时可以通过相应的设置避免出现这种情况。其方法为：选择要输入如"0101"类型数字的单元格，在【开始】/【数字】组右下角单击"对话框启动器"按钮⊾。打开"设置单元格格式"对话框，在"数字"选项卡的"分类"列表框中选择"文本"选项，然后单击 确定 按钮即可。

2. 在多张工作表或多个单元格中输入相同数据

当需要在多张工作表中输入相同数据时，只需同时选择需要填充相同数据的工作表，在已选择的任意一张工作表内输入数据，则所有被选择的工作表的相同单元格中均会自动输入相同数据。

同样，当需要在多个单元格中输入相同数据时，只需同时选择需要输入相同数据的单元格或单元格区域，然后在其编辑框中输入数据，完成后按【Ctrl+Enter】组合键，数据就会被同时填充到所有已选择的单元格中。

3. 输入11位以上的数字

在Excel表格中输入11位以上的数字时，单元格中将显示如"1.23457E+11"的格式，因此要输入11位以上的数字，如身份证号码，可以在"设置单元格格式"对话框的"数字"选项卡的"分类"列表框中选择"文本"选项，然后单击 确定 按钮应用设置。还可直接在数字前面先输入一个英文单引号"'"将其转换成文本类型的数据，然后输入11位以上的数字即可。图4-59所示为输入11位以上的订单号的操作。

图4-59 正确输入订单号

4. 将单元格中的数据换行显示

要换行显示单元格中较长的数据时，可选择已输入长数据的单元格，将光标定位到需进行换行显示的位置，然后按【Alt+Enter】组合键；或在【开始】/【对齐方式】组中单击"自动换行"按钮；或按【Ctrl+1】组合键，在打开的"设置单元格格式"对话框中单击"对齐"选项卡，单击选中"自动换行"复选框后单击 确定 按钮。

5. 定位单元格的技巧

通常使用光标就可以在表格中快速地定位单元格。而当需要定位的单元格位置超出了屏幕的显示范围，并且数据量较大时，使用光标可能会显得麻烦，此时可以使用快捷键快速定位单元格。下面介绍使用快捷键快速定位一些特殊单元格的方法。

- **定位A1单元格：** 按【Ctrl+Home】组合键可快速定位到当前工作表中的A1单元格。
- **定位已使用区域右下角单元格：** 按【Ctrl+End】组合键可快速定位到已使用区域右下角的单元格。
- **定位当前行数据区域的始末端单元格：** 按【Ctrl+←】或【Ctrl+→】组合键可快速定位到当前行数据区

第 **4** 章 Excel表格的制作与美化

域的始末端单元格；多次按【Ctrl+←】或【Ctrl+→】组合键可定位到当前行的首端或末端单元格。

● **定位当前列数据区域的始末端单元格：** 按【Ctrl+↑】或【Ctrl+↓】组合键可快速定位到当前列数据区域的始末端单元格；多次按【Ctrl+↑】或【Ctrl+↓】组合键可定位到当前列的顶端或末端单元格。

4.10 课后练习

本章主要介绍了Excel 2016的基础知识，包括工作簿、工作表、单元格的基本操作，数据的输入与编辑，以及表格的美化与打印等知识，读者应加强该部分内容的练习与应用。下面通过两个练习，使读者对本章所学知识更加熟悉。

练习1 编辑"加班记录表"工作簿

本练习将编辑"加班记录表.xlsx"工作簿，调整列宽、合并居中单元格、设置单元格格式、设置边框，最后进行页面设置并预览打印。参考效果如图4-60所示。

编号	姓名	部门	加班事由	日期	开始时间	结束时间	用时	负责人
			加班记录表					
B15	王一泓	技术部	现场监控	2018/7/18	20:00:00	23:45:00	3:45:00	冯刚
B16	章艺	质量部	检验建材质量	2018/7/18	19:00:00	22:30:00	3:30:00	冯刚
B17	毕家	技术部	现场监控	2018/7/19	19:30:00	23:50:00	4:20:00	冯刚
B18	舒影	质量部	检验建材质量	2018/7/19	20:45:00	22:55:00	2:10:00	冯刚
B19	齐海军	技术部	现场监控	2018/7/20	19:30:00	22:55:00	3:25:00	冯刚
B20	康居	技术部	检验建材质量	2018/7/20	19:00:00	23:30:00	4:30:00	冯刚
B21	周畅	技术部	现场监控	2018/7/21	20:30:00	23:50:00	3:20:00	冯刚
B22	刘栋	技术部	检验建材质量	2018/7/21	20:00:00	23:45:00	3:45:00	冯刚
B23	张杰	质量部	现场监控	2018/7/22	20:30:00	23:00:00	2:30:00	冯刚
B24	宋昊	技术部	拟制质量体系	2018/7/22	20:00:00	22:55:00	2:55:00	冯刚
B25	钱嘉	技术部	现场监控	2018/7/23	20:00:00	23:00:00	3:00:00	冯刚
B26	刘明	质量部	检验建材质量	2018/7/23	21:00:00	23:00:00	2:00:00	冯刚
B27	胡畅	技术部	现场监控	2018/7/24	20:00:00	23:50:00	3:50:00	冯刚
B28	刘惠嘉	技术部	检验建材质量	2018/7/24	20:10:00	23:45:00	3:35:00	冯刚
						项目负责人签字：		

图4-60 "加班记录表"工作簿效果

素材所在位置 素材文件\第4章\加班记录表.xlsx

效果所在位置 效果文件\第4章\加班记录表.xlsx

微
课
视
频

操作要求如下。

● 打开素材文件"加班记录表.xlsx"工作簿，调整"加班事由"数据列的列宽，然后合并标题所在行单元格，将其设置为"宋体、22、加粗"。

● 分别合并A17:E17、F17:G17、H17:I17单元格区域，然后设置数据内容居中显示，将表头数据格式设置为"加粗、白色"，并设置"深蓝，文字2，淡色40%"填充颜色。

● 为A2:I17单元格区域添加"所有框线"边框样式。

● 将打印方向设置为"横向"，将"缩放比例"设置为"120%"，将页边距设置为"居中"，然后打印两份表格。

练习2 制作"采购记录表"工作簿

本练习将新建并保存"采购记录表.xlsx"工作簿，新建工作表并依次对工作表进行重命名，然后输入和编

第2部分

辑数据内容，最后对表格进行美化设置。参考效果如图4-61所示。

		采购事项				请购事项			验收事项			
采购日期	采购单号	产品名称	供应商代码	单价(元)	请购日期	请购数量	请购单位	验收日期	验收单号	交货数量	交货批次
1/7	S001-548	电剪	ME-22	361	1/5	1	车缝部	1/9	C06-0711	1	1
1/7	S001-549	内箱\外箱\贴纸	MA-10	2\2\0.5	1/6	100	包装部	1/9	C06-0712	100	1
1/8	S001-550	电\蒸气熨斗	ME-13	130\220	1/6	4	熨烫部	1/9	C06-0713	4	1
1/9	S001-551	锅炉	ME-33	950	1/7	1	生产部	1/10	C06-0714	1	1
1/10	S001-552	润滑油	MA-24	12	1/8	50	生产部	1/11	C06-0715	50	1
1/11	S001-553	枪针\橡筋	MA-02	8\0.3	1/10	300	成品部	1/12	C06-0716	180	2
1/13	S001-554	拉链\拉链头	MA-02	0.2\0.2	1/11	300	成品部	1/14	C06-0717	300	1
1/13	S001-555	链条车	ME-11	87	1/12	2	成品部	1/15	C06-0718	2	1

2020年1月 | 2020年2月 | 2020年3月 | 2020年4月

图4-61 "采购记录表"工作簿效果

 效果所在位置 效果文件\第4章\采购记录表.xlsx

 微课视频

操作要求如下。

● 新建并保存"采购记录表.xlsx"工作簿，单击"新工作表"按钮⊕插入工作表，将工作表分别命名为"2020年1月""2020年2月""2020年3月""2020年4月"。

● 在"2020年1月"工作表中输入对应的数据，可使用填充功能输入数据，再修改数据。在A2单元格输入"采购事项"，在F2单元格输入"请购事项"，在I2单元格输入"验收事项"，分别合并A2:E2、F2:H2、I2:L2单元格区域。

● 将标题设置为"华文琥珀、24"，将表头设置为"华文细黑、12、加粗"，其他数据字号为"12"。

● 为A4:L16单元格区域添加边框，为表头内容设置"浅绿"底纹，为C4:C16、E4:E16、G4:G16、K4:K16单元格区域设置"橄榄色，个性色3，淡色80%"填充颜色。

第 5 章

Excel 数据的处理与计算

/ 本章导读

Excel 2016 具有强大的数据处理与计算功能，在日常工作中应用广泛。本章主要介绍空值单元格的处理、公式与函数的使用、数据的排序、数据筛选、数据分类汇总 5 个方面的内容。

/ 技能目标

掌握空值单元格的处理。

掌握公式与函数的使用。

掌握数据的排序、筛选、分类汇总。

/ 案例展示

5.1 空值单元格的处理

在Excel表格中，常常会出现各种空值单元格。如果想要快速填充或者删除，就需要掌握一定的技巧。下面介绍在Excel 2016中快速填充空值单元格和快速删除空值单元格的操作方法。

5.1.1 快速填充空值单元格

在工作中经常需要填充表格内的空值单元格，采用手动输入或复制粘贴的方法来操作不仅效率较低，而且容易出错。其实，在Excel 2016中可以利用定位功能快速填充空值单元格，其方法为：选择目标单元格区域，在【开始】/【编辑】组中单击"查找和选择"按钮 🔍▾，在打开的下拉列表中选择"定位条件"选项。打开"定位条件"对话框，单击选中"空值"单选项，单击 确定 按钮，如图5-1所示。此时已选择单元格区域中所有的空值单元格都会以灰色底色显示。在编辑框中输入需要填充的内容。这里输入公式"=A2"（即等于第一个空值单元格的上一个单元格），然后按【Ctrl+Enter】组合键确认输入，即可为空值单元格填充上一个非空单元格的数值，如图5-2所示。若只需在空值单元格中填充某一具体数值，在编辑框中输入该具体数值即可。

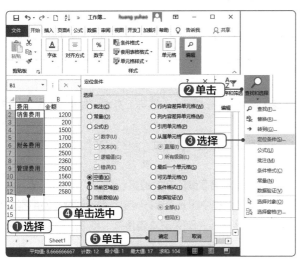

图5-1　定位空值单元格

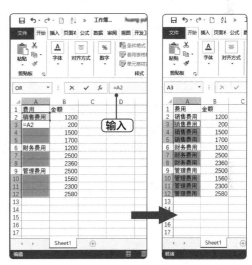

图5-2　填充上一个非空单元格数值

5.1.2 快速删除空值单元格

在Excel 2016中也可以利用定位功能实现快速删除空值单元格，其方法为：选择目标单元格区域，按上述方法定位空值单元格，在任意一个空值单元格上单击鼠标右键，在弹出的快捷菜单中选择"删除"命令，打开"删除"对话框，默认选中"下方单元格上移"单选项，单击 确定 按钮即可，如图5-3所示。

图5-3　删除空值单元格

5.2 公式与函数的使用

计算数据是Excel 2016的基本功能之一，而公式与函数在计算中往往能发挥很大的作用，使计算简单、高效，下面进行具体介绍。

5.2.1 认识公式与函数

公式和函数是使用Excel 2016进行计算的基础。公式是Excel 2016中进行计算的表达式，而函数则是系统预定义的一些公式。通过使用公式和函数，可对日期时间、数据的加减乘除等进行分析与计算，实现数据的自动化处理。表5-1详细介绍了公式与函数的结构及参数范围。

表 5-1　公式与函数的结构及参数范围

	公式	函数
书写格式	=B2+6*B3-A1	=SUM(A1:A6)
结构	由等号、运算符和参数构成	由等号、函数名、括号和括号里的参数构成
参数范围	常量数值、单元格、单元格区域、单元格名称或工作表函数	常量数值、单元格、单元格区域、单元格名称或工作表函数

1. 认识公式

Excel 2016中的公式是对工作表中的数据进行计算的等式，它以"="（等号）开始，其后是公式的表达式，其中可包含的项目如下。

- **单元格引用：** 单元格引用是指需要引用数据的单元格所在的位置，如公式"=B1+D9"中的"B1"表示引用B列第1行单元格中的数据。
- **单元格区域引用：** 单元格区域引用是指需要引用数据的单元格区域所在的位置。
- **运算符：** 运算符是Excel 2016公式中的基本元素，用于对公式中的元素进行特定类型的运算。使用不同的运算符可进行不同的运算，如运用"+"（加号）、"="（等号）、"&"（文本连接符）和","（逗号）等时，会显示不同的结果。
- **函数：** 函数是指Excel 2016中内置的函数，是通过使用一些被称为参数的特定数值来按特定的顺序或结构执行计算的公式。其中的参数可以是常量数值、单元格引用和单元格区域引用等。
- **常量数值：** 常量数值包括数字或文本等各类数据，如"0.5647""客户信息""Tom Vision""A001"等。

2. 认识函数

函数是由一组具有特定功能的公式组合在一起形成的。在Excel 2016中利用公式可以计算一些简单的数据，而利用函数则可以很容易地完成各种复杂数据的处理工作，并简化公式的使用。

函数是一种在需要时可以直接调用的表达式，通过使用一些被称为参数的特定数值来按特定的顺序或结构进行计算。函数的格式为：=函数名（参数1,参数2,…）。其中各部分的含义介绍如下。

- **函数名：** 函数名即函数的名称，每个函数都有唯一的函数名，如SUM和SUMIF等。
- **参数：** 参数是指函数中用来执行操作或计算的值，参数的类型与函数有关。

5.2.2 引用单元格

在编辑公式时经常需要对单元格地址进行引用，一个引用地址代表工作表中一个或多个单元格或单元格区域。单元格和单元格区域引用的作用在于标识工作表中的单元格或单元格区域，并表明公式中所使用的数据地址。一般情况下，单元格的引用分为相对引用、绝对引用和混合引用。

● **相对引用：**相对引用指相对于公式单元格位于某一位置处的单元格引用。在相对引用中，当复制相对引用的公式时，引用的单元格被更新，将引用与当前公式位置相对应的单元格。Excel默认使用的是相对引用，如图5-4所示。

● **绝对引用：**绝对引用是把公式复制或移动到新位置后，公式中的单元格地址保持不变。利用绝对引用引用单元格的列标和行号之前分别加了符号"$"。如果在复制公式时不希望引用的单元格地址发生改变，则应使用绝对引用，如图5-5所示。

● **混合引用：**混合引用指在一个单元格地址引用中，既有绝对引用，又有相对引用。如果公式所在单元格的地址改变，则绝对引用不变，相对引用改变，如图5-6所示。

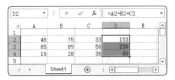
图5-4　相对引用

图5-5　绝对引用

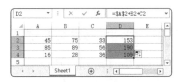
图5-6　混合引用

技巧秒杀

使用快捷键转换引用格式

在引用单元格地址前后按【F4】键可以在相对引用与绝对引用之间切换，如将光标定位到公式"=A1+A2"中的A1前，第1次按【F4】键变为"A1"，第2次按【F4】键变为"A$1"，第3次按【F4】键变为"$A1"，第4次按【F4】键变为"A1"。

5.2.3 使用公式计算数据

在Excel 2016中计算数据时，需要大量使用公式，下面分别从输入公式、编辑公式和复制公式3个方面来展开介绍。

1. 输入公式

在Excel 2016中输入公式的方法与输入数据的方法类似，只需将公式输入相应的单元格即可。输入公式的方法为：选择要输入公式的单元格，在单元格或编辑框中输入"="，接着输入公式内容，完成后按【Enter】键或单击编辑栏上的"输入"按钮✓即可。

在单元格中输入公式后，按【Enter】键可在计算出公式结果的同时选择同列的下一个单元格；按【Tab】键可在计算出公式结果的同时选择同行的下一个单元格；按【Ctrl+Enter】组合键则可在计算出公式结果后，仍保持当前单元格的选择状态。

2. 编辑公式

编辑公式与编辑数据的方法相同。首先，选择含有公式的单元格，将文本插入点定位在单元格或编辑框中需要修改的位置，按【BackSpace】键删除多余或错误的内容，再输入正确的内容。完成后按【Enter】键即可完成对公式的编辑，Excel 2016会自动计算新公式结果。

3. 复制公式

在Excel 2016中复制公式是一种便捷的数据计算方法，因为在复制公式的过程中，Excel 2016会自动改变引用单元格的地址，可避免手动输入公式的麻烦，提高工作效率。通常通过【开始】/【剪贴板】组或单击鼠标右键弹出的快捷菜单进行复制粘贴；也可以通过拖曳控制柄进行复制，如图5-7所示；还可在添加了公式的单元格上按【Ctrl+C】组合键进行复制，然后在要复制到的单元格上按【Ctrl+V】组合键进行粘贴。

图5-7　复制公式

5.2.4　使用函数计算数据

　　若用户对所使用的函数和参数都很熟悉，可直接按输入公式的方法来输入函数；若需要了解所需函数和参数的详细信息，可通过"插入函数"对话框选择并插入所需函数，这里以输入RANK.EQ函数为例。其方法为：选择目标单元格，在编辑栏中单击 f_x 按钮，打开"插入函数"对话框，在"或选择类别"下拉列表中选择"统计"选项，在"选择函数"列表框中选择"RANK.EQ"选项，单击 确定 按钮，如图5-8所示。打开"函数参数"对话框，将光标定位到"Number"参数框中，在工作表中选择D3单元格，然后将光标定位到"Ref"参数框中，在工作表中选择D3:D12单元格区域，完成后单击 确定 按钮，返回工作表可看到目标单元格中已自动计算出该函数的值，如图5-9所示。

图5-8　插入函数

图5-9　计算结果

5.2.5　常用的函数

　　Excel 2016中提供了多种函数类别，如财务函数、逻辑函数、文本函数、日期与时间函数、查找与引用函数等。常用的函数包括求和函数SUM、平均值函数AVERAGE、最大/最小值函数MAX/MIN、排名函数RANK.EQ以及条件函数IF等，下面分别进行介绍。

- ● **求和函数SUM：** 求和函数用于计算两个或两个以上单元格的数值之和，是Excel数据表格中使用十分频繁的函数，也是用户必须掌握的函数。求和函数的语法结构为SUM(number1, number2,…)。其参数"number1,number2,…"为1到255个需要求和的数值参数。例如，"=SUM(A1:A3)"表示计算A1:A3单元格区域中所有数字的和；"=SUM(B3,D3,F3)"表示计算B3、D3、F3单元格中的数字之和；"=SUM(2,3)"表示计算"2+3"的和；"=SUM(A4-I5)"表示计算A4单元格中的数值减去I5单元格中的数值的结果。

- ● **平均值函数AVERAGE：** 平均值函数用于计算参与的所有参数的平均值，相当于使用公式将若干个单元格数据相加后再除以单元格个数。平均值函数的语法结构为AVERAGE(number1, number2,…)。其参数"number1,number2,…"为1到255个需要计算平均值的数值参数。

● **最大/最小值函数MAX/MIN**：最大值函数用于返回一组数据中的最大值，最小值函数用于返回一组数据中的最小值。最大/最小值函数的语法结构为MAX/MIN(number1, number2,…)。其参数"number1,number2,…"为1到255个需要计算最大/最小值的数值参数。

● **排名函数RANK.EQ**：排名函数用于分析与比较一列数据并根据数据大小返回数值的排列名次，在商务办公的数据统计中经常使用。排名函数的语法结构为RANK.EQ(number,ref,order)。其参数"number"指需要找到排名的数字；参数"ref"指数字列表数组或对数字列表的引用；参数"order"指明排名的方式，为0（零）或省略表示对数字的排名是基于参数"ref"按照降序排列，不为0表示对数字的排名是基于参数"ref"按照升序排列。

● **条件函数IF**：条件函数IF用于判断数据表中的某个数据是否满足指定条件，如果满足则返回特定值，不满足则返回其他值。条件函数的语法结构为IF(logical_test, value_if_true, value_if_false)。其参数"logical_test"表示计算结果为true或false的任意值或表达式；参数"value_if_true"表示"logical_test"为true时要返回的值，可以是任意数据；参数"value_if_false"表示"logical_test"为false时要返回的值，也可以是任意数据。

> **技巧秒杀**
>
>

快捷选择常用函数

>
> 在【开始】/【编辑】组中单击"自动求和"按钮Σ右侧的下拉按钮▼，或在【公式】/【函数库】组中单击"自动求和"按钮Σ右侧的下拉按钮▼，在打开的下拉列表中可选择常用的函数，如平均值函数、计数函数、最大值函数、最小值函数等。

5.3 数据的排序

　　数据排序常用于统计工作中。在Excel 2016中，数据排序是指根据存储在表格中的数据种类，将其按一定的方式进行重新排列。它有助于快速、直观地显示数据并让用户更好地理解数据、组织并查找所需数据。数据排序的方法有单列数据排序、多列数据排序和自定义排序3种。

5.3.1　单列数据排序

　　单列数据排序指在工作表中以一列单元格中的数据为依据，对所有数据进行排序。其方法为：选择需排序的一列单元格中任意一个含有数据的单元格，在【数据】/【排序和筛选】组中单击"升序"按钮↓。该单元格所在列中的数据将按首字母的顺序进行排列，且其他与之对应的数据将自动进行排序，如图5-10所示。

图5-10　单列数据排序

5.3.2　多列数据排序

　　使用多列数据排序时，要以某个数据为依据进行排序，该数据被称为关键字。以关键字进行排序，其他列中对应的单元格数据将随之发生改变。在工作表中选择多列数据对应的单元格区域，应先选择关键字所在的单元格，排序时将自动以该关键字进行排序，未选择的单元格区域将不参与排序。多列数据排序的方法为：选择目标单元格区域，在【数据】/【排序和筛选】组中单击"降序"按钮 ↓。该单元格区域中的数据将以该区域左上角单元格中的数据为依据，按从大到小的先后顺序进行排列，如图5-11所示。

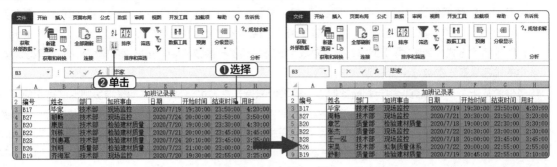

图5-11　多列数据排序

5.3.3　自定义排序

自定义排序可以通过设置多个关键字对数据进行排序，并能以其他关键字对相同排序的数据进行排序。下面在"产品入库明细表.xlsx"工作簿中按"类别"与"入库数量"两个关键字进行升序排列，具体操作如下。

 素材所在位置　素材文件\第5章\产品入库明细表.xlsx
效果所在位置　效果文件\第5章\产品入库明细表.xlsx

STEP 1　选择A3:K20单元格区域，在【数据】/【排序和筛选】组中单击"排序"按钮 ↓，打开"排序"对话框，在"主要关键字"下拉列表中选择"类别"选项，在"次序"下拉列表中选择"升序"选项。然后单击 ↓添加条件(A) 按钮，在"次要关键字"下拉列表中选择"入库数量"选项，将"次序"设置为"升序"，完成后单击 确定 按钮，如图5-12所示。

STEP 2　返回工作表可看到"类别"列的数据按升序进行排列，且其中值相同的数据，将根据"入库数量"列的数据按升序进行排列，如图5-13所示。

图5-13　排序结果

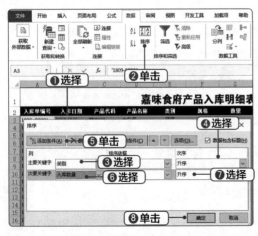

图5-12　自定义排序

5.4 数据筛选

在数据量较多的表格中查看符合特定条件的数据一般会较为麻烦，此时可使用数据筛选功能快速将符合条件的数据显示出来，并隐藏表格中的其他数据。数据筛选的方法有自动筛选、自定义筛选和高级筛选3种。

5.4.1 自动筛选

自动筛选是根据用户设定的筛选条件，自动将表格中符合条件的数据显示出来，而将表格中的其他数据隐藏。其方法为：选择任意一个有数据的单元格，然后在【数据】/【排序和筛选】组中单击"筛选"按钮 🔽。在工作表中每个表头数据对应的单元格右侧将出现下拉按钮 🔽，在需要筛选数据列的字段名右侧单击下拉按钮 🔽，在打开的下拉列表的列表框中取消选中"（全选）"复选框，然后单击选中需要筛选数据对应的复选框，完成后单击 确定 按钮，如图5-14所示。图5-15所示为筛选"销售统计表1"工作簿中"城市"为"北京"的效果。

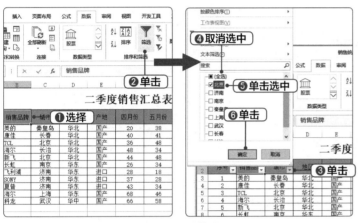

图5-14　自动筛选

图5-15　筛选后效果

5.4.2 自定义筛选

自定义筛选是在自动筛选的基础上进行操作的，即在自动筛选后需自定义的字段名右侧单击下拉按钮 🔽，在打开的下拉列表中选择相应的选项，即确定筛选条件后，在打开的"自定义自动筛选方式"对话框中进行相应的设置，其方法为：选择任意一个有数据的单元格，在【数据】/【排序和筛选】组中单击"筛选"按钮 🔽，在需要自定义筛选的字段名右侧单击下拉按钮 🔽，在打开的下拉列表中选择"数字筛选/自定义筛选"选项。打开"自定义自动筛选方式"对话框，设置自定义筛选条件。这里在"季度销售量（台）"栏下方左侧下拉列表中选择"大于"选项，在右侧文本框中输入"100"，保持单击选中"与"单选项；在第二行左侧下拉列表中选择"小于"选项，在右侧文本框中输入"150"，然后单击 确定 按钮，如图5-16所示。返回工作表，系统会筛选出季度销售量在"100"与"150"之间的记录。

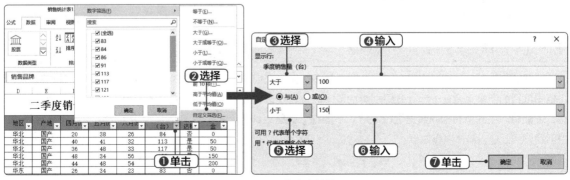

图5-16　自定义筛选

5.4.3 高级筛选

　　自动筛选根据Excel 2016提供的条件筛选数据，若要根据自己设置的筛选条件对数据进行筛选，则需使用高级筛选功能。使用高级筛选功能可以筛选出同时满足两个或两个以上约束条件的记录，其方法为：在空白单元格区域中分别输入筛选条件，这里在C15:E16单元格区域中分别输入筛选条件"地区为华北，四月份销售量（台）>30，季度销售量（台）>120"。选择任意一个有数据的单元格，在【数据】/【排序和筛选】组中单击"高级"按钮 。打开"高级筛选"对话框，在"列表区域"参数框中将自动选择参与筛选的单元格区域，然后将光标定位到"条件区域"参数框中，并在工作表中选择C15:E16单元格区域，完成后单击 确定 按钮，如图5-17所示。返回工作表可看到系统已筛选出地区为"华北"、四月份销售量（台）>30且季度销售量（台）>120的记录，如图5-18所示。

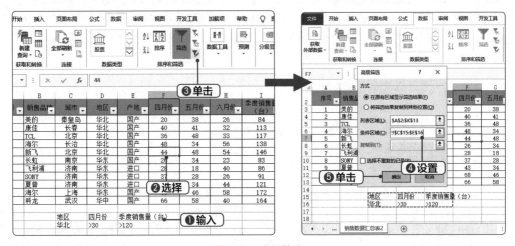

图5-17　高级筛选

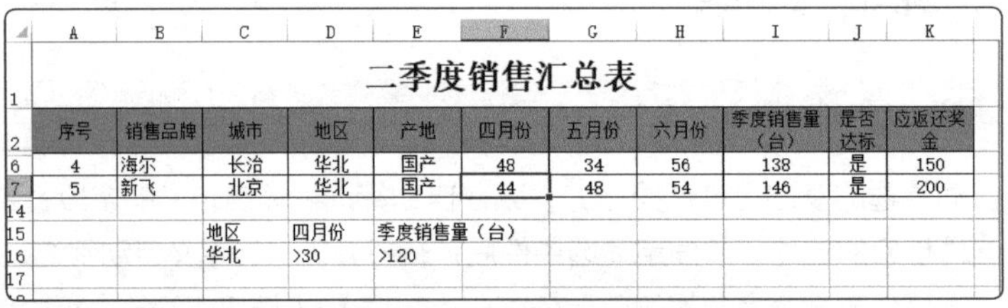

图5-18　筛选结果

5.5 数据分类汇总

　　在日常工作中，经常需要对数据进行分类查看、汇总，此时就需要使用Excel 2016的分类汇总功能。经过分类汇总的数据更直观且便于统计。

5.5.1 创建分类汇总

　　数据的分类汇总是指当表格中的记录越来越多，且出现相同类别的记录时，可按某一字段进行排序，然后将相同项目的记录集合在一起，分门别类地进行汇总。在进行分类汇总前需先对要分类汇总的项目进行排序设置，才能将项目的所有相同数据进行汇总。下面在"销售统计表.xlsx"工作簿（已先对地区进行了降序排序）中创建分类汇总，具体操作如下。

素材所在位置 素材文件\第5章\销售统计表.xlsx
效果所在位置 效果文件\第5章\销售统计表.xlsx

微课视频

STEP 1 打开素材文件"销售统计表.xlsx"，选择 D4 单元格，然后在【数据】/【分级显示】组中单击"分类汇总"按钮。

STEP 2 打开"分类汇总"对话框，在"分类字段"下拉列表中选择"地区"选项，系统默认在"汇总方

式"下拉列表中选择"求和"选项，在"选定汇总项"列表框中单击选中"季度销售量（台）"复选框，取消选中"应返还奖金"复选框，然后单击 确定 按钮。

STEP 3 返回工作表可看到系统对相同地区的数据的季度销售量进行了求和，如图 5-19 所示。

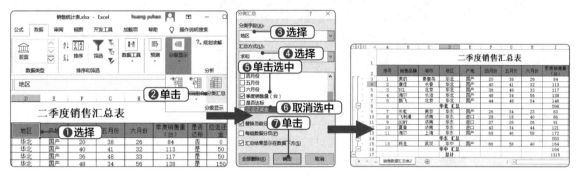

图5-19　分类汇总

技巧秒杀

设置汇总方式

在"分类汇总"对话框中的"汇总方式"下拉列表中选择"最大值""最小值""平均值"等选项，可更改汇总方式，显示数据汇总的"最大值""最小值""平均值"等。

5.5.2 隐藏或显示汇总数据

为了便于分析分类汇总数据，用户可以将其他暂时不用的分类汇总数据隐藏起来，在需要时再将其显示出来。其方法为：单击需要隐藏的分类汇总数据所在行对应的工作表左侧的 按钮，使该按钮变为 ，此时即可隐藏该分类汇总数据，如图5-20所示。同理，此时再单击 按钮即可再次显示该分类汇总数据。

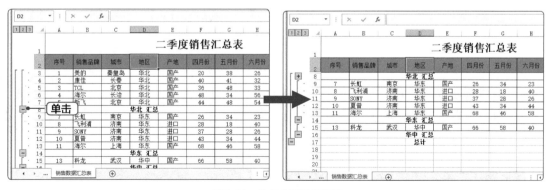

图5-20　隐藏分类汇总数据

若要隐藏工作表中所有分类汇总数据，则可单击左上角的 1 按钮，此时将只显示出分类汇总后的总计数记录，如图5-21所示。而若单击左上角的 2 按钮，则可隐藏最末级数据，即除了显示分类汇总后的总计数记录，

还会在工作表中显示分类汇总后各项目的汇总项，如图5-22所示。

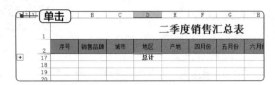

图5-21　隐藏所有分类汇总数据

图5-22　隐藏最末级数据

5.6 课堂案例：编辑"销售汇总表"工作簿

销售汇总表主要反映企业一段时间内的销售情况，企业可以根据自身的实际情况来设计表格项目，作为管理人员做出经营决策以及对销售部门、人员进行业绩奖惩的依据。

5.6.1 案例目标

对"销售汇总表"工作簿进行编辑，主要是对其中的数据进行计算、排序、筛选与分类汇总。一方面根据一些基础数据得到更有用的数据，另一方面便于进一步地查看与分析。本例编辑"销售汇总表"工作簿，需要综合运用本章所学知识，保证工作簿数据的准确、直观。本例制作完成后的参考效果如图5-23所示。

图5-23　参考效果

素材所在位置　素材文件\第5章\销售汇总表.xlsx
效果所在位置　效果文件\第5章\销售汇总表.xlsx

微课视频

5.6.2 制作思路

"销售汇总表"工作簿应反映一段时间内的销售数据，需要对数据进行处理和运算。在制作时，先使用公式和函数计算数据，然后进行数据排序、筛选与分类汇总。其具体制作思路如图5-24所示。

第2部分

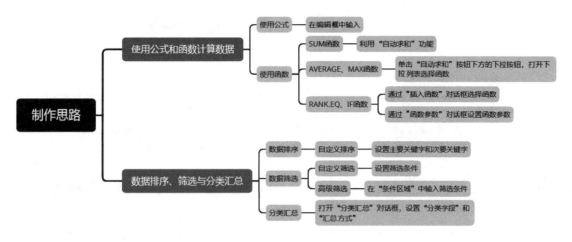

图5-24　制作思路

5.6.3 | 操作步骤

1. 使用公式和函数计算数据

下面在"销售汇总表"工作簿中使用公式和函数来计算数据，具体操作如下。

STEP 1 打开素材文件"销售汇总表 .xlsx"，在"业务人员提成表"工作表中选择 F3:F20 单元格区域，在编辑框中输入"=(D3-E3)*0.6"，完成后按【Ctrl+Enter】组合键，如图 5-25 所示。

STEP 2 在"产品销售测评表"工作表中选择 H4

单元格，在【公式】/【函数库】组中单击"自动求和"按钮Σ。此时，系统自动在 H4 单元格中插入求和函数 SUM，同时系统将自动识别函数参数"B4:G4"，如图 5-26 所示，按【Ctrl+Enter】组合键完成求和的计算。

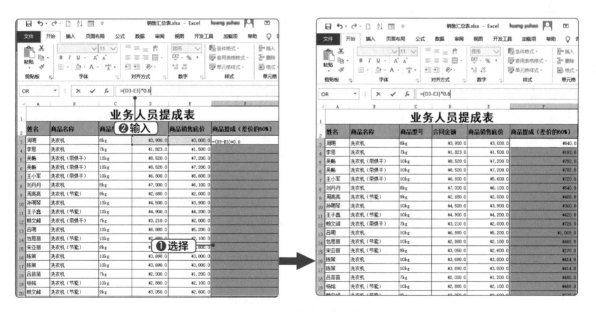

图5-25　输入公式计算

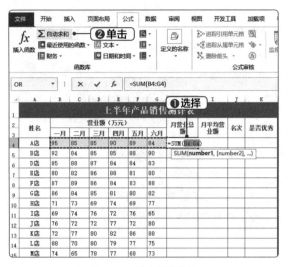

图5-26　输入函数计算

STEP 3　将鼠标指针移动到 H4 单元格右下角的控制柄上，当其变为┿形状时，按住鼠标左键不放并向下拖曳至 H15 单元格时释放鼠标左键，系统将自动填充各店月营业总额，如图 5-27 所示。

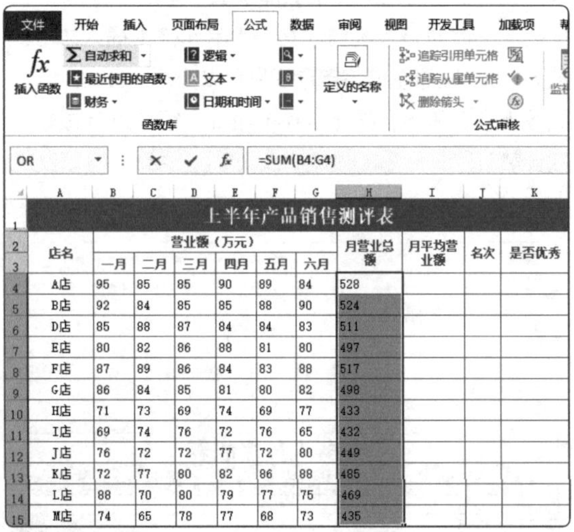

![计算结果的Excel界面]

图5-27　计算结果

STEP 4　选择 I4 单元格，在【公式】/【函数库】组中单击"自动求和"按钮Σ右侧的下拉按钮▼，在打开的下拉列表中选择"平均值"选项。此时，系统自动在 I4 单元格中插入平均值函数 AVERAGE，同时系统自动识别函数参数"B4:H4"，再将函数参数手动更改为"B4:G4"，如图 5-28 所示。按【Ctrl+Enter】组合键完成求平均值的计算。向下拖曳控制柄至 I15 单元格，得出其他各店月平均营业额。

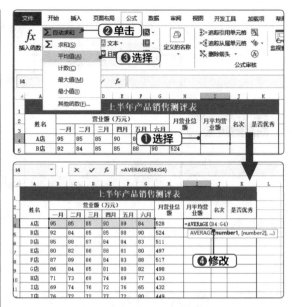

图5-28　求平均值

STEP 5　选择 B16 单元格，在【公式】/【函数库】组中单击"自动求和"按钮Σ右侧的下拉按钮▼，在打开的下拉列表中选择"最大值"选项。此时，系统自动在 B16 单元格中插入最大值函数 MAX，同时系统自动识别函数参数"B4:B15"，按【Ctrl+Enter】组合键完成求最大值的计算。向右拖曳控制柄至 I16 单元格，得出其他各店月最高营业额、月最高营业总额和月最高平均营业额。

STEP 6　按照类似的方法使用 MIN 函数计算各门店月最低营业额、月最低营业总额和月最低平均营业额。操作时，应注意将 MIN 函数的参数由"B4:B16"手动更改为"B4:B15"。

STEP 7　选择 J4 单元格，在【公式】/【函数库】组中单击"插入函数"按钮ƒx，打开"插入函数"对话框。在"或选择类别"下拉列表中选择"全部"选项，在"选择函数"列表框中选择"RANK.EQ"选项，单击 确定 按钮。打开"函数参数"对话框，在"Number"参数框中输入"H4"，单击"Ref"参数框右侧的"收缩"按钮⬆。此时该对话框呈收缩状态，拖曳鼠标指针选择要计算的 H4:H15 单元格区域，单击右侧的"展开"按钮⬚。返回"函数参数"对话框，按【F4】键将"Ref"参数框中的单元格的引用地址转换为绝对引用，单击 确定 按钮，如图 5-29 所示。返回工作表，即可查看 J4 单元格的计算结果，向下拖曳控制柄至 J15 单元格，得出其他各店的名次。

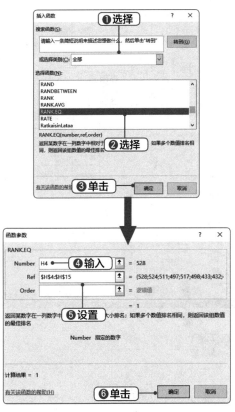

图5-29　插入函数

3 个参数框中输入判断条件和返回逻辑值，单击 按钮，如图 5-30 所示。返回工作表，查看 K4 单元格结果，向下拖曳控制柄至 K15 单元格，得出其他各店"是否优秀"的结果，如图 5-31 所示。

图5-30　设置函数参数

STEP 8　选择 K4 单元格，在【公式】/【函数库】组中单击"插入函数"按钮 *fx*，打开"插入函数"对话框。在"或选择类别"下拉列表中选择"常用函数"选项，在"选择函数"列表框中选择"IF"选项，单击 确定 按钮。打开"函数参数"对话框，分别在

		上半年产品销售测评表								
姓名	营业额（万元）						月营业总额	月平均营业额	名次	是否优秀
	一月	二月	三月	四月	五月	六月				
A店	95	85	85	90	89	84	528	88	1	优秀
B店	92	84	85	85	88	90	524	87	2	优秀
D店	85	88	87	84	84	83	511	85	4	优秀
E店	80	82	86	88	81	80	497	83	6	合格
F店	87	89	86	84	83	88	517	86	3	优秀
G店	86	84	85	81	80	82	498	83	5	合格
H店	71	73	69	74	69	77	433	72	11	合格
I店	69	74	76	72	76	65	432	72	12	合格
J店	76	72	72	77	72	80	449	75	9	合格
K店	72	77	80	82	86	88	485	81	7	合格
L店	88	70	80	79	77	75	469	78	8	合格
M店	74	65	78	77	68	73	435	73	10	合格
月最高营业额	95	89	87	90	89	90	528	88		
月最低营业额	69	65	69	72	68	65	432	72		

图5-31　计算结果

2. 数据排序、筛选与分类汇总

下面在"销售汇总表"工作簿中进行数据排序、筛选以及分类汇总，具体操作如下。

STEP 1　在"业务人员提成表"工作表中选择 A2:F20 单元格区域，然后在【数据】/【排序和筛选】组中单击"排序"按钮。打开"排序"对话框，在"主要关键字"下拉列表中选择"商品名称"选项，在"次序"下拉列表中选择"升序"选项。然后单击 添加条件(A) 按钮，在"次要关键字"下拉列表中选择"合同金额"选项，在其后的"排序依据"和"次序"下拉列表中保持默认设置，完成后单击 确定 按钮。返回工作表可看到"商品名称"列的数据已按升序进行排列，且其中值相同的数据，已按"合同金额"列的数据以升序进行排列，如图 5-32 所示。

STEP 2　在"业务人员提成表"工作表中选择 B2 单元格，然后在【数据】/【排序和筛选】组中单击"筛选"按钮。在"合同金额"字段名右侧单击下拉按钮，在打开的下拉列表中选择"数字筛选/自定义筛选"选项。打开"自定义自动筛选方式"对话框，在"合同金额"栏下方左侧下拉列表中选择"大于或等于"选项，在右侧文本框中输入"4500"，保持选中"与"单选项。在第二行左侧下拉列表中选择"小于或等于"选项，在右侧文本框中输入"7000"选项，单击 确定 按钮，如图 5-33 所示。

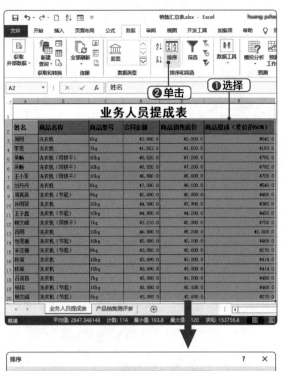

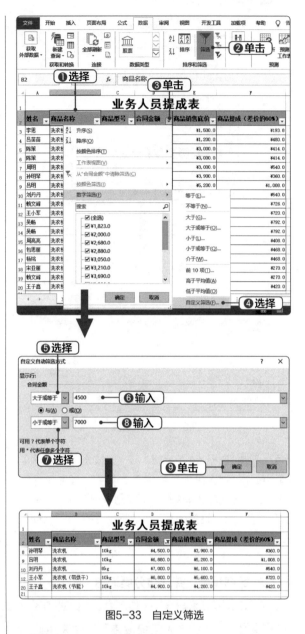

图5-33 自定义筛选

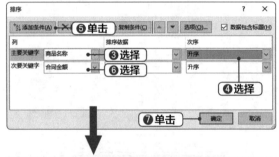

图5-32 数据排序

STEP 3 在"合同金额"字段名右侧单击⊤按钮，在打开的下拉列表中选择"从'合同金额'中清除筛选"选项，清除筛选的记录数据，如图 5-34 所示。然后在 B22:C23 单元格区域中分别输入筛选条件"商品型号为 10kg，合同金额 >3000"。选择任意一个有数据的单元格，这里选择 E18 单元格，在【数据】/【排序和筛选】组中单击"高级"按钮，如图 5-35所示。

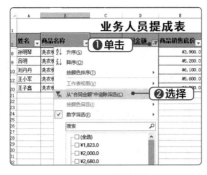

图5-34 清除筛选

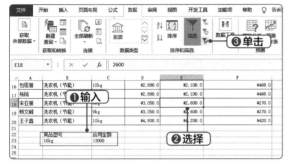

图5-35 单击“高级”按钮

STEP 4 打开“高级筛选”对话框，在“列表区域”参数框中将自动选择参与筛选的单元格区域，然后将光标定位到“条件区域”参数框中，并在工作表中选择 B22:C23 单元格区域，完成后单击 确定 按钮，如图 5-36 所示。返回工作表可看到系统已筛选出商品型号为“10kg”、且合同金额为“>3000”的记录，如图 5-37 所示。

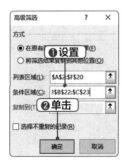

图5-36 高级筛选

业务人员提成表

	姓名	商品名称	商品型号	合同金额	商品销售底价	商品提成（差价的60%）
5	陈策	洗衣机	10kg	¥3,690.0	¥3,000.0	¥414.0
6	陈策	洗衣机	10kg	¥3,690.0	¥3,000.0	¥414.0
8	孙明琴	洗衣机	10kg	¥4,500.0	¥3,900.0	¥360.0
9	吕明	洗衣机	10kg	¥6,880.0	¥5,200.0	¥1,008.0
12	王小军	洗衣机（带烘干）	10kg	¥6,800.0	¥5,600.0	¥720.0
13	吴畅	洗衣机（带烘干）	10kg	¥8,520.0	¥7,200.0	¥792.0
14	吴畅	洗衣机（带烘干）	10kg	¥8,520.0	¥7,200.0	¥792.0
20	王子鑫	洗衣机（节能）	10kg	¥4,900.0	¥4,200.0	¥420.0

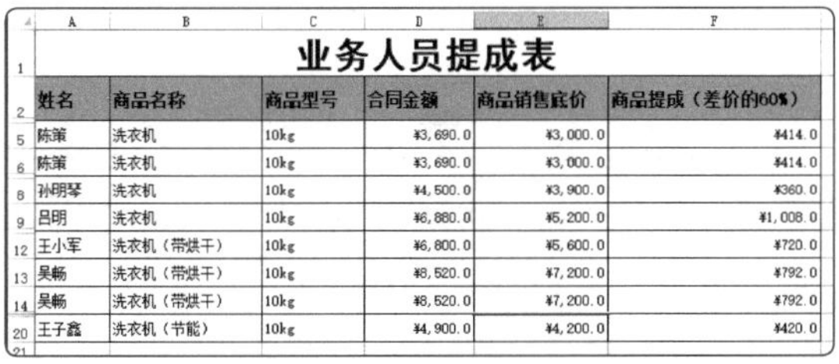

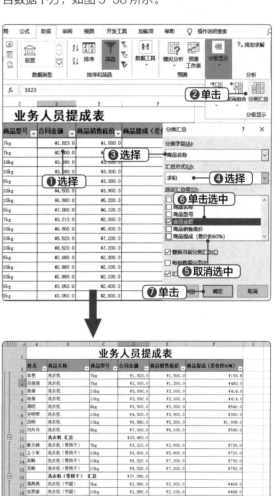

图5-37 筛选结果

STEP 5 在【数据】/【排序和筛选】组中单击“筛选”按钮取消筛选。选择 D4 单元格，然后在【数据】/【分级显示】组中单击“分类汇总”按钮。打开“分类汇总”对话框，在“分类字段”下拉列表中选择“商品名称”选项，在“汇总方式”下拉列表中选择“求和”选项，在“选定汇总项”列表框中取消选中“商品提成（差价的 60%）”复选框，单击选中“合同金额”复选框，然后单击 确定 按钮。返回工作表可看到系统已对相同商品名称的数据的合同金额进行了分类汇总与求和，其结果显示在相应的项目数据下方，如图 5-38 所示。

图5-38 分类汇总

第5章 Excel数据的处理与计算

5.7 强化训练

本章详细介绍了Excel 2016数据的处理与计算，为了帮助读者进一步掌握Excel 2016的使用方法，下面将通过制作"员工培训考核表"工作簿和制作"费用统计表"工作簿进行强化训练。

5.7.1 制作"员工培训考核表"工作簿

员工培训考核表是公司针对员工综合能力考核成绩的统计表。公司需通过对员工的各项成绩进行统计并计算，来得知经过培训的员工的综合能力是否合格。

【制作效果与思路】

本例制作的"员工培训考核表"工作簿的效果如图5-39所示，具体制作思路如下。

（1）打开素材文件"员工培训考核表.xlsx"，选择G3单元格，插入平均值公式，并拖曳控制柄进行复制，得出G4:G12单元格区域的考试平均分。

（2）选择H3单元格，插入自动求和公式，选择C3:F3单元格区域，得出考试总分，并拖曳控制柄进行复制，得出H4:H12单元格区域的考试总分。

（3）选择I3单元格，在编辑框中输入"=IF(H3>=200,"合格","不合格")"，按【Ctrl+Enter】组合键完成输入，执行函数判断员工是否合格，拖曳控制柄进行复制，判断其余人是否合格。

（4）选择C13单元格，插入最大值公式，选择C3:C12单元格区域，得出最高分，并拖曳控制柄进行复制，得出D13:H13单元格区域的最高分。

（5）选择C14单元格，插入最小值公式，选择C3:C12单元格区域，得出最低分，拖曳控制柄进行复制，得出D14:H14单元格区域的最低分。

	A	B	C	D	E	F	G	H	I
1	员工培训考试成绩								
2	考号	姓名	企业文化	办公软件	专业技能	陈述总结	考试平均分	考试总分	是否合格
3	1001	李桂梅	20	80	85	70	63.75	255	合格
4	1002	周燕	80	14	8	30	33	132	不合格
5	1003	徐鹏程	40	50	55	95	60	240	合格
6	1004	范威	20	70	80	30	50	200	合格
7	1005	付磊磊	90	20	18	30	39.5	158	不合格
8	1006	丁夏雨	50	95	90	89	81	324	合格
9	1007	辛美新	90	40	32	28	47.5	190	不合格
10	1008	钟美亚	80	60	57	70	66.75	267	合格
11	1009	许昌路	30	31	95	19	43.75	175	不合格
12	1010	叶子富	40	90	60	60	62.5	250	合格
13	各科最高分		90	95	95	95	81	324	
14	各科最低分		20	14	8	19	33	132	

图5-39 "员工培训考核表"工作簿效果

素材所在位置 素材文件\第5章\员工培训考核表.xlsx
效果所在位置 效果文件\第5章\员工培训考核表.xlsx

微课视频

5.7.2 制作"费用统计表"工作簿

费用统计表用于记录公司在一段时间内的消耗情况，它详细记录了公司在这段时间内的开销，方便管理人员对公司的成本进行统计，以保障公司的长久发展。

【制作效果与思路】

本例制作的"费用统计表"工作簿效果如图5-40所示，具体制作思路如下。

第2部分

（1）打开素材文件"费用统计表.xlsx"，选择A3单元格，使用数据筛选功能，将日期中的6月筛选出来。

（2）选择B3单元格，单击"升序"按钮↓对费用项目进行排序处理。

（3）在"分级显示"组中单击"分类汇总"按钮，打开"分类汇总"对话框，在"分类字段"下拉列表中选择"费用项目"选项，在"汇总方式"下拉列表中选择"求和"选项，在"选定汇总项"列表框中单击选中"金额（元）"复选框。

公司日常费用统计表			
日期	费用项	说明	金额（元）
2020/6/18	办公费	购买信笺纸、打印纸	150.00
2020/6/30	办公费	购买饮水机1台	400.00
	办公费 汇总		550.00
2020/6/7	管理费用	购买打印纸3包	150.00
2020/6/8	管理费用	水电费	1,500.00
	管理费用 汇总		1,650.00
2020/6/10	销售费用	酒店住宿费	890.00
2020/6/21	销售费用	出差	1,000.00
	销售费用 汇总		1,890.00
2020/6/15	宣传费	制作宣传海报	480.00
2020/6/28	宣传费	制作宣传海报	350.00
	宣传费 汇总		830.00
2020/6/12	员工福利		1,500.00
	员工福利 汇总		1,500.00
	总计		6,420.00

图5-40 "费用统计表"工作簿效果

素材所在位置 素材文件\第5章\费用统计表.xlsx
效果所在位置 效果文件\第5章\费用统计表.xlsx

微课视频

5.8 知识拓展

下面对Excel 2016数据的处理与计算的一些拓展知识进行介绍，帮助读者更全面地掌握本章所学知识。

1. Excel运算常见的错误值

在Excel表格中输入公式或函数后，其运算结果有时会显示为错误值，要纠正这些错误值，需先了解出现错误的原因，才能找到解决方法。下面将对常见的错误值进行介绍。

- **"####"错误**：如果单元格中所含的数字、日期或时间超过单元格宽度或者单元格的日期、时间出现了负值，就会出现"####"错误。解决方法是增加单元格列宽、应用不同的数字格式、保证日期与时间公式的正确性。

- **"#N/A"错误**：当公式中没有可用数值，以及HLOOKUP、LOOKUP、MATCH或VLOOKUP工作表函数的"lookup_value"参数不能赋予适当的值时，将产生该错误值。遇到此情况时可在单元格中输入"#N/A"，公式在引用这类单元格时将不进行数值计算，而是返回"#N/A"或检查"lookup_value"参数值的类型是否正确。

- **"#NULL！"错误**：当指定两个不相交的区域的交集时，将出现该错误值，产生该错误值的原因是使用了不正确的区域运算符。解决方法是检查在引用连续单元格时，是否用英文状态下的冒号分隔引用的单元格区域中的第一个单元格和最后一个单元格，如未分隔或引用不相交的两个区域，则使用联合运算符（逗号）将其分隔开来。

- **"#VALUE！"错误**：当使用的参数或操作数值类型错误，以及公式自动更正功能无法更正公式时，会出现该错误值。解决方法是确认公式或函数所需的运算符和参数是否正确，并查看公式引用的单元格中的数值是否为有效数值。

● **"#REF！"错误：** 当单元格引用无效时就会产生该错误值，出错原因是删除了其他公式所引用的单元格，或将已移动的单元格粘贴到其他公式所引用的单元格中。解决方法是更改公式，或在删除和粘贴单元格后恢复工作表中的单元格。

2. 为单元格区域定义名称

进行复杂的计算或引用时，通常可以为相关的单元格区域定义名称，然后使用，这样可以降低错误率。定义单元格区域名称可通过"新建名称"对话框来实现。其操作方法为：按住【Ctrl】键，选择需要定义名称的单元格区域，在【公式】/【定义的名称】组中单击"定义名称"按钮 ⊟，打开"新建名称"对话框，在"名称"文本框中输入要定义的名称，单击 确定 按钮关闭对话框，之后在应用时即可直接使用定义的名称来选择单元格区域。

3. VLOOKUP函数的应用

VLOOKUP函数是工作中比较常用的函数，也是一个比较难掌握的函数。其语法结构为VLOOKUP(lookup_value,table_array,col_index_num,range_lookup)。第1个参数表示需要在数据表第几列中进行数值的查找；第2个参数表示要查找的区域；第3个参数表示返回数据在查找区域的第几列；第4个参数一般可不填，默认为精确匹配。

4. 用COUNTIFS函数按多个条件进行统计

COUNTIFS函数用于计算区域中满足多个条件的单元格数目。其语法结构为COUNTIFS(range1,criteria1,range2,criteria2,…)。其中"range1,range2,…"是计算关联条件的1~127个区域，每个区域中的单元格必须是数字或包含数字的名称、数组或引用，空值和文本值会被忽略；"criteria1, criteria2,…"是数字、表达式、单元格引用或文本形式的1~127个条件，用于定义要对哪些单元格进行计算。

第2部分

5.9 课后练习

本章主要介绍了空值单元格的处理、公式与函数的使用、数据的排序、数据筛选以及数据分类汇总，读者应加强该部分内容的练习与应用。下面通过两个练习，使读者对本章所学知识更加熟悉。

练习1 | 编辑"员工工资表"工作簿

本练习将编辑"员工工资表.xlsx"工作簿，需要在表格中使用函数计算应领工资和应扣工资、使用公式计算实发工资，使用IF嵌套函数计算个人所得税，最后再使用公式计算税后工资。参考效果如图5-41所示。

操作要求如下。

● 打开"员工工资表.xlsx"工作簿，选择F5:F20单元格区域，输入"=SUM(C5:E5)"，计算应领工资；选择J5:J20单元格区域，输入"=SUM(G5:I5)"计算应扣工资。

● 选择K5:K20单元格区域，在编辑框中输入公式"=F5-J5"，完成后按【Ctrl+Enter】组合键计算实发工资。

● 选择L5:L20单元格区域，在编辑框中输入函数"=IF(K5-5000>80000,(K5-5000)*0.45-15160,IF(K5-5000>55000,(K5-5000)*0.35-7160,IF(K5-5000>35000,(K5-5000)*0.3-4410,IF(K5-5000>25000,(K5-5000)*0.25-2660,IF(K5-5000>12000,(K5-5000)*0.2-1410,IF(K5-5000>3000,(K5-5000)*0.1-210,IF(K5-5000>0,(K5-5000)*0.03,0)))))))"，完成后按【Ctrl+Enter】组合键计算个人所得税。

● 选择M5:M20单元格区域，在编辑框中输入公式"=K5-L5"，完成后按【Ctrl+Enter】组合键计算税后工资。

员 工 工 资 表

工资结算日期：2020年6月30日

员工编号	员工姓名	应领工资				应扣工资				实发工资	个人所得税	税后工资
		基本工资	加班	奖金	小计	迟到	事假	病假	小计			
001	李辉	7,000.00	0.00	200.00	7,200.00	0.00	0.00	0.00	0.00	7,200.00	66.00	7,134.00
002	嵘嵘	5,000.00	0.00	0.00	5,000.00	0.00	50.00	0.00	50.00	4,950.00	0.00	4,950.00
003	许如云	6,000.00	240.00	200.00	6,440.00	0.00	0.00	0.00	0.00	6,440.00	43.20	6,396.80
004	周鼎	5,000.00	240.00	0.00	5,240.00	20.00	0.00	0.00	20.00	5,220.00	6.60	5,213.40
005	杨洋	5,000.00	0.00	200.00	5,200.00	0.00	0.00	0.00	0.00	5,200.00	6.00	5,194.00
006	杨春丽	6,000.00	300.00	200.00	6,500.00	0.00	0.00	0.00	0.00	6,500.00	45.00	6,455.00
007	李纯	4,800.00	600.00	0.00	5,400.00	40.00	0.00	0.00	40.00	5,360.00	10.80	5,349.20
008	李满堂	4,800.00	900.00	0.00	5,700.00	20.00	0.00	0.00	20.00	5,680.00	20.40	5,659.60
009	江颖	4,800.00	600.00	0.00	5,400.00	0.00	100.00	0.00	100.00	5,300.00	9.00	5,291.00
010	付周宇	4,800.00	300.00	200.00	5,300.00	0.00	0.00	0.00	0.00	5,300.00	9.00	5,291.00
011	王开	4,800.00	450.00	200.00	5,450.00	0.00	0.00	0.00	0.00	5,450.00	13.50	5,436.50
012	陈一名	4,800.00	900.00	0.00	5,700.00	0.00	0.00	60.00	60.00	5,640.00	19.20	5,620.80
013	秦艳洲	4,800.00	1,050.00	0.00	5,850.00	0.00	0.00	25.00	25.00	5,825.00	24.75	5,800.25
014	李虎	4,800.00	900.00	0.00	5,900.00	0.00	0.00	0.00	0.00	5,900.00	27.00	5,873.00
015	张宽之	4,800.00	1,050.00	200.00	6,050.00	0.00	0.00	0.00	0.00	6,050.00	31.50	6,018.50
016	袁云	4,800.00	900.00	0.00	5,700.00	0.00	150.00	0.00	150.00	5,550.00	16.50	5,533.50

图5-41 "员工工资表"工作簿效果

素材所在位置 素材文件\第5章\员工工资表.xlsx
效果所在位置 效果文件\第5章\员工工资表.xlsx

微课视频

练习2 | 管理"区域销售汇总表"工作簿

本练习要求管理"区域销售汇总表.xlsx"工作簿，为其筛选销售数量大于50的数据，然后进行排列和分类汇总设置。参考效果如图5-42所示。

图5-42 "区域销售汇总表"工作簿效果

素材所在位置 素材文件\第5章\区域销售汇总表.xlsx
效果所在位置 效果文件\第5章\区域销售汇总表.xlsx

微课视频

操作要求如下。

● 打开素材文件"区域销售汇总表.xlsx"，选择E26单元格，在其中输入"销售数量"，按【Enter】键跳入下一个单元格，输入文本">50"；使用高级筛选功能在E3:E24单元格区域中筛选出销售数量大于50的数据。

● 单击表格中任意位置，以"销售店"为主要关键字降序排列，以"销售数量"为次要关键字升序排列。

● 以"销售店"为分类字段，汇总"销售数量"和"销售额"。

第6章

Excel 数据的分析

/ 本章导读

　　表格不仅可以用于记录和列出数据，还可以通过数据的展示、比较和分析，帮助用户得出一些结论与进行总结。为了更好地展示数据，用户经常需要使用图表与数据透视表、透视图。本章将介绍图表、数据透视表的使用方法。

/ 技能目标

　　掌握图表的使用。
　　掌握数据透视表的使用。

/ 案例展示

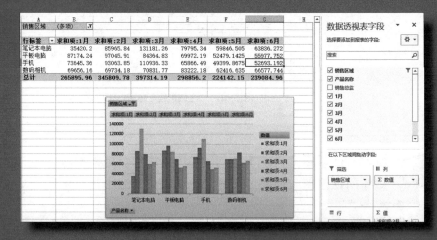

6.1 图表的使用

图表是Excel 2016重要的数据分析工具。Excel 2016为用户提供了多种图表类型，包括柱形图、条形图、折线图和饼图等，用户可根据不同的情况选用不同类型的图表。下面介绍在Excel 2016中创建图表、编辑与美化图表的操作方法。

6.1.1 创建图表

图表可以将数据表格以图例的方式展现出来。创建图表时，首先需要创建或打开数据表，然后根据数据表创建图表。下面在"产品产量表.xlsx"工作簿中创建图表，具体操作如下。

素材所在位置 素材文件\第6章\产品产量表.xlsx
效果所在位置 效果文件\第6章\产品产量表.xlsx

微课视频

STEP 1 打开素材文件"产品产量表.xlsx"，选择 A3:E9 单元格区域，在【插入】/【图表】组中单击"插入柱形图或条形图"按钮 📊，在打开的下拉列表的"三维柱形图"栏中选择"三维簇状柱形图"选项即可插入图表，如图 6-1 所示。

STEP 2 将鼠标指针移动到图表区上，当其变成 形状后按住鼠标左键不放，拖曳图表到所需的位置。这里将其拖曳到数据区域的下方，释放鼠标，如图 6-2 所示。

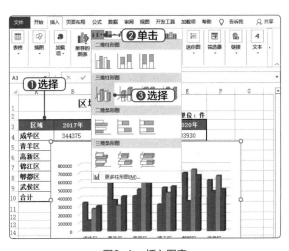

图6-1 插入图表

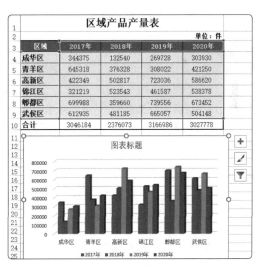

图6-2 拖曳图表

知识补充

选择数据源

在Excel 2016中，如果不选择数据而直接插入图表，则图表中将显示空白。这时可以在【图表工具-设计】/【数据】组中单击"选择数据"按钮 📊，打开"选择数据源"对话框，在其中设置与图表数据对应的单元格区域，即可在图表中添加数据。

第 **6** 章 Excel数据的分析

6.1.2 编辑与美化图表

为创建出满意的图表展示效果，可以根据需要对图表进行编辑与美化，下面在"销售分析表.xlsx"工作簿中编辑与美化图表，具体操作如下。

素材所在位置 素材文件\第6章\销售分析表.xlsx
效果所在位置 效果文件\第6章\销售分析表.xlsx

STEP 1 打开素材文件"销售分析表.xlsx"，选择工作表"销售分析图表"中的图表，在【图表工具-设计】/【数据】组中单击"选择数据"按钮，如图6-3所示。

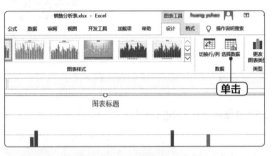

图6-3 单击"选择数据"按钮

STEP 2 打开"选择数据源"对话框，在工作表"表1"中选择A3:E15单元格区域，返回"选择数据源"对话框，在"图例项（系列）"和"水平（分类）轴标签"列表框中可看到修改的数据区域，单击 确定 按钮，如图6-4所示。返回图表，可以看到图表所显示的序列发生了变化。

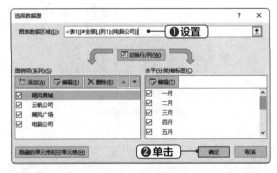

图6-4 选择数据源

STEP 3 在【图表工具-设计】/【类型】组中单击"更改图表类型"按钮，打开"更改图表类型"对话框，在"更改图表类型"对话框左侧的列表框中选择"条形图"选项，在右侧列表框中选择"三维簇状条形图"选项，单击 确定 按钮，更改所选图表的类型与样式，

如图6-5所示。更改类型与样式后，图表中展现的数据并不会发生变化。

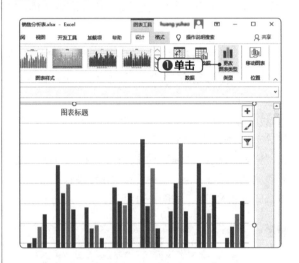

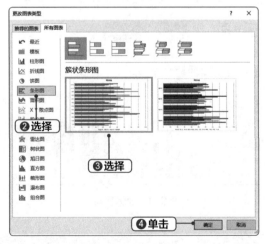

图6-5 更改图表类型

STEP 4 在【图表工具-设计】/【图表样式】组中单击右侧的"其他"按钮，在打开的下拉列表中选择"样式10"选项，更改图表样式，如图6-6所示。

STEP 5 在【图表工具-设计】/【图表布局】组中单击"快速布局"按钮，在打开的下拉列表中选择"布局5"选项，如图6-7所示。

第2部分

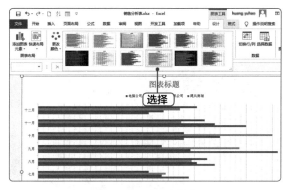

图6-6　更改图表样式

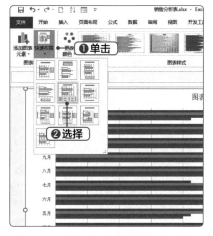

图6-7　快速布局

STEP 6 在【图表工具 - 设计】/【图表布局】组中单击"添加图表元素"按钮，在打开的下拉列表中选择"图例 / 无"选项，如图 6-8 所示，图表区中的图例项将关闭。

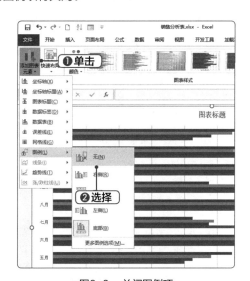

图6-8　关闭图例项

STEP 7 继续单击"添加图表元素"按钮，在打开的下拉列表中选择"数据标签 / 数据标签外"选项，如图 6-9 所示。

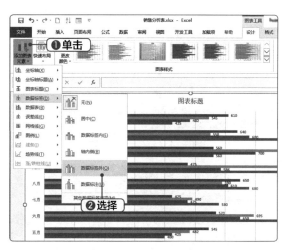

图6-9　添加图表元素

STEP 8 在【图表工具 - 格式】/【形状样式】组中单击右侧的"其他"按钮，在打开的下拉列表中选择"细微效果 - 橙色，强调颜色 6"选项，如图 6-10 所示。

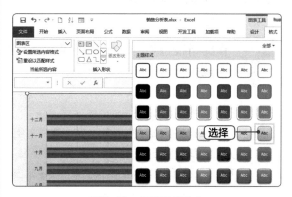

图6-10　选择形状样式

STEP 9 选择"图表标题"文本框，将"图表标题"文本修改为"2020 年销售分析表"，选择该文本，在【图表工具 - 格式】/【艺术字样式】组中单击"快速样式"按钮，在打开的下拉列表中选择"填充 - 蓝色，主题色 1，阴影"选项，如图 6-11 所示。返回工作表可查看效果，如图 6-12 所示。

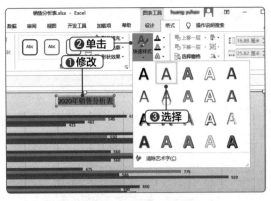

图6-11　选择艺术字样式

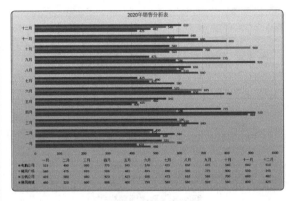

图6-12　完成后效果

第2部分

6.2　数据透视表的使用

数据透视表是一种交互式的数据报表，可以快速汇总大量的数据，同时对汇总结果进行筛选，以查看源数据的不同统计结果。

6.2.1　创建并编辑数据透视表

创建数据透视表的方法很简单，只需连接到相应的数据源，并确定创建数据透视表的位置。而为了在数据透视表中进行数据的分析和整理，还需对数据透视表进行编辑。下面在"年度业绩统计表.xlsx"工作簿中创建并编辑数据透视表，具体操作如下。

素材所在位置	素材文件\第6章\年度业绩统计表.xlsx
效果所在位置	效果文件\第6章\年度业绩统计表.xlsx

微课视频

STEP 1 打开素材文件"年度业绩统计表.xlsx"，选择 A2:G12 单元格区域，在【插入】/【表格】组中单击"数据透视表"按钮 。打开"创建数据透视表"对话框，在"选择放置数据透视表的位置"栏中单击

选中"现有工作表"单选项，然后在"位置"中选择 A15 单元格，单击 确定 按钮，系统将自动创建一个空白数据透视表，并在工作表右侧显示"数据透视表字段"窗格，如图 6-13 所示。

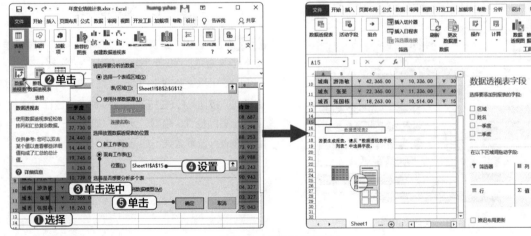

图6-13　创建数据透视表

STEP 2 在"数据透视表字段"窗格中将"区域"字段拖曳到"筛选"下拉列表中,数据透视表中将自动添加该字段。然后用同样的方法按顺序将"一季度""二季度""三季度""四季度""合计"字段拖到"值"下拉列表中,将"姓名"字段拖到"行"下拉列表中,如图 6-14 所示。

图6-14 添加字段

STEP 3 在创建好的数据透视表中单击"区域"字段右侧的下拉按钮⬛,在打开的下拉列表中单击选中"选择多项"复选框,然后取消选中"城北"和"城南"

复选框,接着单击 确定 按钮,如图 6-15 所示。

图6-15 筛选所需的字段

STEP 4 返回工作表即可在表格中显示城东、城西区域中所有员工的数据的汇总,如图 6-16 所示。

图6-16 显示筛选结果

6.2.2 使用数据透视表分析数据

使用数据透视表分析表格数据,一般采用两种方法。一是更改值的汇总依据,将默认对数据进行求和的汇总方式更改为计算同类数据的最大/最小值或平均值;二是更改值的显示方式,如以百分比显示数据。下面承接6.2.1小节的操作,在数据透视表中查看一季中不同员工业绩占总业绩的百分比,并将二季度员工业绩的汇总方式更改为求最大值,具体操作如下。

 效果所在位置 效果文件\第6章\年度业绩统计表1.xlsx

STEP 1 单击"区域"字段右侧的下拉按钮▼,在打开的下拉列表中单击选中"全部"复选框,单击 确定 按钮,取消区域筛选。在"数据透视表字段"窗格中单击"求和项:一季度"字段,在打开的下拉列表中选择"值字段设置"选项,如图 6-17 所示。

STEP 2 打开"值字段设置"对话框,单击"值显示方式"选项卡,在"值显示方式"下拉列表中选择"父行汇总的百分比"选项,单击 确定 按钮,如图 6-18 所示。

图6-17 值字段设置

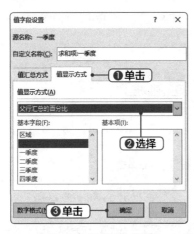

图6-18　值显示方式设置

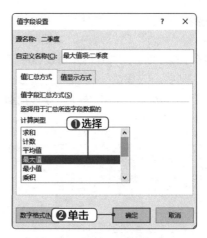

图6-19　选择"最大值"选项

STEP 3　在"数据透视表字段"窗格中单击"求和项：二季度"字段，在打开的下拉列表中选择"值字段设置"选项，打开"值字段设置"对话框，在"计算类型"列表框中选择"最大值"选项，单击 **确定** 按钮，如图6-19所示。

STEP 4　返回工作表，可看到一季度员工业绩的显示方式为"百分比"，二季度员工业绩的汇总方式为"最大值"，完成后将工作簿另存为"年度业绩统计表1.xlsx"，效果如图6-20所示。

图6-20　完成后效果

6.2.3　创建并编辑数据透视图

　　数据透视图不仅具有数据透视表的交互功能，还具有图表的图示功能，利用它可以直观地查看工作表中的数据，有利于分析与对比数据。

1. 创建数据透视图

　　创建数据透视图的方法与创建数据透视表类似，只需选择数据源对应的单元格区域，在【插入】/【图表】组中单击"数据透视图"按钮 📊 即可。在打开的对话框的"选择放置数据透视图的位置"栏中单击选中"新工作表"单选项，单击 **确定** 按钮。在"数据透视表字段"窗格的"选择要添加到报表的字段"列表框中，分别单击选中需要添加字段对应的复选框，完成数据透视图的创建，如图6-21所示。

技巧秒杀

根据数据透视表创建数据透视图

　　选择数据透视表中的任意单元格，在【数据透视表工具-分析】/【工具】组中单击"数据透视图"按钮 📊。在打开的"插入图表"对话框中选择图表类型，即可根据数据透视表快速创建数据透视图。

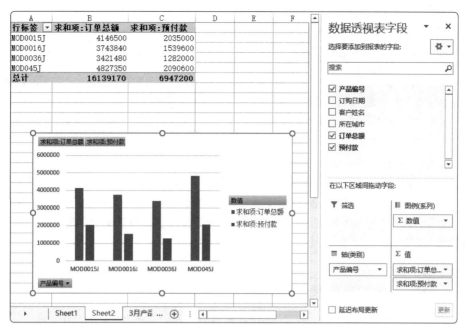

图6-21　创建数据透视图

2. 编辑数据透视图

编辑数据透视图主要指设置数据透视图的图表样式以及图表中各元素的格式等，其方法与图表的编辑方法基本相同，主要是利用"数据透视图工具-分析"和"数据透视图工具-设计"两个选项卡进行操作，这里不赘述。

6.2.4 通过数据透视图筛选数据

数据透视图中分布了多个字段标题按钮，通过这些按钮可对数据透视图中的数据系列进行筛选，只显示需要观察的数据。其方法为：在数据透视图中单击带有下拉按钮▼的字段标题按钮，这里单击 所在城市 ▼ 按钮，在打开的下拉列表中取消选中"广州""桂林""南京"复选框，单击 确定 按钮，筛选出所在城市为"成都""贵阳"的订单总额和预付款，如图6-22所示。

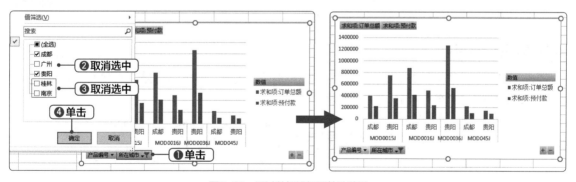

图6-22　通过数据透视图筛选数据

6.3 课堂案例：制作"区域销售汇总表"工作簿

区域销售汇总表主要用于统计公司各区域产品的销售情况。使用图表和数据透视表分析产品销售情况，可以直观地查看本年各季度产品的销售趋势，以及哪个区域的销售量最高。总结这些分析结果，可以对未来产品的销售重点做出安排，如是否继续扩大规模生产产品、哪里可以存放更多的产品进行售卖等。

6.3.1 案例目标

将"区域销售汇总表"工作簿中的表格数据以数据透视表和数据透视图的形式呈现出来，一方面更加直观，另一方面便于数据分析。在插入数据透视图后，还应对其进行编辑，提高其美观性和规范性。本例制作完成后的参考效果如图6-23所示。

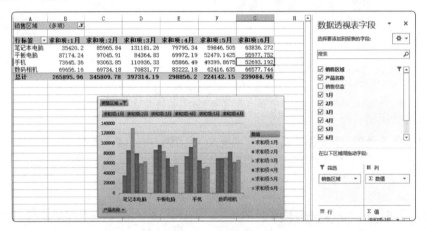

图6-23　参考效果

　素材所在位置　素材文件\第6章\区域销售汇总表.xlsx
效果所在位置　效果文件\第6章\区域销售汇总表.xlsx

6.3.2 制作思路

要在"区域销售汇总表"工作簿中插入数据透视表和数据透视图，首先应创建数据透视表并添加字段，然后创建数据透视图并进行编辑和美化。其具体制作思路如图6-24所示。

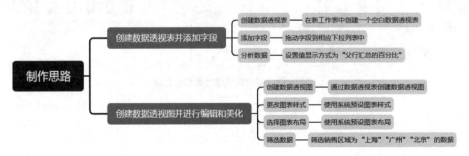

图6-24　制作思路

6.3.3 | 操作步骤

1. 创建数据透视表并添加字段

下面在"区域销售汇总表"工作簿中创建数据透视表、添加字段以及分析数据，具体操作如下。

STEP 1 打开素材文件"区域销售汇总表.xlsx"，选择 A2:J12 单元格区域，在【插入】/【表格】组中单击"数据透视表"按钮⊡。打开"创建数据透视表"对话框，直接单击 确定 按钮，如图 6-25 所示。系统将自动在新工作表中创建一个空白数据透视表，并在数据透视表的右侧显示"数据透视表字段"窗格。

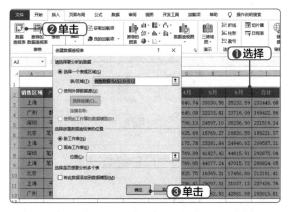

图6-25 插入数据透视表

STEP 2 在"数据透视表字段"窗格中将"销售区域"字段拖曳到"筛选"下拉列表中，数据透视表中将自动添加该字段。然后用同样的方法按顺序将"1月""2月""3月""4月""5月""6月""合计"字段拖到"值"下拉列表中，将"产品名称"字段拖到"行"下拉列表中，如图 6-26 所示。

STEP 3 在"数据透视表字段"窗格单击"求和项:合计"字段，在打开的下拉列表中选择"值字段设置"选项。打开"值字段设置"对话框，单击"值显示方式"选项卡，在"值显示方式"下拉列表中选择"父行汇总的百分比"选项，单击 确定 按钮，如图 6-27 所示。设置后效果如图 6-28 所示。

图6-26 添加字段

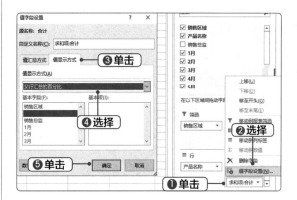

图6-27 值显示方式设置

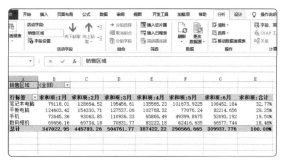

图6-28 设置后效果

2. 创建数据透视图并进行编辑和美化

下面在"区域销售汇总表"工作簿中创建数据透视图并进行编辑美化，具体操作如下。

第 6 章 Excel 数据的分析

STEP 1 选择数据透视表中的任意单元格，在【数据透视表工具－分析】/【工具】组中单击"数据透视图"按钮。打开"插入图表"对话框，在左侧的列表框中选择"柱形图"选项，在右侧列表框中选择"簇状柱形图"选项，单击 确定 按钮，在数据透视表下方添加数据透视图，如图6-29所示。

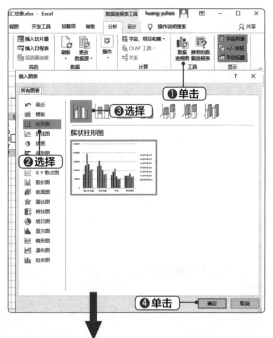

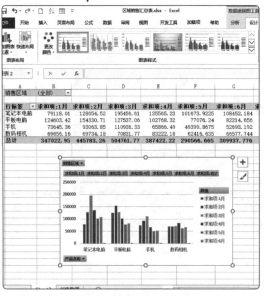

图6-29　添加数据透视图

STEP 2 在数据透视图中的 求和项:合计 按钮上单击鼠标右键，在弹出的快捷菜单中选择"删除字段"命令，

如图6-30所示，删除"求和项：合计"字段。

STEP 3 在【数据透视图工具－设计】/【图表样式】组中单击右侧的"其他"按钮，在打开的下拉列表中选择"样式3"选项，更改图表样式，如图6-31所示。

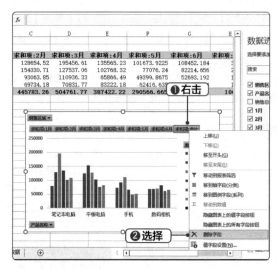

图6-30　删除字段

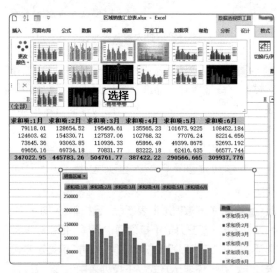

图6-31　选择图表样式

STEP 4 在【数据透视图工具－设计】/【图表布局】组中单击"快速布局"按钮，在打开的下拉列表中选择"布局11"选项，如图6-32所示。

STEP 5 在【数据透视图工具－格式】/【形状样式】组中单击右侧的"其他"按钮，在打开的下拉列表中选择"细微效果－水绿色，强调颜色5"选项，如图6-33所示。

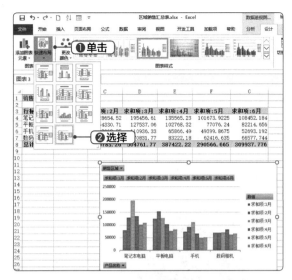

图6-32　选择图表布局

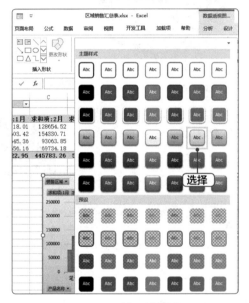

图6-33　选择形状样式

STEP 6　在数据透视图中单击带有下拉按钮▼的字段标题按钮，这里单击 销售区域 ▼ 按钮，在打开的下拉列表中取消选中"深圳"复选框，单击 确定 按钮，筛选出所在城市为"上海""广州""北京"的相关数据，如图 6-34 所示。

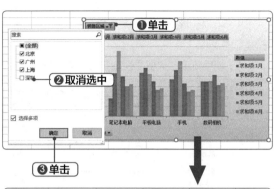

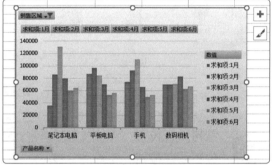

图6-34　筛选数据

6.4 强化训练

本章介绍了Excel数据的分析，为了让读者进一步掌握相关知识，下面将通过制作"办公费用支出表"工作簿和制作"每月销售分析表"工作簿进行强化训练。

6.4.1 制作"办公费用支出表"工作簿

办公费用支出表是公司对一定期限内各部门的办公费用支出情况进行统计的表格，不仅可以使费用开销有详细的依据，还可以根据开销的多少，让管理者做出决定。

【制作效果与思路】

本例制作的"办公费用支出表"工作簿的效果如图6-35所示，具体制作思路如下。

（1）打开素材文件"办公费用支出表.xlsx"，选择A3:G12单元格区域，将数据透视表放置到新建工作表中，将新建的工作表重命名为"数据工作表"。

（2）在"数据透视表字段"窗格的"选择要添加到报表的字段"列表框中依次单击选中"所属部门""员工姓名""1季度""2季度""总额"复选框。为数据透视表设置样式为"冰蓝，数据透视表中等深浅9"。

（3）根据数据透视表创建"饼图"数据透视图，修改图表标题为"办公费用支出表"，并设置图表样式为"样式11"。

（4）使用新建"数据透视图"工作表的方式移动数据透视图。

3	行标签 ▼	求和项:1季度	求和项:2季度	求和项:总额
4	⊟财务部	5000	32300	37300
5	肖华	5000	32300	37300
6	⊟采购部	3200	2380	5580
7	刘东	2000	1530	3530
8	舒娟	1200	850	2050
9	⊟行政部	800	255	1055
10	张雷	800	255	1055
11	⊟人事部	4100	5839.5	9939.5
12	李晓梅	800	212.5	1012.5
13	吴小燕	300	102	402
14	周浩	3000	5525	8525
15	⊟销售部	2100	1683	3783
16	陈真	1000	765	1765
17	李杰	800	663	1463
18	张樊	300	255	555
19	总计	15200	42457.5	57657.5
20				

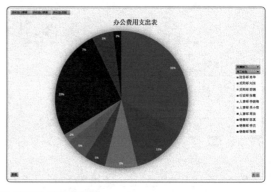

图6-35 "办公费用支出表"工作簿效果

 素材所在位置 素材文件\第6章\办公费用支出表.xlsx

效果所在位置 效果文件\第6章\办公费用支出表.xlsx

 微课视频

6.4.2 制作"每月销量分析表"工作簿

每月销量分析表用于对一定时期内的销售数据进行统计与分析。用户通过该表格不仅可以掌握销售数据的发展趋势，而且可以详细观察销售数据的变化规律。

【制作效果与思路】

本例制作的"每月销量分析表"工作簿的效果如图6-36所示，具体制作思路如下。

（1）打开素材文件"每月销量分析表.xlsx"，同时选择A3:A6和N3:N6单元格区域，创建"簇状条形图"，然后设置图表布局为"布局5"，添加图表元素"数据标签/数据标签内"，并输入图表标题"每月产品销量分析图表"，将图例项"系列1"修改为"城市"。

（2）设置图表样式为"样式2"，完成后移动图表到合适位置。

（3）选择图表，设置形状样式为"彩色轮廓-蓝色，强调颜色1"，选择图表标题文本框，设置艺术字文本效果为"阴影/偏移：中"。

图6-36 "每月销量分析表"工作簿效果

素材所在位置 素材文件\第6章\每月销量分析表.xlsx
效果所在位置 效果文件\第6章\每月销量分析表.xlsx

微课视频

6.5 知识拓展

下面对Excel数据分析的一些拓展知识进行介绍，帮助读者更好地掌握相关知识。

1. 更新或清除数据透视表的数据

要更新数据透视表中的数据，可在【数据透视表工具-分析】/【数据】组中单击"刷新"按钮下方的下拉按钮，在打开的下拉列表中选择"刷新"或"全部刷新"选项；要清除数据透视表中的数据，则需在【数据透视表工具-分析】/【操作】组中单击"清除"按钮，在打开的下拉列表中选择"全部清除"选项。

2. 链接图表标题

在图表中除了手动输入图表标题外，还可为图表标题与工作表单元格中的表格标题内容建立链接，从而提高图表的可读性。设置图表标题链接的方法是：在图表中选择需要链接的标题，然后在编辑框中输入"="，继续输入要引用的单元格或选择要引用的单元格，按【Enter】键完成图表标题的链接。当表格中链接单元格中的标题内容发生改变时，图表中的链接标题也将随之发生改变。

3. 插入迷你图

迷你图不但简洁、美观，而且可以清晰展现数据的变化趋势，并且占用空间也很小，因此为数据分析工作提供了极大的便利。以插入折线迷你图为例，插入迷你图的方法为：选择需要插入迷你图的单元格，在【插入】/【迷你图】组中单击"折线"按钮，打开"创建迷你图"对话框，在"选择所需的数据"栏的"数据范围"参数框中输入所需数据对应的单元格区域，单击 **确定** 按钮即可看到插入的迷你图，如图6-37所示。保持选择插入迷你图的单元格区域，在【迷你图工具-设计】/【样式】组中单击"其他"按钮，在打开的下拉列表中选择需要的样式选项即可，如图6-38所示。

需要注意的是，迷你图无法使用【Delete】键删除，正确的删除方法是：在【迷你图工具-设计】/【组合】组中单击"清除"按钮。

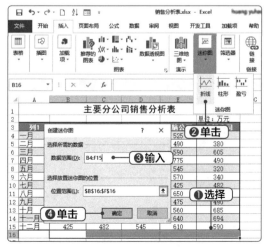

图6-37 创建迷你图

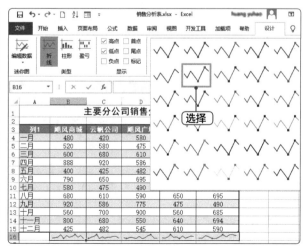

图6-38 设置迷你图样式

4. 添加趋势线

趋势线用于标识图表数据的分布与规律，使用户能够直观地了解数据的变化趋势，或根据数据进行预测分析。为图表添加趋势线的方法为：在图表中选择需要设置趋势线的数据系列，在【图表工具-设计】/【图表布局】组中单击"添加图表元素"按钮，在打开的下拉列表中选择"趋势线"选项，在打开的子列表中选择需要的趋势线选项即可，如图6-39所示。

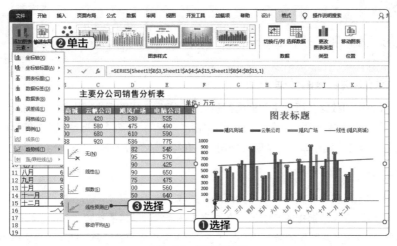

图6-39　添加趋势线

6.6　课后练习

本章主要介绍了图表的使用和数据透视表的使用，下面通过制作"商品库存分析表"工作簿和制作"季度销售数据汇总表"工作簿两个练习，让读者进一步熟悉这部分知识。

练习1 | 制作"商品库存分析表"工作簿

本练习要求为"商品库存分析表"工作簿添加图表，并对其进行编辑与美化。参考效果如图6-40所示。

图6-40　"商品库存分析表"工作簿效果

操作要求如下。

● 打开素材文件"商品库存分析表.xlsx"，插入"簇状条形图"图表，修改图表标题为"商品库存分析表"，完成后移动图表位置和调整图表大小。

● 使用选择数据功能取消选中"需求量"复选框,设置图表布局为"布局3"、快速样式为"样式2",将数据标签设置为"数据标签外"。

● 设置艺术字样式为"填充-黑色,文本1,阴影"。

素材所在位置 素材文件\第6章\商品库存分析表.xlsx
效果所在位置 效果文件\第6章\商品库存分析表.xlsx

练习2 | **制作"季度销售数据汇总表"工作簿**

本练习将在"季度销售数据汇总表"工作簿中分别创建数据透视表和数据透视图,参考效果如图6-41所示。

素材所在位置 素材文件\第6章\季度销售数据汇总表.xlsx
效果所在位置 效果文件\第6章\季度销售数据汇总表.xlsx

操作要求如下。

● 打开素材文件"季度销售数据汇总表.xlsx",在工作表中根据数据区域创建数据透视表并将其存放到新的工作表中。

● 添加相应的字段,并将"销售区域"和"产品名称"字段拖曳到"筛选"下拉列表中。

● 根据数据透视表创建"堆积折线图"数据透视图,并调整数据透视图的位置和大小,设置数据透视图样式为"样式3",完成后将存放数据透视图、数据透视表的工作表重命名为"数据透视图表"。

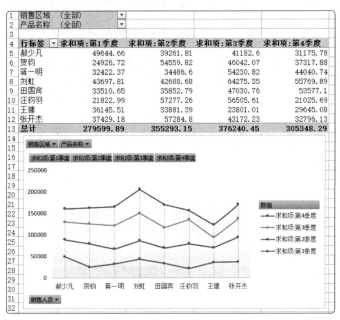

图6-41 "季度销售数据汇总表"工作簿效果

第 7 章

幻灯片的创建和编辑

/ 本章导读

　　PowerPoint 作为 Office 的核心组件之一，主要用于制作与播放幻灯片，该软件能够应用于各种演讲、演示场合。本章将介绍 PowerPoint 2016 的基础知识、演示文稿的基本操作以及对象的插入与编辑。

/ 技能目标

　　掌握 PowerPoint 2016 的基础知识。

　　掌握演示文稿的基本操作。

　　掌握对象的插入与编辑。

/ 案例展示

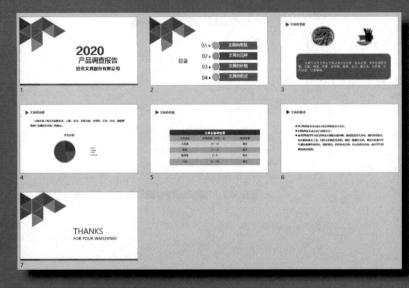

7.1 PowerPoint 2016 的基础知识

PowerPoint 2016具有强大的展示功能，在日常工作中应用十分广泛，尤其是在进行报告陈述时。下面介绍PowerPoint 2016的基础知识，为之后的学习打下基础。

7.1.1 认识 PowerPoint 2016 工作界面

PowerPoint 2016工作界面的标题栏、选项卡、功能区与Word 2016、Excel 2016两大组件一致，而它也有自己特有的"幻灯片"浏览窗格、幻灯片编辑区和状态栏等，如图7-1所示。下面主要对"幻灯片"浏览窗格、幻灯片编辑区和状态栏进行介绍。

图7-1　PowerPoint 2016工作界面

- **"幻灯片"浏览窗格：** "幻灯片"浏览窗格位于幻灯片编辑区的左侧，主要显示当前演示文稿中所有幻灯片的缩略图。单击某张幻灯片缩略图，可跳转到该幻灯片并在右侧的幻灯片编辑区中显示该幻灯片的内容。
- **幻灯片编辑区：** 幻灯片编辑区位于演示文稿编辑区的中心，用于显示和编辑幻灯片的内容。在默认情况下，标题幻灯片中包含一个正标题占位符、一个副标题占位符，内容幻灯片中包含一个标题占位符和一个内容占位符。
- **状态栏：** 状态栏位于工作界面的底端，用于显示当前幻灯片的页面信息，它主要由状态提示栏、"备注"按钮、"批注"按钮、视图切换按钮组、显示比例栏和最右侧的"按当前窗口调整幻灯片大小"按钮6部分组成。其中，单击"备注"按钮和"批注"按钮，可以为幻灯片添加备注和批注内容，为演示者的演示做提醒说明；用鼠标指针拖曳显示比例栏中的缩放比例滑块，可以调节幻灯片的显示比例。单击状态栏最右侧的"按当前窗口调整幻灯片大小"按钮，可以使幻灯片显示比例自动适应当前窗口的大小。

7.1.2 认识演示文稿与幻灯片

演示文稿是指用PowerPoint软件制作的文件，其中包括多张幻灯片；而幻灯片是一种带有动画效果的文档，可以通过计算机、投影仪等放映。演示文稿可以使生硬的文本、图片、图表等变得活泼生动，适用于演讲、学术报告、授课、产品展示、信息发布和交流等场合。

演示文稿和幻灯片之间是包含和被包含的关系，一个演示文稿由多张幻灯片组成。若将演示文稿比作一本书，幻灯片就是书页。

7.1.3 使用 PowerPoint 视图

PowerPoint 2016提供了5种视图模式以满足不同用户的设计需要，切换PowerPoint视图的方法为：在【视图】/【演示文稿视图】组中单击想要切换到的模式按钮，如普通视图、大纲视图、幻灯片浏览视图、备注页视图和阅读视图。下面详细介绍各种视图模式的作用。

● **普通视图：** PowerPoint 2016默认显示普通视图，在其他视图下单击"普通视图"按钮可切换回普通视图，它是设计幻灯片时主要使用的视图模式。

● **大纲视图：** 可以输入文本，主要用于查看、编排演示文稿的大纲。和普通视图相比，其大纲栏和备注栏被扩展，而幻灯片栏被压缩。按【Tab】键或【Shift+Tab】组合键可改变内容的级别，如图7-2所示。

● **幻灯片浏览视图：** 在幻灯片浏览视图下可以浏览整个演示文稿中各张幻灯片的整体效果，改变幻灯片的版式、设计模式、配色方案等，也可重新排列、添加、复制、删除幻灯片，但不能编辑单张幻灯片的具体内容，如图7-3所示。

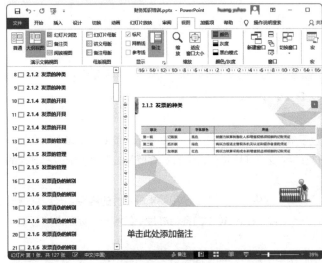 

图7-2　大纲视图　　　　　　　　　　图7-3　幻灯片浏览视图

● **备注页视图：** 备注页视图是将"备注"窗格以整页格式进行查看和使用。在备注页视图中可以更加方便地编辑备注内容，如图7-4所示。

● **阅读视图：** 在阅读视图中可以查看演示文稿的效果，从而预览演示文稿中设置的动画和声音效果，并且能观察到每张幻灯片的切换效果。它将以全屏方式动态显示每张幻灯片的效果，如图7-5所示。

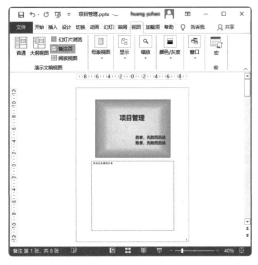

图7-4　备注页视图

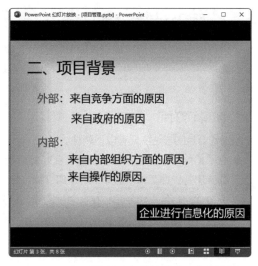

图7-5　阅读视图

7.2　演示文稿的基本操作

　　演示文稿的基本操作包括新建与打开演示文稿、新建与选择幻灯片、移动与复制幻灯片、删除与隐藏幻灯片以及保存与关闭演示文稿。下面进行具体介绍。

7.2.1　新建与打开演示文稿

　　新建演示文稿的方法很多，用户可根据实际需求进行选择。当需要对演示文稿进行编辑、查看或放映操作时，首先应将其打开。下面将分别对新建演示文稿与打开演示文稿进行介绍。

1. 新建演示文稿

新建演示文稿包括新建空白演示文稿和利用模板新建演示文稿。

● **新建空白演示文稿：** 启动PowerPoint 2016后，选择【文件】/【新建】命令，在打开的窗口中选择"空白演示文稿"选项，即可新建一个空白演示文稿。

● **利用模板新建演示文稿：** PowerPoint 2016提供了20多种模板，用户可在预设模板的基础上快速新建带有内容的演示文稿。其方法为：选择【文件】/【新建】命令，在打开的窗口中的"新建"栏的"搜索联机模板和主题"文本框中输入相关关键词，并按【Enter】键，系统将搜索相关的模板演示文稿，在搜索结果中选择所需的模板选项，在打开的窗口中单击"创建"按钮，便可新建该模板样式的演示文稿。

2. 打开演示文稿

打开演示文稿的方法主要包括以下2种。

● **打开演示文稿：** 启动PowerPoint 2016后，选择【文件】/【打开】命令或按【Ctrl+O】组合键，在"打开"窗口中选择"浏览"选项，打开"打开"对话框，在其中选择需要打开的演示文稿，单击 打开(O) 按钮即可。

● **打开最近使用的演示文稿：** PowerPoint 2016提供了记录最近使用的演示文稿的功能。如果想打开最近使用的演示文稿，可选择【文件】/【打开】命令，在"打开"窗口的"最近"列表框中查看最近使用的演示文稿，选择需打开的演示文稿即可将其打开。

7.2.2 | 新建与选择幻灯片

在新建空白演示文稿或根据模板新建演示文稿时，一般默认只新建一张幻灯片，不能满足实际的编辑需要，因此需要用户手动新建幻灯片。而选择幻灯片是编辑幻灯片的前提，下面就分别介绍新建幻灯片和选择幻灯片。

1. 新建幻灯片

新建幻灯片的方法主要有以下两种。

- **在"幻灯片"浏览窗格中新建：** 在"幻灯片"浏览窗格中的空白区域或已有的幻灯片上单击鼠标右键，在弹出的快捷菜单中选择"新建幻灯片"命令。
- **通过"幻灯片"组新建：** 在普通视图或幻灯片浏览视图中选择一张幻灯片，在【开始】/【幻灯片】组中单击"新建幻灯片"按钮 下方的下拉按钮▾，在打开的下拉列表中选择一种幻灯片版式即可。

2. 选择幻灯片

选择幻灯片主要有以下3种方法。

- **选择单张幻灯片：** 在"幻灯片"浏览窗格中单击幻灯片缩略图即可选择当前幻灯片。
- **选择多张幻灯片：** 在幻灯片浏览视图或"幻灯片"浏览窗格中按住【Shift】键并单击幻灯片可选择多张连续的幻灯片，按住【Ctrl】键并单击幻灯片可选择多张不连续的幻灯片。
- **选择全部幻灯片：** 在幻灯片浏览视图或"幻灯片"浏览窗格中按【Ctrl+A】组合键，即可选择全部幻灯片。

7.2.3 | 移动与复制幻灯片

当需要调整某张幻灯片的顺序时，可直接移动该幻灯片。当需要使用某张幻灯片中已有的版式或内容时，可直接复制该幻灯片进行更改，以提高工作效率。移动和复制幻灯片的方法主要有以下3种。

- **通过拖曳鼠标：** 在"幻灯片"浏览窗格中选择需移动的幻灯片，按住鼠标左键不放拖曳到目标位置后释放鼠标左键完成移动操作；选择幻灯片，按住鼠标左键并拖曳到目标位置，在弹出的快捷菜单中选择"移动"或"复制"命令，即可完成幻灯片的移动与复制操作。
- **通过菜单命令：** 选择需移动或复制的幻灯片，在其上单击鼠标右键，在弹出的快捷菜单中选择"剪切"或"复制"命令。定位到目标位置，单击鼠标右键，在弹出的快捷菜单中选择"粘贴"命令，完成幻灯片的移动或复制。
- **通过快捷键：** 选择需移动或复制的幻灯片，按【Ctrl+X】组合键（剪切）或【Ctrl+C】组合键（复制），然后在目标位置按【Ctrl+V】组合键进行粘贴，完成移动或复制操作。另外，在"幻灯片"浏览窗格或幻灯片浏览视图中选择幻灯片，按【Ctrl+X】组合键剪切幻灯片或按【Ctrl+C】组合键复制幻灯片，然后在目标位置按【Ctrl+V】组合键进行粘贴，也可完成移动或复制操作。

7.2.4 | 删除与隐藏幻灯片

删除幻灯片的方法为：选择要删除的幻灯片，按【Delete】键，或单击鼠标右键，在弹出的快捷菜单中选择"删除幻灯片"命令即可。

隐藏幻灯片的作用是在播放演示文稿时不显示隐藏的幻灯片，当需要时可再次将其显示出来。隐藏幻灯片的方法为：在"幻灯片"浏览窗格中按【Ctrl】键选择需隐藏的幻灯片，在其上单击鼠标右键，在弹出的快捷菜单中选择"隐藏幻灯片"命令，可以看到幻灯片的编号上有一条斜线，表示幻灯片已经被隐藏。

重新显示被隐藏的幻灯片

在"幻灯片"浏览窗格中选择被隐藏的幻灯片，在其上单击鼠标右键，在弹出的快捷菜单中选择"隐藏幻灯片"命令，即可重新显示被隐藏的幻灯片，在播放演示文稿时该幻灯片也会显示出来。

7.2.5 保存与关闭演示文稿

在创建和编辑演示文稿的过程中可对演示文稿进行保存，以避免其中的内容丢失。当不需要再进行编辑时，可以将演示文稿关闭。保存与关闭演示文稿的方法为：在演示文稿中选择【文件】/【保存】命令，在窗口中选择"浏览"选项。打开"另存为"对话框，在地址栏选择保存演示文稿的位置，在"文件名"文本框中输入演示文稿名称，然后单击 保存(S) 按钮保存该演示文稿。选择【文件】/【关闭】命令可关闭演示文稿。

7.3 对象的插入与编辑

在演示文稿中可以插入各种对象，以提升演示文稿的美观性和内容表现力。这些对象包括艺术字、SmartArt图形、形状、图片、表格以及图表。总的来说，这部分操作与Word 2016或Excel 2016中进行的相关操作十分类似，因此这里只做简单介绍。

7.3.1 插入与编辑艺术字

艺术字同时具有文字和图片的属性，因此在幻灯片中可以插入艺术字，让文字更具有艺术效果。其方法为：选择需插入艺术字的幻灯片，在【插入】/【文本】组中单击"艺术字"按钮 ，在打开的下拉列表中选择一种艺术字，如图7-6所示。此时在幻灯片中出现一个艺术字的文本框，将"请在此放置您的文字"文本修改为需要的内容。然后选择艺术字文本，通过【绘图工具-格式】/【艺术字样式】组可设置艺术字样式，主要包括以下操作。

- **设置艺术字文本填充：** 在【绘图工具-格式】/【艺术字样式】组中单击"文本填充"按钮 右侧的下拉按钮 ，在打开的下拉列表中选择需要的颜色选项即可。
- **设置艺术字文本轮廓：** 在【绘图工具-格式】/【艺术字样式】组中单击"文本轮廓"按钮 右侧的下拉按钮 ，在打开的下拉列表中选择需要的文本轮廓颜色选项即可。
- **设置艺术字文本效果：** 在【绘图工具-格式】/【艺术字样式】组中单击"文字效果"按钮 ，在打开的下拉列表中选择需要的文本效果选项即可，如图7-7所示。

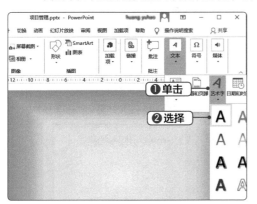

图7-6　插入艺术字

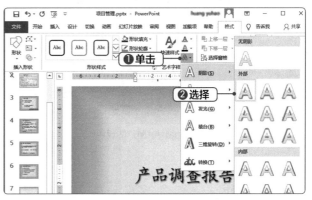

图7-7　设置艺术字文本效果

7.3.2 | 插入与编辑 SmartArt 图形

SmartArt图形用于表明各种事物之间的关系，它在演示文稿中的使用非常广泛。在幻灯片中可以插入并编辑各种SmartArt图形。插入SmartArt图形的方法为：选择需要插入SmartArt图形的幻灯片，在【插入】/【插图】组中单击"SmartArt"按钮 🖿。打开"选择SmartArt图形"对话框，选择需要插入的图形选项，然后单击 确定 按钮，如图7-8所示。

编辑SmartArt图形主要是通过"SmartArt工具-格式""SmartArt工具-设计"两个选项卡来进行的，主要包括以下操作。

● **添加形状：** 选择SmartArt图形中的某个形状，在【SmartArt工具-设计】/【创建图形】组中单击 □添加形状 按钮右侧的下拉按钮▾，在打开的下拉列表中选择添加形状的位置选项即可，如图7-9所示。

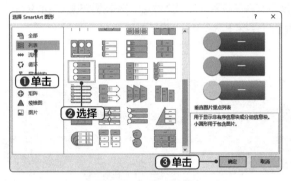

图7-8　插入SmartArt图形

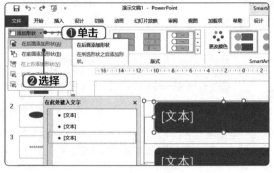

图7-9　添加形状

● **设置SmartArt图形的高度与宽度：** 选择需要设置高度和宽度的形状，在【SmartArt工具-格式】/【大小】组的"高度""宽度"数值框中输入具体数值。

● **设置SmartArt图形的颜色：** 选择SmartArt图形，在【SmartArt工具-设计】/【SmartArt样式】组中单击"更改颜色"按钮 ⁂，在打开的下拉列表中选择需要的颜色选项，如图7-10所示。

● **在SmartArt图形中输入文本：** 选择Smart Art图形，在【SmartArt工具-设计】/【创建图形】组中单击"文本窗格"按钮 ▤，打开"在此处键入文字"窗格，将光标定位到窗格中的文本框中，在其中输入相关文本。

● **设置SmartArt图形的样式：** 选择SmartArt图形，在【SmartArt工具-设计】/【SmartArt样式】组中单击"快速样式"按钮 ▤，在打开的下拉列表中选择需要的样式，如图7-11所示。

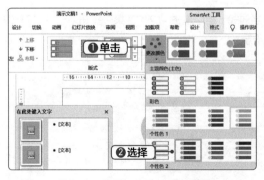

图7-10　设置SmartArt图形的颜色

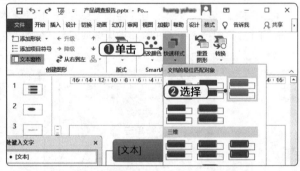

图7-11　设置SmartArt图形的样式

7.3.3 | 插入与编辑形状

演示文稿中的形状包括线条、矩形、圆形、箭头、星形、标注和流程图等，这些形状通常作为项目元素使用在SmartArt图形中。但在很多专业的商务演示文稿中，通过插入不同的形状，往往能制作出与众不同的形状，吸引观众的注意，其方法为：在演示文稿中选择需要插入形状的幻灯片，在【插入】/【插图】组中单击"形状"按钮 ，在打开的下拉列表中选择需要的形状，如图7-12所示。当光标变成 ✛ 形状时，按住鼠标左键从左向右拖曳鼠标绘制形状，释放鼠标左键即可完成形状的绘制。

编辑形状主要是通过"绘图工具-格式"选项卡来进行的，主要包括以下操作。

- **更改形状：**选择形状，在【绘图工具-格式】/【插入形状】组中单击"编辑形状"按钮 ，在打开的下拉列表中选择"更改形状"选项，在打开的子列表中选择需要的形状选项。
- **旋转形状：**选择形状，在【绘图工具-格式】/【排列】组中单击"旋转"按钮 ，在打开的下拉列表中选择旋转方式选项，如图7-13所示。

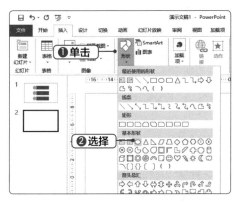

图7-12 选择插入椭圆

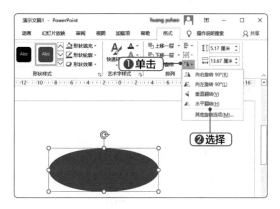

图7-13 旋转形状

- **设置形状轮廓：**选择形状，在【绘图工具-格式】/【形状样式】组中单击"形状轮廓"按钮 右侧的下拉按钮 ，在打开的下拉列表中选择形状轮廓颜色选项。
- **设置形状填充：**选择形状，在【绘图工具-格式】/【形状样式】组中单击"形状填充"按钮 右侧的下拉按钮 ，在打开的下拉列表中选择颜色选项。
- **输入文本：**在形状上单击鼠标右键，在弹出的快捷菜单中选择"编辑文字"命令，然后在其中输入文本即可。
- **设置形状效果：**选择形状，在【绘图工具-格式】/【形状样式】组中单击"形状效果"按钮 ，在打开的下拉列表中选择形状效果选项。

7.3.4 | 插入与编辑图片

为了使幻灯片内容更丰富和更直观，增强幻灯片的视觉感染力，通常需要在幻灯片中插入相应的图片，其方法为：选择需要插入图片的幻灯片，在【插入】/【图像】组中单击"图片"按钮 ，在打开的下拉列表中选择"此设备"选项。打开"插入图片"对话框，选择需要插入的图片文件，单击 插入(S) 按钮。

编辑图片主要通过"图片工具-格式"选项卡来进行，主要包括以下操作。

- **裁剪图片：**选择图片，在【图片工具-格式】/【大小】组中单击"裁剪"按钮 ，拖曳图片四周的黑色控制条即可手动裁剪图片。若要按比例裁剪，可在【图片工具-格式】/【大小】组中单击"裁剪"按钮 下方的下拉按钮 ，在打开的下拉列表中选择"纵横比"选项，在打开的子列表中选择相应的比例选项即可，如图7-14所示。
- **设置图片效果：**选择图片，在【图片工具-格式】/【图片样式】组中单击"图片效果"按钮 ，在打开的下拉列表中选择需要的图片效果即可。

- **设置图片样式：** 选择图片，在【图片工具-格式】/【图片样式】组中的"快速样式"下拉列表中选择图片样式。
- **设置图片对齐：** 利用【Shift】键选择多张图片，在【图片工具-格式】/【排列】组中单击"对齐"按钮 ，在打开的下拉列表中选择对齐方式选项，如图7-15所示。
- **调整图片颜色：** 选择图片，在【图片工具-格式】/【调整】组中单击 颜色 按钮，在打开的下拉列表中通过选择相应的选项可以调整图片的颜色饱和度、色调，或进行重新着色等。

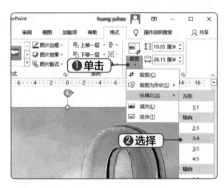

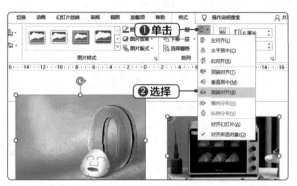

图7-14　裁剪图片　　　　　　　　图7-15　设置图片对齐方式

7.3.5　插入与编辑表格

表格可直观、形象地展示数据情况。在Power Point 2016中不仅可在幻灯片中插入表格，还可对插入的表格进行编辑和美化。在PowerPoint 2016中插入表格的方法为：选择需要插入表格的幻灯片，在【插入】/【表格】组中单击"表格"按钮 ，在打开的下拉列表中选择"插入表格"选项，打开"插入表格"对话框，分别在"列数""行数"数值框中输入具体数值，单击 确定 按钮。

编辑表格主要是通过"表格工具-设计""表格工具-布局"选项卡来进行的，主要包括以下操作。

- **应用表格样式：** 选择表格，在【表格工具-设计】/【表格样式】组中单击"其他"按钮 ，在打开的下拉列表中选择表格样式选项，如图7-16所示。
- **为表格添加边框：** 选择表格，在【表格工具-设计】/【边框】组中单击"边框"按钮 右侧的下拉按钮 ，在打开的下拉列表中选择相应的边框选项，如图7-17所示。

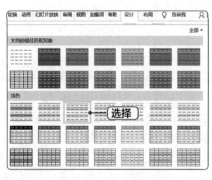

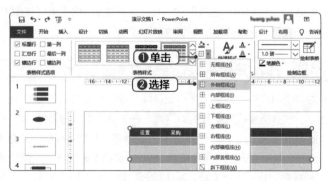

图7-16　应用表格样式　　　　　　　　图7-17　添加边框

- **更改表格大小：** 选择表格，在【表格工具-布局】/【表格尺寸】组中的"高度"和"宽度"数值框中分别输入具体数值，按【Enter】键即可。
- **设置表格内容对齐方式：** 以设置居中对齐为例，首先应选择整个表格，再在【表格工具-布局】/【对齐方式】组中单击"居中"按钮≡和"垂直居中"按钮≡。
● **合并单元格：**选择需合并的多个单元格，在【表格工具-布局】/【合并】组中单击"合并单元格"按钮▦。

7.3.6 | 插入与编辑图表

在幻灯片中可以插入图表，以提高幻灯片内容的说服力。通过编辑图表，可以为其设置适合幻灯片主题且美观的图表样式。在PowerPoint 2016中插入图表的方法为：选择需要插入图表的幻灯片，在【插入】/【插图】组中单击"图表"按钮▮▮。在打开的"插入图表"对话框中选择相应选项，然后单击 确定 按钮，如图7-18所示。此时将打开Excel 2016工作界面，在其中的工作表中编辑图表中的数据，完成后关闭Excel 2016，如图7-19所示。返回PowerPoint 2016工作界面，幻灯片中将根据编辑的数据自动创建一个图表。

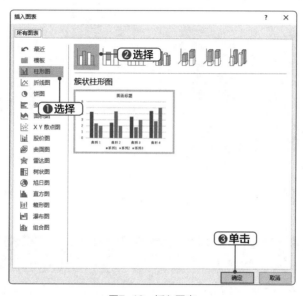

图7-18 插入图表

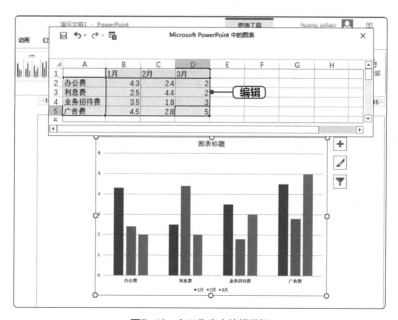

图7-19 在工作表中编辑数据

编辑图表的操作与在Excel中的相关操作类似，下面介绍设置图表样式和图表布局的方法。

● **设置图表样式：** 选择图表，在【图表工具-设计】/【图表样式】组中单击"快速样式"按钮 ，在打开的下拉列表中选择图表样式选项，如图7-20所示。

● **设置图表布局：** 选择图表，在【图表工具-设计】/【图表布局】组中单击"快速布局"按钮 ，在打开的下拉列表中选择需要的布局样式选项，如图7-21所示。

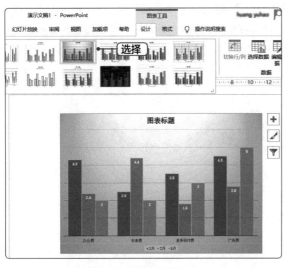

图7-20　设置图表样式

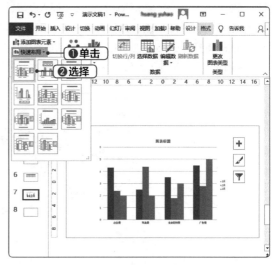

图7-21　设置图表布局

7.4 课堂案例：制作"产品调查报告"演示文稿

产品调查报告用于对产品市场调查情况进行报告，体现了个人或组织根据特定的决策问题而系统地设计、搜集、记录、整理、分析及研究市场中各类信息资料并报告调查结果的工作过程，主要为市场调查人员所制作。

7.4.1 | 案例目标

制作"产品调查报告"演示文稿，需要在幻灯片中插入相关的艺术字、SmartArt图形、形状、图片、表格和图表等元素，并编辑美化使其与主题相符，达到美化演示文稿的效果。本例制作"产品调查报告"演示文稿，需要综合运用本章所学知识，包括插入并编辑艺术字、SmartArt图形、形状、图片、表格以及图表等。本例制作完成的参考效果如图7-22所示。

素材所在位置	素材文件\第7章\产品调查报告.pptx、图片1.jpg、图片2.jpg
效果所在位置	效果文件\第7章\产品调查报告.pptx

微课视频

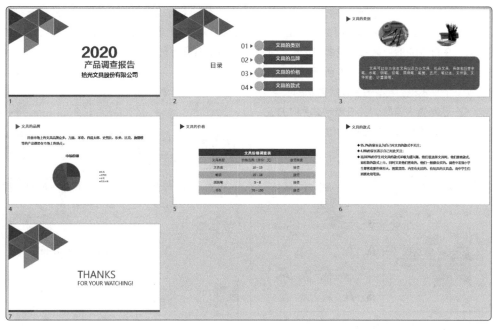

图7-22　参考效果

7.4.2　制作思路

　　"产品调查报告"演示文稿包含较多内容，需要运用多种表现形式，以提升演示文稿的美观性，使演示内容更加生动、直观。要完成本例的制作，主要需要插入并编辑各种对象，包括艺术字、SmartArt图形、形状、图片、表格以及图表。图7-23所示为具体的制作思路。

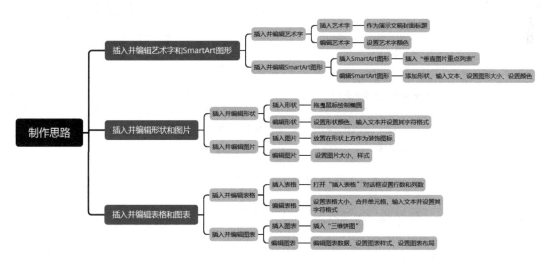

图7-23　制作思路

7.4.3　操作步骤

1. 插入并编辑艺术字和SmartArt图形

　　下面在"产品调查报告"演示文稿中插入并编辑艺术字和SmartArt图形，具体操作如下。

STEP 1　打开素材文件"产品调查报告 .pptx"，选择第 1 张幻灯片，在【插入】/【文本】组中单击"艺术字"按钮4，在打开的下拉列表中选择"填充 – 黑色，文本 1，阴影"选项，如图 7-24 所示。此时在幻灯片中出现一个文本框，将"请在此放置您的文字"文本修改为"产品调查报告"，并设置字体为"方正兰亭中黑简体"，移动艺术字文本框的位置。

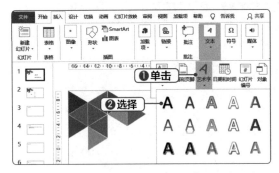

图7-24　插入艺术字

STEP 2　在【绘图工具 – 格式】/【艺术字样式】组中单击"文本填充"按钮▲右侧的下拉按钮▾，在打开的下拉列表的"标准色"栏中选择"蓝色"选项，效果如图 7-25 所示。

图7-25　艺术字效果

STEP 3　选择第 2 张幻灯片，在【插入】/【插图】组中单击"SmartArt"按钮 🖼。打开"选择SmartArt 图形"对话框，单击"列表"选项卡，在中间的列表框中选择"垂直图片重点列表"选项，然后单击 确定 按钮，如图 7-26 所示。

STEP 4　系统将在幻灯片中插入一个列表样式的SmartArt 图形，在【SmartArt 工具 – 设计】/【创建图形】组中单击 添加形状 按钮右侧的下拉按钮▾，

在打开的下拉列表中选择"在后面添加形状"选项，此时系统在列表样式 SmartArt 图形后面添加了一个形状，如图 7-27 所示。

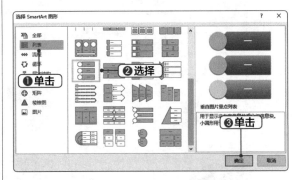

图7-26　选择SmartArt图形

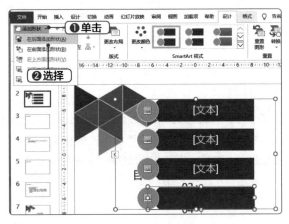

图7-27　添加形状

STEP 5　在【SmartArt 工具 – 设计】/【创建图形】组中单击"文本窗格"按钮🗐，在打开的"在此处键入文字"窗格中依次输入"文具的类别""文具的品牌""文具的价格""文具的款式"文本，并设置文本字体为"方正兰亭中黑简体"。

STEP 6　选择SmartArt图形，在【SmartArt工具-格式】/【大小】组的"高度"数值框中输入"11厘米"，在"宽度"数值框中输入"18厘米"，使用鼠标移动图形，调整其位置。

STEP 7　在【SmartArt 工具 – 设计】/【SmartArt样式】组中单击"更改颜色"按钮❖，在打开的下拉列表的"彩色"栏中选择"彩色 – 个性色"选项，如图 7-28 所示。

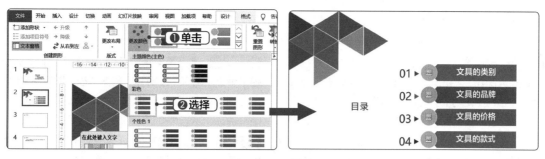

图7-28　更改颜色

2. 插入并编辑形状和图片

下面在"产品调查报告"演示文稿中插入并编辑形状和图片，具体操作如下。

STEP 1　在演示文稿中选择第 3 张幻灯片，在【插入】/【插图】组中单击"形状"按钮，在打开的下拉列表的"矩形"栏中选择"矩形：圆角"选项。当光标变成十形状时，按住鼠标左键从左向右拖曳鼠标绘制圆角矩形，释放鼠标左键即可完成圆角矩形的绘制。

STEP 2　在【绘图工具-格式】/【形状样式】组中单击"形状填充"按钮右侧的下拉按钮，在打开的下拉列表中选择"蓝-灰，个性色 4"选项，设置形状颜色，如图 7-29 所示。

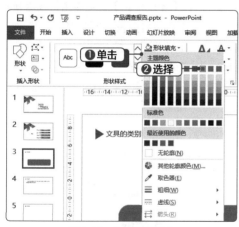

图7-29　设置形状填充

STEP 3　在形状上单击鼠标右键，在弹出的快捷菜单中选择"编辑文字"命令，然后在其中输入相应文本，选择输入的文本，在【开始】/【字体】组中设置其字符格式为"等线、24"，如图 7-30 所示。

STEP 4　在【插入】/【图像】组中单击"图片"按钮。在打开的下拉列表中选择"此设备"选项，打开"插入图片"对话框，选择素材文件"图片 1.jpg""图片 2.jpg"，单击"插入(S)"按钮。

STEP 5　在【图片工具-格式】/【大小】组中的"高度"数值框中输入"6 厘米"，按【Enter】键确认更改图片大小，如图 7-31 所示，并移动图片位置。

同时选择两张图片，在【图片工具-格式】/【图片样式】组中的"快速样式"下拉列表中设置图片样式为"柔化边缘椭圆"，效果如图 7-32 所示。

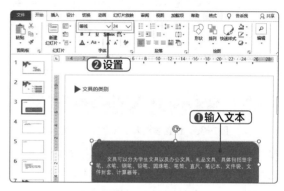

图7-30　输入并设置文本

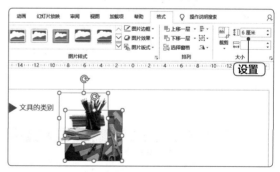

图7-31　设置图片大小

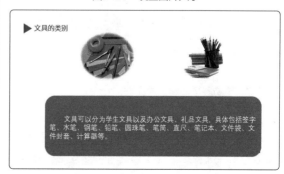

图7-32　设置图片完成后的效果

3. 插入并编辑表格和图表

下面在"产品调查报告"演示文稿中插入并编辑表格和图表，具体操作如下。

STEP 1 选择第 5 张幻灯片，在【插入】/【表格】组中单击"表格"按钮，在打开的下拉列表中选择"插入表格"选项，打开"插入表格"对话框，在"列数"和"行数"数值框中分别输入"3"和"6"，单击 确定 按钮。

STEP 2 在【表格工具 – 布局】/【表格尺寸】组中的"高度"和"宽度"数值框中分别输入"10 厘米""26 厘米"，按【Enter】键更改表格大小。选择表格第一行，在【表格工具 – 布局】/【合并】组中单击"合并单元格"按钮，如图 7-33 所示。

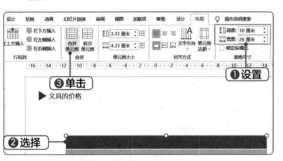

图7-33 设置表格大小并合并单元格

STEP 3 在单元格中输入文本内容。选择整个表格，再在【表格工具 – 布局】/【对齐方式】组中单击"居中"按钮和"垂直居中"按钮，将文本居中。

STEP 4 选择第一行文本内容，在【开始】/【字体】组中设置其字符格式为"黑体、24、加粗"，设置其余文本内容字符格式为"等线、20"，效果如图 7-34 所示。

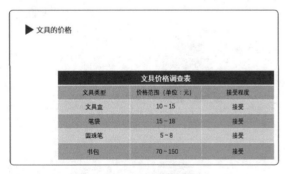

图7-34 效果1

STEP 5 选择第 4 张幻灯片，在【插入】/【插图】组中单击"图表"按钮，打开"插入图表"对话框，在左侧选择"饼图"选项，在中间的列表框中选择"饼图"选项，然后单击 确定 按钮。

STEP 6 此时将打开 Excel 2016 工作界面，在其中的工作表中编辑图表中的数据，如图 7-35 所示，完成后关闭 Excel 2016。

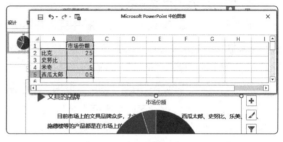

图7-35 编辑图表中的数据

STEP 7 返回 PowerPoint 2016 工作界面，幻灯片中将根据编辑的数据自动创建一个图表。在【图表工具 – 设计】/【图表样式】组中单击"快速样式"按钮，在打开的下拉列表中选择"样式 9"选项设置图表样式。在【图表工具 – 设计】/【图表布局】组中单击"快速布局"按钮，在打开的下拉列表中选择"布局 6"选项应用布局样式。调整图表的大小，完成后的效果如图 7-36 所示。

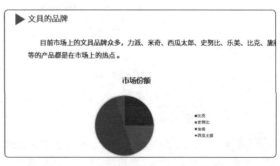

图7-36 效果2

7.5 强化训练

本章介绍了幻灯片的创建和编辑，为了帮助读者进一步掌握相关知识，下面将通过制作"年终销售总结"演示文稿和制作"入职培训"演示文稿进行强化训练。

7.5.1 制作"年终销售总结"演示文稿

年终销售总结是对一年内公司销售情况的总结，通过使用表格和图表展示一年的销售数据情况，并加以文字描述的辅助，便于相关人员了解公司的经营现状。

【制作效果与思路】

本例制作的"年终销售总结"演示文稿的效果如图7-37所示，具体制作思路如下。

（1）打开素材文件"年终销售总结.pptx"，在第1张幻灯片中插入艺术字，样式为"填充-黑色，文本1，阴影"，输入"承华集团"文本，设置字体为"思源黑体CN Normal"，调整其位置。

（2）选择第2张幻灯片，在其中插入SmartArt图形"分段循环"，输入文本并设置颜色为"彩色范围-个性色 2至3"，样式为"强烈效果"。

（3）在第3张幻灯片中插入图表"三维簇状柱形图"，输入数据并设置颜色为"彩色调色板 3"，样式为"样式 11"。

（4）在第5张幻灯片中插入一个9行7列的表格，表格"水平居中"，输入数据后调整表格大小，并设置表格样式为"中度样式 3-强调 2"，设置单元格文本"居中"和"垂直居中"。

（5）在第7张幻灯片中插入"矩形"，并填充图片"图片4.jpg"，添加阴影样式"内部：中"，设置艺术效果"纹理化"，裁剪为形状"六角星"。

（6）选择第8张幻灯片，插入图片"图片5.jpg"，设置艺术效果为"十字图案蚀刻"，并设置"重新着色"为"浅灰色，背景颜色2浅色"。

图7-37 "年终销售总结"演示文稿效果

素材所在位置	素材文件\第7章\年终销售总结.pptx、图片4.jpg、图片5.jpg	微课视频
效果所在位置	效果文件\第7章\年终销售总结.pptx	

7.5.2 | 制作"入职培训"演示文稿

入职培训主要用于对公司新进职员的工作态度、思想修养等进行培训。对员工进行有目的、有计划的培养和训练，可以使员工更新专业知识、端正工作态度，入职培训内容常使用演示文稿进行展示。

【制作效果与思路】

本例制作的"入职培训"演示文稿的效果如图7-38所示，具体制作思路如下。

（1）打开"入职培训"演示文稿，新建一张幻灯片，删除标题占位符，在内容占位符中输入相应的文本，并对其字符格式进行设置，然后插入"1.jpg"图片。

（2）新建幻灯片，删除占位符，插入"流程箭头"SmartArt图形，输入文本，设置SmartArt图形样式为"简单填充"，颜色为"彩色范围-个性色3至4"，调整大小。

（3）使用新建第1张幻灯片的方法新建第4张、第5张和第6张幻灯片，输入文本，设置字符格式，分别插入"2.jpg""3.png""4.jpg"图片并设置样式。

（4）新建第7张幻灯片，在其中输入相应的文本，然后绘制一个圆，取消轮廓，设置填充色，然后复制两个圆，调整位置，设置填充颜色。

（5）新建第8张幻灯片，输入文本，插入"5.png"图片。然后复制首页幻灯片并修改文本作为第9张幻灯片。

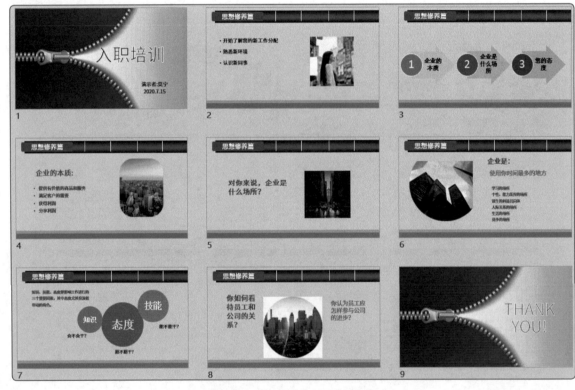

图7-38 "入职培训"演示文稿效果

 素材所在位置 素材文件\第7章\入职培训.pptx
效果所在位置 效果文件\第7章\入职培训.pptx

微课视频

7.6 知识拓展

下面对幻灯片的创建和编辑的一些拓展知识进行介绍，帮助读者更好地掌握相关知识。

1. 合并形状

当在幻灯片中绘制并同时选择两个及以上的形状时，在【绘图工具-格式】/【插入形状】组中单击"合并形状"按钮⊘▾，在打开的下拉列表中即可设置形状结合、组合、拆分、相交和剪除。

2. 编辑形状顶点

插入的形状的外形都是固定的，如果想要更改形状，则可以通过编辑顶点的方式进行。其方法为：在【绘图工具-格式】/【插入形状】组中单击"编辑形状"按钮┌┐▾，在打开的下拉列表中选择"编辑顶点"选项，选择后形状上会出现几个黑色方框点，将鼠标指针移动至黑点上，使用鼠标拖曳黑点即可自定义形状。

3. 将演示文稿保存为模板

在制作演示文稿的过程中，使用模板不仅可提高制作演示文稿的速度，还能为演示文稿设置统一的背景、外观，使整个演示文稿风格统一。模板既可以是从网上下载的，也可以是PowerPoint 2016自带的，还可将制作的演示文稿保存为模板，以供使用。其方法是：打开制作好的演示文稿，打开"另存为"对话框，在"文件名"文本框中输入保存的名称，在"保存类型"下拉列表中选择"PowerPoint模板(*.potx)"选项，演示文稿将自动保存在"C(系统盘):\Users\Administrator\Documents\自定义 Office 模板"文件夹中，然后单击 保存(S) 按钮即可保存。

4. 更改图表的数据源

在幻灯片中选择插入的图表，在【图表工具-设计】/【数据】组中单击"选择数据"按钮▦，打开"选择数据源"对话框，如图7-39所示。在"图表数据区域"参数框中可设置图表的数据源；单击 切换行/列(W) 按钮，可切换横纵坐标轴和图例标签。

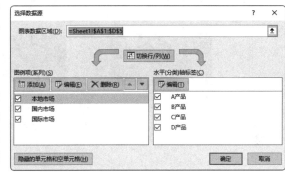

图7-39　选择数据源

7.7 课后练习：制作"职位职责"演示文稿

本章重点介绍了对象的插入与编辑，读者应加强该部分内容的练习与应用。下面通过制作"职位职责"演示文稿练习，使读者对本章所学知识更加熟悉。

本练习要求打开素材文件"职位职责.pptx"，在演示文稿中插入与编辑SmartArt图形、图表、图片和形状。参考效果如图7-40所示。

操作要求如下。

- 设置第1张幻灯片的副标题文本为艺术字样式"填充-蓝色，主题色1，阴影"。
- 在第2张幻灯片中添加SmartArt图形"结构组织图"，更改颜色为"深色 2 填充"，应用"强烈效果"快速样式，删除和添加形状，并应用"标准"组织结构布局样式，添加"圆形"棱台形状样式。
- 在第2张幻灯片中插入图片"图片6.jpg"，重新着色为"蓝色，个性色1 浅色"，并添加"内部：中"阴影，裁剪为形状"箭头：V形"，置于幻灯片右侧。
- 在第3张幻灯片中插入形状"菱形"，填充图片"图片7.jpg"，并将其置于底层。

● 选择第4张幻灯片，添加图表"三维簇状柱形图"，编辑数据并设置快速样式为"样式 2"，添加和去除各种图表元素。

素材所在位置	素材文件\第7章\职位职责.pptx、图片6.jpg、图片7.jpg
效果所在位置	效果文件\第7章\职位职责.pptx

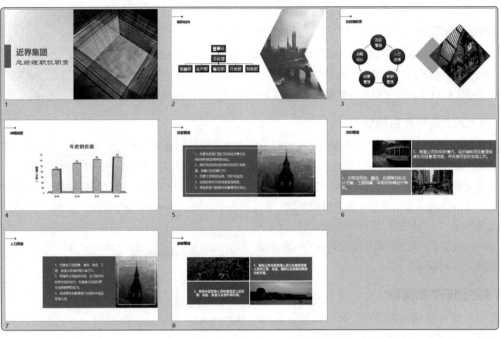

图7-40 "职位职责"演示文稿效果

第3部分

第 8 章

幻灯片的完善和美化

/ 本章导读

　　母版、主题和背景都是 PowerPoint 的常用功能，它们可以帮助用户快速美化演示文稿，简化操作。PowerPoint 的动画功能则是其区别于其他办公软件的重要功能，该功能可以让呆板的演示文稿变得更加灵活。本章将介绍 PowerPoint 2016 的幻灯片母版、主题和背景及幻灯片效果的设置。

/ 技能目标

　　掌握幻灯片母版的设置。
　　掌握主题和背景的设置。
　　掌握幻灯片效果的设置。

/ 案例展示

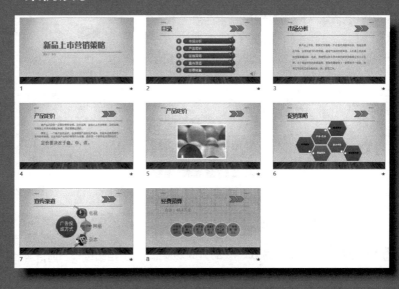

8.1 幻灯片母版的设置

母版在幻灯片的编辑过程中使用频率非常高，在母版中编辑的每一项操作，都可能影响使用该版式的所有幻灯片。下面介绍如何在PowerPoint 2016中进行幻灯片母版的设置。

8.1.1 认识母版

母版是演示文稿中特有的概念，通过设计、制作母版，可以快速使设置的内容在多张幻灯片、讲义或备注中生效。PowerPoint 2016中存在3种母版：幻灯片母版、讲义母版和备注母版。其作用分别如下。

- **幻灯片母版：** 幻灯片母版用于存储关于模板信息的设计模板，这些模板信息包括字形、占位符大小和位置、背景设计和配色方案等。只要在母版中更改了样式，对应幻灯片中相应的样式也会随之改变。
- **讲义母版：** 讲义是指为方便演讲者在演示演示文稿时使用的纸稿，纸稿中显示了每张幻灯片的大致内容、要点等。制作讲义母版就是设置相关内容在纸稿中的显示方式，制作讲义母版主要包括设置每页纸张上显示的幻灯片数量、排列方式以及页眉和页脚的信息等。
- **备注母版：** 备注是指演讲者在幻灯片下方输入的内容，根据需要可将这些内容打印出来。备注母版是指为将这些备注信息打印在纸张上，而对备注进行相关设置的母版。

8.1.2 设计幻灯片母版版式

幻灯片母版中包含每种幻灯片版式的设置区域，通过它可快速设置统一的幻灯片风格。下面将设计"产品展示"演示文稿的幻灯片母版，具体操作如下。

素材所在位置 素材文件\第8章\产品展示.pptx、标志.tif
效果所在位置 效果文件\第8章\产品展示.pptx

微课视频

STEP 1 打开素材文件"产品展示.pptx"，在【视图】/【母版视图】组中单击"幻灯片母版"按钮，进入幻灯片母版视图。

STEP 2 选择第一种幻灯片版式，然后单击【幻灯片母版】/【背景】组中的"背景样式"按钮，在打开的下拉列表中选择"样式2"选项，如图8-1所示。

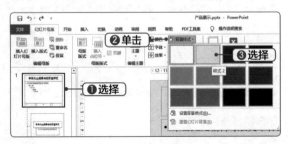

图8-1 设置背景样式

STEP 3 选择第一种幻灯片版式，选择母版标题占位符中的文本，在【开始】/【字体】组中将其字符格式设置为"方正美黑简体、48、浅蓝"，如图8-2所示。

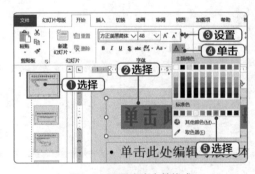

图8-2 设置文本字符格式

STEP 4 选择第一种幻灯片版式，将光标定位到普通文本占位符的第一级文本中，在【开始】/【段落】组中单击"项目符号"按钮右侧的下拉按钮，在

第3部分

打开的下拉列表中选择"箭头项目符号",如图8-3
所示。

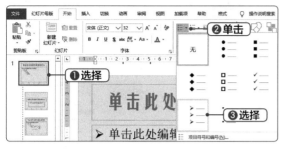

图8-3　设置项目符号

STEP 5　在【插入】/【插图】组中单击"图片"
按钮📷，在打开的下拉列表中选择"此设备"选项，
打开"插入图片"对话框，在地址栏中选择图片位置，
在中间选择"标志 .tif"图片，单击 插入(S) 按钮将图
片插入幻灯片，适当缩小后移动到幻灯片右上角，效
果如图 8-4 所示。

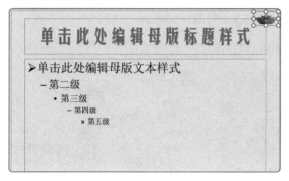

图8-4　插入图片后的效果

STEP 6　在【插入】/【文本】组中单击"页眉和页脚"
按钮📄，打开"页眉和页脚"对话框，单击选中"日
期和时间"复选框，默认选中"自动更新"单选项，
单击选中"幻灯片编号"以及"页脚"复选框，在"页

脚"复选框下方的文本框中输入"天天灯饰"文本。
单击选中"标题幻灯片中不显示"复选框，使这里的
设置都不在标题幻灯片中生效，单击 全部应用(Y) 按钮，如
图 8-5 所示。

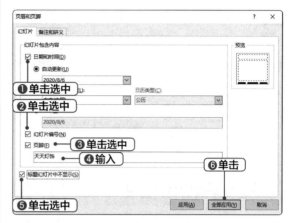

图8-5　设置页眉页脚

STEP 7　在【幻灯片母版】/【关闭】组中单击"关
闭母版视图"按钮❎，母版设置效果将应用到各幻灯
片中，如图 8-6 所示。

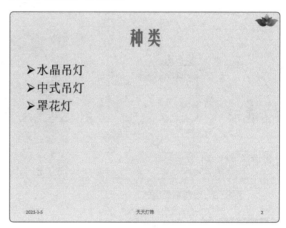

图8-6　设置效果

8.2　主题和背景的设置

主题和背景都可用于快速改变幻灯片的整体风格。主题是一组预设的背景、字符格式等的组合，而
幻灯片的背景可以采用多种形式，包括颜色、图案以及图片等。下面进行具体介绍。

8.2.1　应用幻灯片主题

在新建演示文稿时可以应用主题，对于已经创建好的演示文稿，也可应用主题。应用主题后还可以修改搭
配好的颜色、效果及字体等。应用幻灯片主题的方法为：在【设计】/【主题】组中单击"其他"按钮▽，在打

开的下拉列表中选择需要的主题选项，如图8-7所示。如果对系统提供的主题不满意，还可以自己设计幻灯片主题，在【设计】/【变体】组中单击"其他"按钮☑，在打开的下拉列表中可选择"颜色""字体""效果"选项，在打开的子列表中可以为幻灯片设置主题的颜色、字体、外观效果。图8-8所示为在打开的下拉列表中选择"颜色/黄色"选项。

图8-7　选择主题

图8-8　设置颜色

8.2.2　设置幻灯片背景

设置幻灯片背景是快速改变幻灯片效果的方法之一。下面以设置纹理填充背景为例，其方法为：选择需要设置背景的幻灯片，在幻灯片的空白处单击鼠标右键，在弹出的快捷菜单中选择"设置背景格式"命令，如图8-9所示。打开"设置背景格式"窗格，单击选中"图片或纹理填充"单选项，单击"纹理"按钮🖼▾，在打开的下拉列表中选择需要的格式选项，为该张幻灯片设置背景效果，如图8-10所示。

第3部分

图8-9　设置背景格式

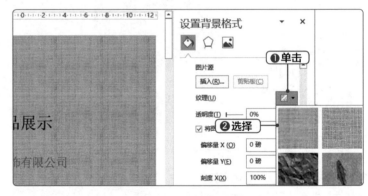

图8-10　选择背景效果

技巧秒杀

将背景应用到所有幻灯片中

设置幻灯片背景后，在"设置背景格式"窗格中单击 应用到全部(L) 按钮，可将该背景应用到演示文稿的所有幻灯片中。

8.2.3　更换幻灯片版式

版式是幻灯片中各种元素的排列组合方式，PowerPoint 2016中默认有11种版式，而修改版式可将原先的幻灯片版式更换为其他版式。其方法为：选择需要更换版式的幻灯片，在【开始】/【幻灯片】组中单击"幻灯片版式"按钮▤▾，在打开的下拉列表中选择需要更换的幻灯片版式选项，如图8-11所示。返回幻灯片界面查看修改版式后的效果。

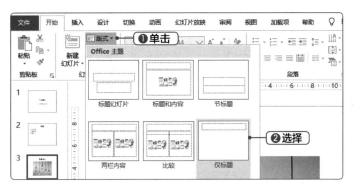

图8-11　更换幻灯片版式

8.3　幻灯片效果的设置

　　在演示文稿中可以通过插入并编辑音频、插入并编辑视频、设置幻灯片切换动画、添加并设置动画效果来提升幻灯片的综合效果，使其更加生动，富有感染力。

8.3.1　插入并编辑音频

　　用户编辑好幻灯片后，可为幻灯片添加音频，以达到活跃气氛的效果，或在放映前做准备工作时先播放音乐。其方法为：选择需要插入音频的幻灯片，在【插入】/【媒体】组中单击"音频"按钮◀)，在打开的下拉列表中选择"PC上的音频"选项，打开"插入音频"对话框，找到音频文件保存的位置，选择需要插入的声音文件选项，单击 插入(S) ▼ 按钮，如图8-12所示。

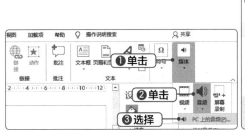
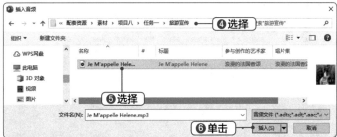

图8-12　插入音频

　　插入音频后，用户可以通过【音频工具-播放】/【编辑】组对音频进行剪辑。单击"剪裁音频"按钮🎚，打开"剪裁音频"对话框，分别在"开始时间""结束时间"数值框中输入具体时间点，或者拖曳中间滚动条上的滑块，确定开始和结束时间，单击 确定 按钮即可，如图8-13所示。在【音频工具-播放】/【预览】组中单击"播放"按钮▶即可预览音频。

　　用户还可以通过【音频工具-播放】/【音频选项】组来设置音频文件的音量大小、开始时间和播放方式等，如图8-14所示。其中单击"音量"按钮🔊可设置音量的大小；"开始"下拉列表中提供了"按照单击顺序""单击时""自动"选项，可用于实现单击播放按钮播放和自动进行播放；若单击选中"跨幻灯片播放"复选框，则切换幻灯片后继续播放音乐。若单击选中"循环播放，直到停止"复选框，则在放映过程中音频文件将自动循环播放；若单击选中"放映时隐藏"复选框，在放映过程中将自动隐藏音频文件图标。

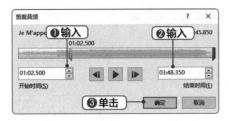
图8-13　剪裁音频

图8-14　设置音频播放方式

8.3.2　插入并编辑视频

添加视频可使幻灯片看起来更加丰富多彩，视频可以直接在幻灯片中放映。插入视频的方法为：选择需要插入视频的幻灯片，在【插入】/【媒体】组中单击"视频"按钮🖳，在打开的下拉列表中选择"PC上的视频"选项。打开"插入视频文件"对话框，在地址栏中选择文件存储位置，然后选择需要插入的视频文件选项，单击 插入(S) ▾ 按钮即可。

同样，用户可以通过【视频工具-播放】/【编辑】组对视频进行剪辑，通过【视频工具-播放】/【视频选项】组对视频播放方式进行设置，包括设置音量、循环播放、播放视频的方式等。在【视频工具-播放】/【预览】组中单击"播放"按钮▶可以预览视频。

8.3.3　设置幻灯片切换动画

幻灯片切换动画是PowerPoint 2016为幻灯片从一张切换到另一张时提供的多种多样的动态视觉显示方式，使用切换动画可以使幻灯片在播放时更加生动。其设置方法为：选择第1张幻灯片，在【切换】/【切换到此幻灯片】组中单击"其他"按钮▾，在打开的下拉列表中选择需要的切换动画选项，单击"效果选项"按钮🖳，在打开的下拉列表中选择需要的效果选项，在"持续时间"数值框中输入具体时间，单击"应用到全部"按钮🖳，如图8-15所示。

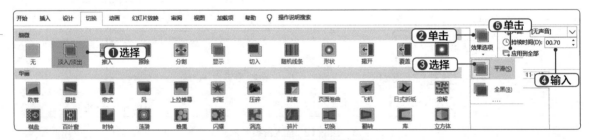
图8-15　设置幻灯片切换动画

8.3.4　添加并设置动画效果

动画效果是指放映幻灯片时出现的一系列动作。为了使制作出来的演示文稿更加生动，用户可为幻灯片中不同的对象设置不同的动画效果。PowerPoint 2016提供了丰富的内置动画效果，其添加方法为：选择需要添加动画的对象；在【动画】/【动画】组中单击"其他"按钮▾，在打开的下拉列表中选择需要的动画选项；在【动画】/【计时】组中的"开始"下拉列表中选择动画开始时间选项，然后在"持续时间"数值框中输入具体时间（单位为s），如图8-16所示。在【动画】/【高级动画】组中单击"动画窗格"按钮🎬，打开"动画窗格"窗格，可以在该窗格中查看该张幻灯片中已添加的动画，在某一动画上单击鼠标右键，在弹出的快捷菜单中选择相应命令，还可以对动画进行相应设置，如图8-17所示。

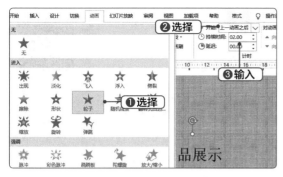

图8-16　添加并设置动画效果

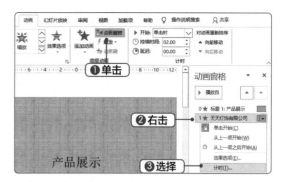

图8-17　打开"动画窗格"窗格

技巧秒杀

使用动画刷复制动画效果

　　如果需要为演示文稿中的多个幻灯片对象应用相同的动画效果，依次添加动画效果会非常麻烦，而且浪费时间。这时可使用动画刷快速复制动画效果，然后应用到幻灯片对象上。使用动画刷的方法为：在幻灯片中选择已设置动画效果的对象，然后在【动画】/【高级动画】组中单击"动画刷"按钮，此时，鼠标指针将变成形状，将其移动到需要应用动画效果的对象上，然后单击，即可为该对象应用复制的动画效果。

8.4　课堂案例：制作"新品上市营销策略"演示文稿

　　新品上市营销策略是为了推广新品、完成营销目标，借助科学方法与创新思维，立足于企业现有营销状况，对企业新品的营销发展做出的战略性决策和指导。此类演示文稿中通常会包含音频、视频和动画等。

8.4.1　案例目标

　　制作"新品上市营销策略"演示文稿，应用幻灯片主题，设计幻灯片母版，插入并编辑音频和视频。本例制作"新品上市营销策略"演示文稿，需要综合运用本章所学知识，包括幻灯片母版的设置、主题和背景的设置以及幻灯片效果的设置等知识。本例制作完成后的参考效果如图8-18所示。

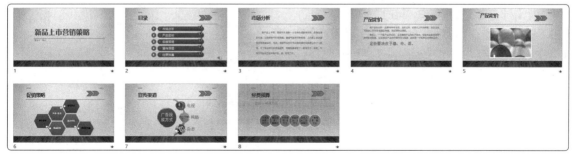

图8-18　参考效果

	素材所在位置	素材文件\第8章\新品上市营销策略.pptx、背景音乐.mp3、宣传视频.wmv
	效果所在位置	效果文件\第8章\新品上市营销策略.pptx

8.4.2 | 制作思路

　　"新品上市营销策略"演示文稿需要设置幻灯片主题和背景、设计幻灯片母版版式，以提升演示文稿的美观性，然后插入音频、视频并设置动画，使演示效果更加生动。图8-19所示为具体的制作思路。

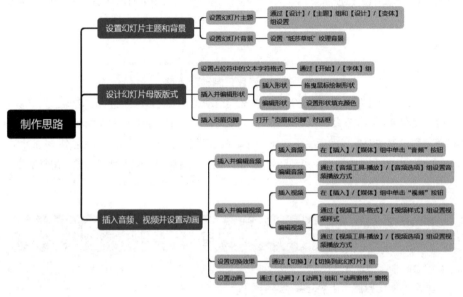

图8-19　制作思路

8.4.3 | 操作步骤

1. 设置幻灯片主题和背景

　　下面在"新品上市营销策略"演示文稿中设置幻灯片主题和背景，具体操作如下。

STEP 1 打开素材文件"新品上市营销策略.pptx"，在【设计】/【主题】组中单击"其他"按钮☑，在打开的下拉列表中选择"画廊"选项。然后在【设计】/【变体】组中单击"其他"按钮☑，在打开的下拉列表中选择"颜色/蓝色Ⅱ"选项，如图8-20所示。

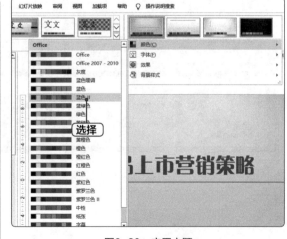

图8-20　应用主题

STEP 2 选择第 8 张幻灯片，在幻灯片的空白处单击鼠标右键，在弹出的快捷菜单中选择"设置背景格式"命令。打开"设置背景格式"窗格，单击选中"图片或纹理填充"单选项，单击"纹理"按钮，在打开的下拉列表中选择"纸莎草纸"选项，为该张幻灯片设置背景效果，如图 8-21 所示。

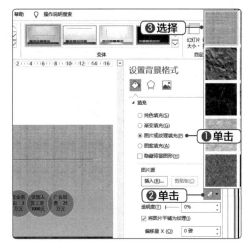

图8-21　设置幻灯片背景

2. 设计幻灯片母版版式

下面在"新品上市营销策略"演示文稿中设计幻灯片母版版式，具体操作如下。

STEP 1 在【视图】/【母版视图】组中单击"幻灯片母版"按钮，进入幻灯片母版视图，如图 8-22 所示。选择"标题与内容"幻灯片版式，选择母版标题占位符中的文本，在【开始】/【字体】组中将其字符格式设置为"汉仪细圆简、44、加粗"，如图 8-23 所示。

位置使两个形状排列整齐，效果如图 8-24 所示。

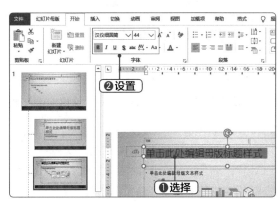

图8-23　设置占位符文本字符格式

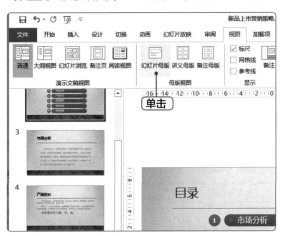

图8-22　进入幻灯片母版视图

STEP 2 在【插入】/【插图】组中单击"形状"按钮，在打开的下拉列表的"箭头总汇"栏中选择"箭头：Ｖ形"选项。此时，鼠标指针将变成✚形状，将光标定位到母版标题占位符中的文本的右边，然后按住鼠标左键不放拖曳鼠标绘制形状。在【绘图工具－格式】/【形状样式】组中单击"形状填充"按钮右侧的下拉按钮，在打开的下拉列表中选择"蓝色，个性色 2，淡色 40%"选项。复制该形状，并调整其

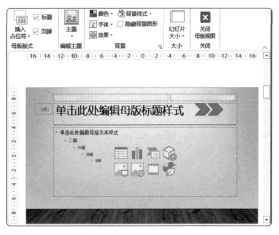

图8-24　插入形状后的效果

STEP 3 在【插入】/【文本】组中单击"页眉和页脚"按钮 📄，打开"页眉和页脚"对话框，单击选中"日期和时间"复选框，默认选中"自动更新"单选项，单击选中"页脚"复选框，在"页脚"复选框下方的文本框中输入"美姝电器"文本，单击选中"标题幻灯片中不显示"复选框，如图 8-25 所示，单击 全部应用(Y) 按钮。

图8-25　插入页眉页脚

STEP 4 在【幻灯片母版】/【关闭】组中单

3. 插入音频、视频并设置动画

下面在"新品上市营销策略"演示文稿中插入音频、视频并设置动画，具体操作如下。

STEP 1 选择第 2 张幻灯片，在【插入】/【媒体】组中单击"音频"按钮 🔊，在打开的下拉列表中选择"PC上的音频"选项。打开"插入音频"对话框，在地址栏中选择文件存储位置，然后选择"背景音乐 .mp3"音频文件，单击 插入(S) ▾ 按钮，如图 8-28 所示。

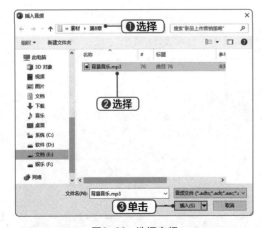

图8-28　选择音频

STEP 2 拖曳音频图标至幻灯片右下角，然后在

击"关闭母版视图"按钮 ✕，如图 8-26 所示。母版设置效果将应用到各幻灯片中，如图 8-27 所示。

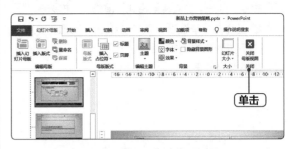

图8-26　退出幻灯片母版视图

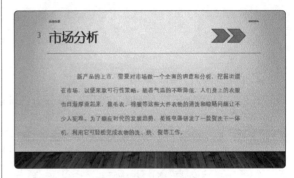

图8-27　设置后效果

【音频工具 - 播放】/【音频选项】组中单击"音量"按钮 🔊，在打开的下拉列表中选择"中等"选项，接着在"开始"下拉列表中选择"单击时"选项，单击选中"放映时隐藏""跨幻灯片播放""循环播放，直到停止"复选框，如图 8-29 所示。

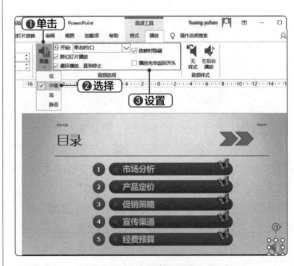

图8-29　设置音频播放方式

STEP 3 选择第 5 张幻灯片，在【插入】/【媒体】组中单击"视频"按钮，在打开的下拉列表中选择"PC 上的视频"选项。打开"插入视频文件"对话框，在地址栏中选择文件存储位置，然后选择"宣传视频 .wmv"选项，单击 插入(S) 按钮插入视频文件。

STEP 4 在【视频工具 - 格式】/【视频样式】组中单击"其他"按钮，在打开的下拉列表的"细微型"栏中选择"简单框架，白色"选项，如图 8-30 所示。

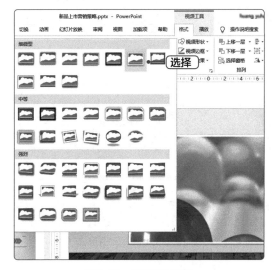

图8-30 设置视频样式

STEP 5 调整插入视频的大小和位置，在【视频工具 - 播放】/【视频选项】组中单击"音量"按钮，在打开的下拉列表中选择"中等"选项，在"开始"下拉列表中选择"单击时"选项，单击选中"全屏播放"复选框，如图 8-31 所示。

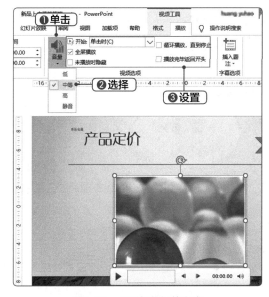

图8-31 设置视频播放方式

STEP 6 选择第 2 张幻灯片，在【切换】/【切换到此幻灯片】组中间的列表框中选择"推入"选项，在"持续时间"数值框中输入"02.00"，单击"应用到全部"按钮，如图 8-32 所示。

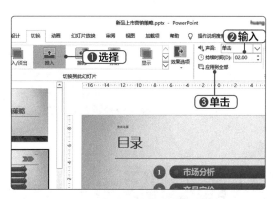

图8-32 设置切换效果

STEP 7 选择第 1 张幻灯片中的标题文本框，在【动画】/【动画】组中的"动画样式"下拉列表中的"进入"栏中选择"浮入"选项。选择副标题文本框，为其设置进入动画为"随机线条"，单击"效果选项"按钮，在打开的下拉列表的"方向"栏中选择"垂直"选项，在"计时"组中的"开始"下拉列表中选择"上一动画之后"选项，持续时间设置为"01.00"，如图 8-33 所示。

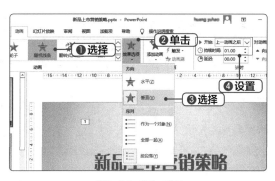

图8-33 添加动画

STEP 8 在【动画】/【高级动画】组中单击"动画窗格"按钮，打开"动画窗格"窗格，在动画效果列表框的第 2 个选项上单击鼠标右键，在弹出的快捷菜单中选择"效果选项"命令，打开"随机线条"对话框，在"声音"下拉列表中选择"打字机"选项，在"动画文本"下拉列表中选择"按词顺序"选项，单击 确定 按钮完成对添加动画的设置，如图 8-34 所示。在【动画】/【预览】组中单击"预览"按钮预览动画。

第 **8** 章 幻灯片的完善和美化

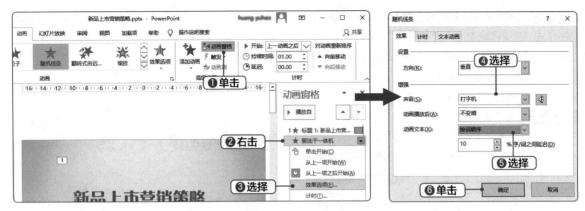

图8-34　设置动画效果

8.5 强化训练

　　本章介绍了幻灯片的完善与美化，为了帮助读者进一步掌握相关知识，下面通过制作"市场定位分析"和"旅游产品开发策划"演示文稿进行强化训练。

8.5.1 制作"市场定位分析"演示文稿

　　市场定位分析是对某一项目进行详细调研后，根据收集的数据和资料所制作的报告。市场定位分析有利于公司管理层做出进一步的经营决策。

【制作效果与思路】

　　本例制作的"市场定位分析"演示文稿的效果如图8-35所示，具体制作思路如下。

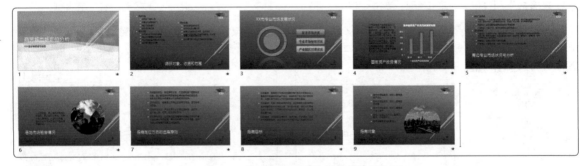

图8-35　"市场定位分析"演示文稿效果

　　（1）打开素材文件"市场定位分析.pptx"，应用"切片"主题，设置"效果"为"乳白玻璃"、"颜色"为"蓝色"。

　　（2）为演示文稿的标题页设置背景图片"首页背景.png"。

　　（3）进入母版视图，选择第一张幻灯片版式，插入名为"标志.png"的图片并去除标志图片的白色背景；插入内容为"×××"的艺术字。

　　（4）适当调整幻灯片中各个对象的位置，使其符合应用主题和设置幻灯片母版后的效果。

　　（5）为所有幻灯片设置"旋转"切换效果，设置切换声音为"照相机"。

　　（6）为第1张幻灯片中的标题设置"浮入"动画，为副标题设置"基本缩放"动画，并设置效果为"按段落"。

（7）为第1张幻灯片中的副标题添加一个名为"对象颜色"的强调动画，修改效果为"红色"，动画开始方式为"上一动画之后"，"持续时间"为"01.00"，"延迟"为"00.50"。最后将标题动画的顺序调整到最后，并设置播放该动画时的声音为"电压"。

素材所在位置 素材文件\第8章\市场定位分析.pptx、
首页背景.png、标志.png

效果所在位置 效果文件\第8章\市场定位分析.pptx

微课视频

8.5.2 │ 制作"旅游产品开发策划"演示文稿

旅游公司准备开发新的旅游产品，在经过长期的调查分析后需要制作"旅游产品开发策划"演示文稿。演示文稿的内容包括环境分析、定位分析、传播媒介以及可行性分析。

【制作效果与思路】

本例制作的"旅游产品开发策划"演示文稿的效果如图8-36所示，具体制作思路如下。

（1）打开素材文件"旅游产品开发策划.pptx"，选择第1张幻灯片，在幻灯片中插入音频文件"背景音乐.mp3"，将音频图标移动至页面右上角，裁剪音频，并在"音频选项"组中设置音量为"低"，设置音频为自动开始播放、跨幻灯片播放、循环播放和放映时隐藏。

（2）选择第5张幻灯片，在幻灯片中插入视频文件"宣传片.mp4"，调整视频大小至适合幻灯片中手机屏幕的大小，裁剪视频结束时间为"06:10.000"。

（3）为幻灯片应用任意不同的切换效果，并设置其效果选项。

（4）为幻灯片中的元素设置动画效果。

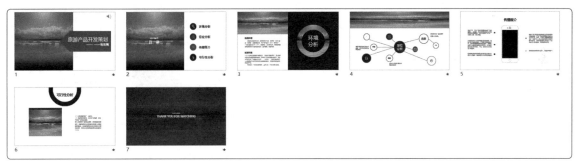

图8-36 "旅游产品开发策划"演示文稿效果

素材所在位置 素材文件\第8章\旅游产品开发策划.pptx、
背景音乐.mp3、宣传片.mp4

效果所在位置 效果文件\第8章\旅游产品开发策划.pptx

微课视频

第 **8** 章 幻灯片的完善和美化

8.6 知识拓展

下面对幻灯片的完善与美化的一些拓展知识进行介绍，帮助读者更好地掌握相关知识。

1. 设置不断放映的动画效果

为幻灯片中的对象添加动画效果后，该动画效果将采用系统默认的播放方式，立即播放一次。而在实际情况中有时需要将动画效果设置为不断重复放映，从而实现动画效果的连贯性。其方法是：在"动画窗格"窗格中的该动画选项上单击鼠标右键，在弹出的快捷菜单中选择"计时"命令，在打开的对话框的"计时"选项卡的"重复"下拉列表中选择"直到下一次单击"选项，这样动画就会连续不断地播放。

2. 为一个对象添加多个动画效果

在幻灯片中还可以为一个对象设置多个动画效果，其方法是：在设置单个动画效果之后，在【动画】/【高级动画】组中单击"添加动画"按钮★，在打开的下拉列表中选择一种动画样式。添加了多个动画效果后，幻灯片中该对象的左上方也将显示对应的多个数字序号。

3. 设置幻灯片页面大小

幻灯片的页面大小是指幻灯片页面的长宽比例，也就是通常所说的页面版式。PowerPoint 2016默认的幻灯片长宽比例为16:9（宽屏）。根据实际需要，可在【设计】/【自定义】组中单击"幻灯片大小"按钮□，在打开的下拉列表中选择"标准（4:3）"选项，将幻灯片大小设置为标准的4:3。选择"自定义幻灯片大小"选项，可打开"幻灯片大小"对话框，在"幻灯片大小"下拉列表中选择"自定义"选项，可自定义页面宽度和高度，如图8-37所示。

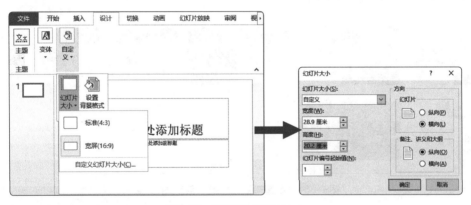

图8-37 设置幻灯片页面大小

4. 设置连续放映的动画效果

动画在PowerPoint 2016中使用比较频繁，很多演示文稿制作者为了吸引观众的眼球，都会给幻灯片中的对象添加一些动画效果，以使演示文稿的内容更生动、更有趣。虽然添加动画可以提升演示文稿的整体效果，但不合适的动画也会为演示文稿减分。所以，在制作动画效果时，必须注意以下一些问题。

- 无论是什么动画，都必须遵循事物本身的运动规律，因此制作时要考虑对象的前后顺序、大小和位置关系以及与演示环境的协调等，这样才符合常识。例如，由远到近时对象会从小到大变化；反之也如此。
- 幻灯片动画的节奏比较快，一般不用效果缓慢的动作，同时一个精彩的动画往往是具有一定规模的创意动画，因此制作前最好先设想好动画的框架与创意，再去实施。
- 根据演示文稿类型制作适量的动画，对于一些严谨的商务演示文稿，如工作报告等，不要制作过多的修饰动画，这类演示文稿一定要简洁、高效。

8.7 课后练习

本章主要介绍了幻灯片母版的设置、主题和背景的设置以及幻灯片效果的设置，读者应加强这些内容的练习与应用。下面通过制作"楼盘投资策划书"演示文稿和制作"财务工作总结"演示文稿，使读者对本章所学知识更加熟悉。

练习1 制作"楼盘投资策划书"演示文稿

本练习要求打开素材文件"楼盘投资策划书.pptx"，在演示文稿中制作幻灯片母版，为幻灯片设置切换效果，并添加动画效果。参考效果如图8-38所示。

素材所在位置	素材文件\第8章\楼盘投资策划书.pptx
效果所在位置	效果文件\第8章\楼盘投资策划书.pptx

微课视频

图8-38 "楼盘投资策划书"演示文稿效果

操作要求如下。

- 打开素材文件"楼盘投资策划书.pptx"，进入幻灯片母版，选择第1张幻灯片，在幻灯片下方绘制一个矩形，取消轮廓，将其填充为"白色，背景1，深色50%"并置于底层。然后使用相同方法绘制其他形状。
- 插入"2.jpg"图片，移动到幻灯片右上角，然后调整标题占位符的位置，并将其字符格式设置为"思源黑体 CN Normal；44；浅灰色，背景2，深色50%"，再将内容占位符的字体设置为"思源黑体 CN Normal"。
- 选择第2张幻灯片，选择【幻灯片母版】/【背景】组，单击选中"隐藏背景图形"复选框，然后复制第1张幻灯片中下方的4个形状，将其复制到第2张幻灯片中，并对其大小和位置进行适当的调整，然后插入"1.jpg"图片并进行设置。
- 设置幻灯片的切换动画以及各张幻灯片中对象的动画效果。

练习2 制作"财务工作总结"演示文稿

本练习要求打开素材文件"财务工作总结.pptx"演示文稿，通过幻灯片母版设计演示文稿，然后添加动画等。参考效果如图8-39所示。

第 **8** 章 幻灯片的完善和美化

素材所在位置	素材文件\第8章\财务工作总结.pptx
效果所在位置	效果文件\第8章\财务工作总结.pptx

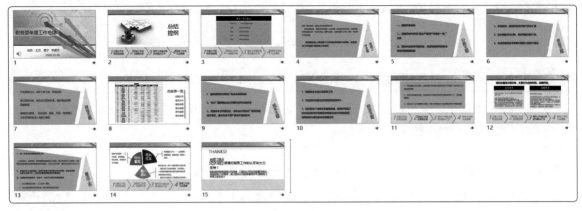

图8-39　　"财务工作总结"演示文稿效果

操作要求如下。

- 打开素材文件"财务工作总结.pptx"演示文稿，进入幻灯片母版视图，设置标题页和内容页的背景图片分别为"1.tif"和"2.tif"。
- 返回普通视图，在第一张幻灯片中插入音频文件"背景音乐.mp3"，并设置为"单击时"播放。
- 为每张幻灯片设置不同的切换效果和持续时间。
- 为幻灯片中的对象添加动画并进行编辑。

第9章

幻灯片的交互与放映输出

/ 本章导读

　　制作好幻灯片后需要进行放映预览，而为幻灯片设置交互可以使放映更加便捷。同时，用户还可以将幻灯片进行输出，便于幻灯片在其他场合进行放映。本章将介绍 PowerPoint 2016 的幻灯片的交互设置以及幻灯片的放映与输出。

/ 技能目标

　　掌握幻灯片的交互设置。
　　掌握幻灯片的放映与输出。

/ 案例展示

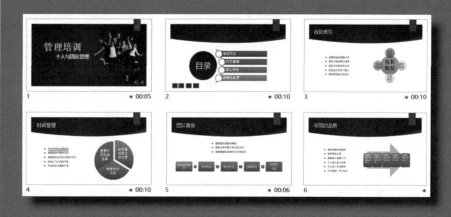

9.1 幻灯片的交互设置

在演示文稿中添加交互功能，能够帮助演讲者在放映、解说演示文稿时自如切换幻灯片。在Power Point 2016中，幻灯片中的文本、图像、形状等对象都可成为设置交互的对象。下面介绍幻灯片的交互设置。

9.1.1 创建超链接

通常情况下，放映幻灯片是按照默认的顺序依次放映的。如果在演示文稿中创建超链接，就可以通过单击链接对象，跳转到其他幻灯片、电子邮件或网页中。图片、文字、图形和艺术字等都可以用于创建超链接。创建超链接的方法为：选择需要创建超链接的幻灯片对象，在【插入】/【链接】组中单击"链接"按钮🔗。打开"插入超链接"对话框，单击"链接到"列表框中的"本文档中的位置"按钮🔲，在"请选择文档中的位置"列表框中选择要链接到的幻灯片，单击 确定 按钮，如图9-1所示。若创建超链接的对象为文本，返回幻灯片编辑区可看到设置超链接的文本颜色已发生变化，并且文本下方有一条蓝色的线，如图9-2所示。单击超链接，将跳转到之前设置的幻灯片位置。

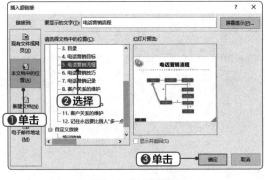

图9-1 插入超链接

图9-2 设置超链接后的效果

知识补充

设置屏幕提示

屏幕提示在图片作为超链接对象时使用较多。设置了屏幕提示后，播放幻灯片时鼠标指针移动到图片上将自动显示出屏幕提示的内容。设置屏幕提示的方法为：在设置了超链接的对象上单击鼠标右键，在弹出的快捷菜单中选择"编辑链接"命令，在打开的"编辑超链接"对话框中单击右侧的 屏幕提示(P)... 按钮，打开"设置超链接屏幕提示"对话框，在"屏幕提示文字"文本框中输入提示的文字内容，单击 确定 按钮。

9.1.2 创建动作

在幻灯片中通过创建动作同样可实现添加超链接的目的，同时动作相比超链接能实现更多跳转和控制功能。创建动作的方法为：在【插入】/【插图】组中单击"形状"按钮🔲，在打开的下拉列表中的"动作按钮"栏中选择"动作按钮：转到主页"选项，在幻灯片右下角拖曳鼠标绘制按钮，在打开的"操作设置"对话框中单击选中"播放声音"复选框，在其下的下拉列表中选择"单击"选项，单击选中"超链接到"单选项，然后在其下的下拉列表中选择"幻灯片"选项，打开"超链接到幻灯片"对话框，在"幻灯片标题"列表框中选择需要链接到的幻灯片，单击 确定 按钮，在返回的"操作设置"对话框中单击 确定 按钮，如图9-3所示。

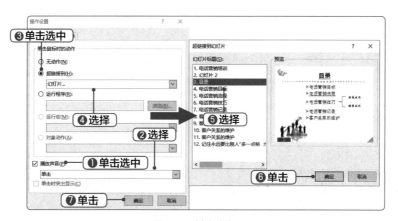

图9-3 创建动作

9.1.3 使用触发器

利用触发器制作的控制按钮可以控制幻灯片中的多媒体对象的播放，如控制插入的视频的播放。要通过触发器制作控制按钮，需要先在幻灯片中插入音频或视频文件，然后利用触发器制作播放与暂停按钮，来控制插入的音频或视频的播放。下面在"支付腕带营销推广.pptx"演示文稿中利用触发器制作播放与暂停按钮，来控制演示文稿中的视频的播放，具体操作如下。

 素材所在位置 素材文件\第9章\支付腕带营销推广.pptx
效果所在位置 效果文件\第9章\支付腕带营销推广.pptx

微课视频

STEP 1 打开素材文件"支付腕带营销推广.pptx"，选择第1张幻灯片，在视频文件的下方绘制圆角矩形，在其中输入文本"PLAY"，将字符格式设置为"Times New Roman；18；白色，文字1"，将形状样式设置为"强烈效果 – 橙色，强调颜色6"。

STEP 2 选择视频文件，在【动画】/【动画】组单击"添加动画"按钮★，在打开的下拉列表中选择"媒体"栏中的"播放"选项，如图9-4所示。

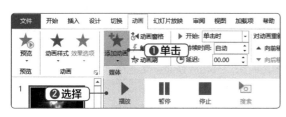

图9-4 设置动画1

STEP 3 设置视频文件动画的开始方式为"单击时"，然后在【动画】/【高级动画】组中单击"触发"按钮ϟ，在打开的下拉列表中选择"通过单击/圆角

矩形6"选项，即设置单击下方的矩形按钮，将播放视频文件，如图9-5所示。需要注意的是，为视频设置触发器，必须将视频文件动画的开始方式设置为"单击时"，否则触发器无法控制视频的播放。

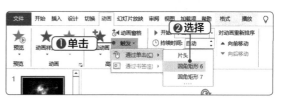

图9-5 设置触发方式1

STEP 4 将设置好的"PLAY"形状复制到其左侧，将文本修改为"PAUSE"，然后选择媒体文件，在【动画】/【高级动画】组中单击"添加动画"按钮★，在打开的下拉列表中选择"媒体"栏中的"暂停"选项，如图9-6所示。

STEP 5 在【动画】/【高级动画】组中单击"触发"按钮ϟ，在打开的下拉列表中选择"通过单击/圆角矩形7"，如图9-7所示，即设置单击下方的"PAUSE"

按钮，将暂停播放视频。

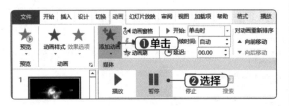

图9-6　设置动画2

图9-7　设置触发方式2

9.2　幻灯片的放映与输出

在PowerPoint 2016中，幻灯片的放映有很多方式，用户可以选择已有方式或者自定义。同时，用户还可以在正式放映前进行排练、为幻灯片添加注释、打包和打印幻灯片。

9.2.1　设置放映方式

幻灯片放映方式包括演讲者放映（全屏幕）、观众自行浏览（窗口）、在展台浏览（全屏幕）3种方式，它们适合在不同的场合下使用。设置放映方式的方法为：在【幻灯片放映】/【设置】组中单击"设置幻灯片放映"按钮，打开"设置放映方式"对话框，分别在"放映类型""放映选项""推进幻灯片"栏中单击选中需要的单选项或复选框，然后单击　确定　按钮，如图9-8所示。完成了放映方式设置后，按【F5】键即可播放幻灯片观看设置放映方式后的效果。

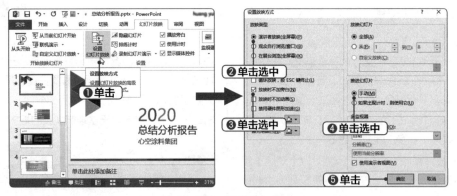

图9-8　设置放映方式

9.2.2　设置排练计时

使用排练计时可以为每一张幻灯片中的对象设置具体放映时间。开始放映演示文稿时，就可按设置好的时间和顺序进行放映，而无须用户单击，从而实现演示文稿的自动放映。其设置方法为：在【幻灯片放映】/【设置】组中单击"排练计时"按钮，如图9-9所示；进入放映排练状态，幻灯片将全屏放映，同时打开"录制"工具栏并自动为该幻灯片计时，此时可单击或按【Enter】键放映下一张幻灯片。按照同样的方法对演示文稿中的每张幻灯片放映时间进行计时，放映完毕后将打开提示对话框，提示总共的排练计时时间，并询问是否保留幻灯片的排练时间，单击　是(Y)　按钮进行保存。切换到幻灯片浏览视图，每张幻灯片的右下角将显示放映该张幻灯片所需的时间，如图9-10所示。

图9-9 设置排练计时

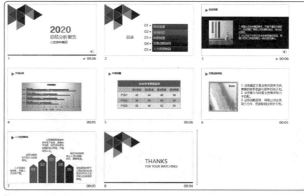

图9-10 设置排练计时后效果

技巧秒杀

使用排练计时

设置排练计时后，若在"设置"组中单击"设置幻灯片放映"按钮🖵，在打开的"设置放映方式"对话框的"推进幻灯片"栏中单击选中"如果出现计时，则使用它"单选项，放映演示文稿时将按照排练时间自动放映。

9.2.3 自定义放映

如果只需要对演示文稿中的部分幻灯片进行放映，这时可采用自定义放映方式来选择放映的幻灯片。用户可随意选择演示文稿中需放映的幻灯片，既可以是连续的，也可以是不连续的。该放映方式一般多应用于大型的演示文稿。

自定义放映的方法是：在【幻灯片放映】/【开始放映幻灯片】组中单击"自定义幻灯片放映"按钮🖵，在打开的下拉列表中选择"自定义放映"选项，在打开的"自定义放映"对话框中单击 新建(N)... 按钮，打开"定义自定义放映"对话框，在"幻灯片放映名称"文本框中输入名称，在左侧列表框中单击选中需要放映的幻灯片对应的复选框，单击 ≫ 添加(A) 按钮将其添加到右侧的列表框中，单击 确定 按钮，如图9-11所示。返回"自定义放映"对话框，即可看到刚刚自定义的放映方案，单击 关闭(C) 按钮即可，如图9-12所示。对于设置好自定义放映的演示文稿，单击"自定义幻灯片放映"按钮🖵，在打开的下拉列表中即可选择并放映创建的自定义放映。

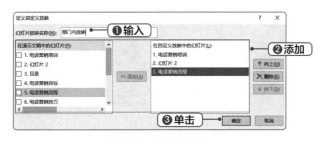

图9-11 自定义放映

图9-12 新建自定义放映后选项效果

9.2.4 为幻灯片添加注释

在放映演示文稿的过程中，演讲者若想突出幻灯片中的某些重要内容，着重进行讲解，就可以通过在屏幕上添加下画线和圆圈等注释的方式来标出重点。其方法为：放映演示文稿，在需要添加注释的幻灯片中单击鼠标右键，在弹出的快捷菜单中选择"指针选项/笔"命令，如图9-13所示。此时鼠标指针的形状变为一个小圆点，在需要突出的重点内容下方拖曳鼠标绘制下画线，如图9-14所示。放映结束后，按【Esc】键退出幻灯片放映状态，此时将打开提示对话框，询问是否保留墨迹注释，单击 保留(K) 按钮保存墨迹。只有对墨迹进行保存后其才会显示在幻灯片中。

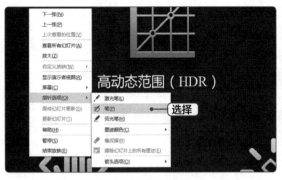

图9-13　选择使用笔

图9-14　绘制下画线

9.2.5 ┃ 打包幻灯片

　　演示文稿制作好以后，如果需要在其他计算机上进行放映，可以将制作好的演示文稿打包，这样可以内嵌字体，就不会发生在其他计算机上因缺少字体而跳版等现象。其方法为：选择【文件】/【导出】/【将演示文稿打包成CD】命令，然后单击"打包成CD"按钮😊。打开"打包成CD"对话框，单击 复制到文件夹(F)… 按钮，在打开的"复制到文件夹"对话框的"文件夹名称"文本框中输入文件夹名称，并设置保存位置，单击 确定 按钮。在打开的对话框中询问是否一起打包链接文件，单击 是(Y) 按钮，如图9-15所示，系统开始自动打包演示文稿，完成后返回"打包成CD"对话框，单击 关闭(C) 按钮。

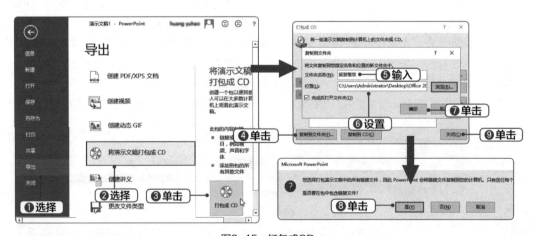

图9-15　打包成CD

9.2.6 ┃ 打印幻灯片

　　幻灯片不仅可以用于现场演示，还可以被打印在纸张上用于手执演讲或分发给观众作为演讲提示等，打印幻灯片的操作与Word 2016或Excel 2016中的打印操作基本一致。这里以一页纸上打印两张幻灯片为例，其方法为：选择【文件】/【打印】命令，在中间列表框的"设置"栏中单击"整页幻灯片"按钮，在打开的列表框的"讲义"栏中选择"2张幻灯片"选项，在"打印"窗口右侧预览幻灯片的打印效果，在"份数"数值框中设置打印份数，单击"打印"按钮🖶打印即可，如图9-16所示。

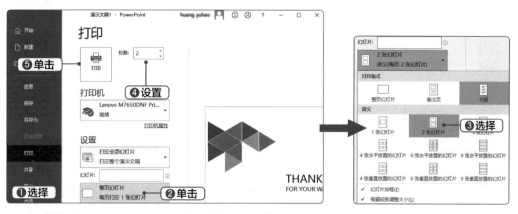

图9-16　打印幻灯片

9.3 课堂案例：放映输出"管理培训课件"演示文稿

　　管理培训课件主要供企业开展管理人员培训课程使用，以提高管理技能、生产运作效率为宗旨，主要涉及对管理知识、管理技能和态度的培训。由于该演示文稿需要当众放映，所以在制作时就需要检查相关内容的正确性，并考虑放映的便捷性。

9.3.1 | 案例目标

　　对"管理培训课件"演示文稿进行交互设置、放映并输出。本例制作"管理培训课件"演示文稿，需要综合运用本章所学知识，包括幻灯片的交互设置、幻灯片放映以及幻灯片输出知识。本例制作完成的参考效果如图9-17所示。

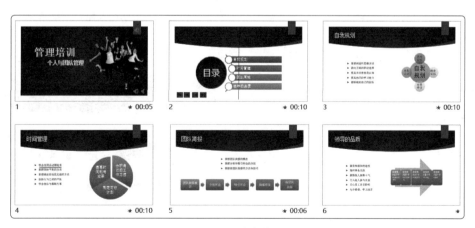

图9-17　参考效果

素材所在位置　素材文件\第9章\管理培训课件.pptx
效果所在位置　效果文件\第9章\管理培训课件.pptx

微
课
视
频

9.3.2 | 制作思路

为"管理培训课件"演示文稿添加动作按钮、超链接和触发器，实现交互放映的功能。再设置放映方式、进行排练计时、添加注释并打包。图9-18所示为具体的制作思路。

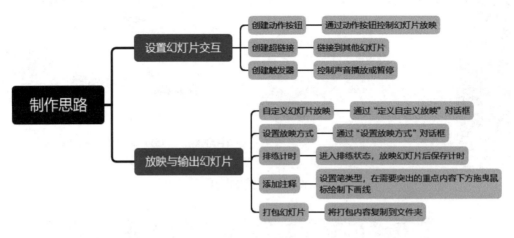

图9-18　制作思路

9.3.3 | 操作步骤

1. 设置幻灯片交互

下面在"管理培训课件"演示文稿中设置幻灯片交互，具体操作如下。

STEP 1 打开素材文件"管理培训课件 .pptx"，选择第 2 张幻灯片，在【插入】/【插图】组中单击"形状"按钮，在打开的下拉列表的"动作按钮"栏中选择"动作按钮：前进或下一项"选项，在幻灯片左下角拖曳鼠标绘制动作按钮。打开"操作设置"对话框，单击选中"播放声音"复选框，在其下的下拉列表中选择"照相机"选项，单击 确定 按钮，如图 9-19 所示。

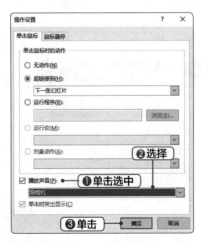

图9-19　操作设置

STEP 2 按照相同的方法在幻灯片左下角绘制"动作按钮：后退或前一项""动作按钮：转到开头""动作按钮：转到结尾"，分别链接到后 1 张、第 1 张和最后 1 张幻灯片，播放声音均为"照相机"，如图9-20所示。复制这 4 个动作按钮，并粘贴到除第 1 张幻灯片外的幻灯片。

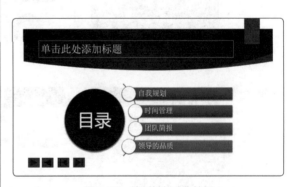

图9-20　绘制其他动作按钮

STEP 3 选择第 2 张幻灯片中的 SmartArt 图形中的"自我规划"形状，在【插入】/【链接】组中单击"链接"按钮。打开"插入超链接"对话框，单击"链接到"列表框中的"本文档中的位置"按钮，在"请选择文档中的位置"列表框中选择"3.自我规划"选项，单击 确定 按钮，如图9-21所示。按相同的方法为 SmartArt 图形中其他形状设置超链接，分别链接到第4、第5、第6张幻灯片。

窗格，选择"播放"动画，单击"触发"按钮 ⚡，在打开的下拉列表中选择"通过单击/图片8"选项，如图9-22所示。按相同方法为"暂停"动画设置触发器，选择"通过单击/图片5"触发动画。

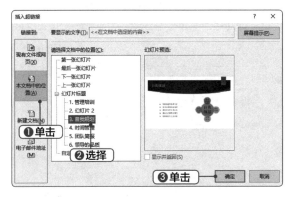

图9-21　插入超链接

图9-22　设置触发器

STEP 4 选择第1张幻灯片，在【动画】/【高级动画】组中单击"动画窗格"按钮 ，打开"动画窗格"

2. 放映与输出幻灯片

下面放映并输出"管理培训课件"演示文稿，具体操作如下。

STEP 1 在【幻灯片放映】/【开始放映幻灯片】组中单击"自定义幻灯片放映"按钮 ，在打开的下拉列表中选择"自定义放映"选项，在打开的"自定义放映"对话框中单击 新建(N)... 按钮。打开"定义自定义放映"对话框，在"幻灯片放映名称"文本框中输入"8月2日培训"文本，在左侧列表框中单击选中需要放映的幻灯片对应的复选框，单击 添加(A) 按钮将其添加到右侧的列表框中，单击 确定 按钮，如图9-23所示。返回"自定义放映"对话框，即可看到刚自定义的放映方案，单击 关闭(C) 按钮。

环放映，按 ESC 键终止"复选框，在"放映幻灯片"栏中单击选中"自定义放映"单选项，在其下的下拉列表中选择"8月2日培训"选项，在"推进幻灯片"栏中单击选中"如果出现计时，则使用它"单选项，然后单击 确定 按钮，如图9-24所示。

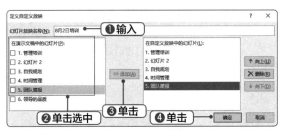

图9-23　自定义放映

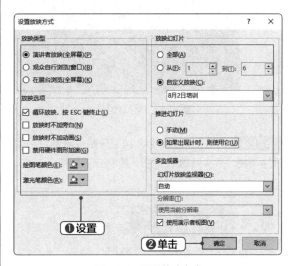

图9-24　设置放映方式

STEP 2 在【幻灯片放映】/【设置】组中单击"设置幻灯片放映"按钮 ，打开"设置放映方式"对话框，在"放映类型"栏中单击选中"演讲者放映（全屏幕）"单选项，在"放映选项"栏中单击选中"循

STEP 3 在【幻灯片放映】/【设置】组中单击"排练计时"按钮 ，如图9-25所示。进入放映排练状态，幻灯片将全屏放映，同时打开"录制"工具栏并自动

为该幻灯片计时，如图 9-26 所示，此时可单击或按【Enter】键放映下一张幻灯片。按照同样的方法对演示文稿中的每张幻灯片放映时间进行计时，放映完毕后将打开提示对话框，提示总共的排练计时时间，并询问是否保留幻灯片的排练时间，单击 显(Y) 按钮进行保存。

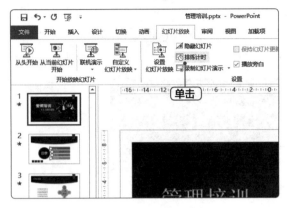

图9-25　单击"排练计时"按钮

图9-26　排练计时

STEP 4　在【幻灯片放映】/【开始放映幻灯片】组中单击"从头开始"按钮 放映演示文稿，在第 4

张幻灯片中单击鼠标右键，在弹出的快捷菜单中选择"指针选项 / 笔"命令，此时鼠标指针的形状变为一个小圆点，在"学会使用活动跟踪表"文本下方拖曳鼠标绘制下画线，如图 9-27 所示。放映结束后，按【Esc】键退出幻灯片放映状态，此时将打开提示对话框，询问是否保留墨迹注释，单击 保留(K) 按钮保存墨迹。

图9-27　添加注释

STEP 5　选择【文件】/【导出】/【将演示文稿打包成 CD】命令，然后单击"打包成 CD"按钮 。打开"打包成 CD"对话框，单击 复制到文件夹(F)... 按钮，在打开的"复制到文件夹"对话框的"文件夹名称"文本框中输入"管理培训课件"文本，并设置保存位置，单击 确定 按钮，如图 9-28 所示。在打开的对话框中询问是否一起打包链接文件，单击 是(Y) 按钮，系统开始自动打包演示文稿，完成后返回"打包成 CD"对话框，单击 关闭(C) 按钮。

图9-28　打包幻灯片

9.4　强化训练

　　本章详细介绍了幻灯片的交互设置与放映输出，为了帮助读者进一步掌握相关知识，下面将通过放映"年度工作计划"演示文稿和制作"营销推广"演示文稿进行强化训练。

9.4.1 | 放映"年度工作计划"演示文稿

年度工作计划是公司或单位经常需要制作的演示文稿，对下一年度的工作具有指导意义。实际工作中，年度工作计划要建立在可行性的基础上，演示文稿中要说明如何去实现计划。

【制作效果与思路】

本例制作的"年度工作计划"演示文稿的部分效果如图9-29所示，具体制作思路如下。

（1）打开素材文件"年度工作计划.pptx"，选择第13张到第15张幻灯片，隐藏幻灯片。

（2）使用笔对演示内容进行备注。

（3）为演示文稿进行一次排练计时操作。

（4）自定义放映方式为"演讲者放映（全屏幕）""循环放映，按ESC键终止"，设置幻灯片放映的范围为"5"到"15"，放映第2部分内容，设置幻灯片放映时的切换方式为"如果出现计时，则使用它"。

（5）放映幻灯片，查看其效果，将文件打包成CD。

图9-29 "年度工作计划"演示文稿部分效果

 素材所在位置 素材文件\第9章\年度工作计划.pptx
效果所在位置 效果文件\第9章\年度工作计划.pptx

微课视频

9.4.2 | 制作"营销推广"演示文稿

"营销推广"演示文稿主要用于介绍企业的产品，包括产品的设计理念、功能、优势等，制作后需要放映给客户看，需要设置幻灯片交互。

【制作效果与思路】

本例制作的"营销推广"演示文稿的部分效果如图9-30所示，具体制作思路如下。

（1）打开素材文件"营销推广.pptx"，为第4张幻灯片中的目录文本内容设置超链接，分别链接到第5、第9、第20、第25张幻灯片。

（2）为第10张幻灯片中的黄色文本内容设置动作，分别链接到第12、第14、第23张幻灯片。

（3）在第2张幻灯片中插入"动作按钮：前进或下一项""动作按钮：后退或前一项""动作按钮：转到开头""动作按钮：转到结尾"，设置其样式为"半透明-蓝色，强调颜色，无轮廓"。

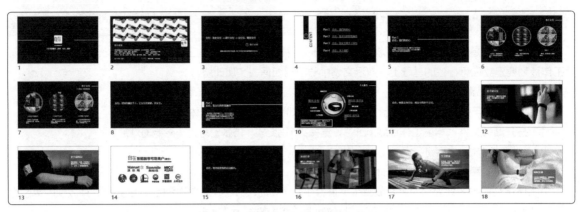

图9-30 "营销推广"演示文稿部分效果

素材所在位置　素材文件\第9章\营销推广.pptx
效果所在位置　效果文件\第9章\营销推广.pptx

9.5　知识拓展

下面对幻灯片的交互设置以及放映输出的一些拓展知识进行介绍，帮助读者更好地掌握相关知识。

1. 放映时隐藏鼠标指针

在放映幻灯片的过程中，如果鼠标指针一直出现在屏幕上，会影响放映效果，此时可将鼠标指针隐藏。其方法是：在放映的幻灯片上单击鼠标右键，在弹出的快捷菜单中选择"指针选项/箭头选项/永远隐藏"命令，即可将鼠标指针隐藏。

2. 录制旁白

在放映演示文稿时，可以通过录制旁白的方法事先录制好演讲者的演说词，这样播放时会自动播放录制好的演说词。需要注意的是，在录制旁白前，需要确保计算机中已安装了声卡和麦克风，且二者处于正常工作状态，否则将不能进行录制或导致录制的旁白无声音。录制旁白的方法为：选择需要录制旁白的幻灯片，在【幻灯片放映】/【设置】组中单击"录制幻灯片演示"按钮 右侧的下拉按钮，在打开的下拉列表中选择"从当前幻灯片开始录制"选项。在打开的"录制幻灯片演示"对话框中取消选中"幻灯片和动画计时"复选框，然后单击 开始录制(R) 按钮，如图9-31所示。此时进入幻灯片旁白录制状态，打开"录制"工具栏并开始对录制旁白进行计时，录入准备好的演说词。录制完成后按【Esc】键即可退出幻灯片旁白录制状态。返回幻灯片普通视图，此时录制旁白的幻灯片中将会出现音频文件图标，通过控制栏可试听旁白语音。

如果放映幻灯片时不需要使用排练计时和录制的旁白，可在【幻灯片放映】/【设置】组中取消选中"播放旁白""使用计时"复选框，这样不会将录制的旁白和排练计时删除。若想将排练计时和录制的旁白从幻灯片中彻底删除，可以单击"录制幻灯片演示"按钮 右侧的下拉按钮，在打开的下拉列表中选择"清除"选项，在其子列表中选择相应的清除选项即可。

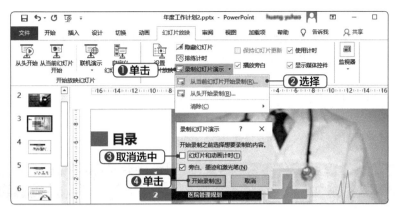

图9-31 录制旁白

3. 幻灯片输出格式

在PowerPoint 2016中，除了可以将制作好的文件保存为演示文稿，还可以将其输出为其他格式。操作方法较简单，选择【文件】/【另存为】命令，打开"另存为"对话框，选择文件的保存位置，在"保存类型"下拉列表中选择需要输出的格式选项，单击 保存(S) 按钮即可。下面讲解4种常见的输出格式。

- **图片：** 选择"GIF可交换的图形格式（*.gif）"、"JPEG文件交换格式（*.jpg）"、"PNG可移植网络图形格式（*.png）"或"TIFF Tag图像文件格式（*.tif）"选项，单击 保存(S) 按钮，根据提示进行相应操作，可将当前演示文稿中的幻灯片保存为对应格式的图片。如果要在其他软件中使用，还可以将这些图片插入对应的软件。
- **视频：** 选择"Windows Media视频（*.wmv）"选项，可将演示文稿保存为视频。如果在演示文稿中设置了"排练计时"，则保存的视频将自动播放所有动画。保存为视频文件后，文件的播放性更强，不受字体、PowerPoint版本的限制，只要计算机中安装了视频播放软件就可以播放，这非常适用于一些需要自动展示演示文稿的场合。
- **自动放映的演示文稿：** 选择"PowerPoint放映（*.ppsx）"选项，可将演示文稿保存为自动放映的演示文稿，以后双击该演示文稿将不再打开PowerPoint 2016的工作界面，而是直接启动放映模式，开始放映幻灯片。
- **大纲文件：** 选择"大纲/RTF文件（*.rtf）"选项，可将演示文稿中的幻灯片保存为大纲文件，生成的大纲文件中将不再包含幻灯片中的图形、图片以及插入幻灯片的文本框中的内容。

4. 在演示者视图中放映幻灯片

PowerPoint 2016中演示者视图最突出的作用是：如果用户在演示文稿的"备注"窗格中添加了备注内容，进入演示者视图后，演讲者可直接查看备注内容进行演讲，而且在演示者视图中观众只能看到幻灯片内容，无法看到备注内容。在PowerPoint 2016中按【Alt+F5】组合键，即可进入演示者视图，如图9-32所示。演示者视图中有很多按钮，各按钮的作用分别如下。

- **按钮：** 单击该按钮，将会在屏幕下方显示任务栏，以便程序的切换。
- **按钮：** 单击该按钮，在打开的下拉列表中提供了"切换演示者视图和幻灯片放映"和"重复幻灯片放映"选项，选择相应的选项，即可实现相应的功能。
- **按钮：** 单击该按钮，将退出演示者视图，并结束幻灯片的放映。
- **按钮：** 进入演示者视图后，将会开始记录幻灯片播放的时间，单击该按钮，可暂停计时。
- **按钮：** 单击该按钮，在打开的列表框中可选择相应的选项，在幻灯片中进行标注。
- **按钮：** 单击该按钮，在打开的面板中将显示演示文稿中所有幻灯片的缩略图，其功能与演讲者在放映时手动定位幻灯片相似。

- **按钮：** 单击该按钮，在幻灯片上单击可放大显示幻灯片；再次单击该按钮，可缩小显示幻灯片。
- **按钮：** 单击该按钮，可将幻灯片变黑；再次单击该按钮，可还原幻灯片放映。
- **按钮：** 单击该按钮，在打开的列表框中选择相应的选项，可对其进行一些设置。
- **按钮：** 单击该按钮，可切换到上一张幻灯片进行放映。
- **按钮：** 单击该按钮，可切换到下一张幻灯片进行放映。
- **按钮：** 单击该按钮，可放大显示幻灯片的备注文本。
- **按钮：** 单击该按钮，可缩小显示幻灯片的备注文本。

图9-32　演示者视图

9.6 课后练习：放映输出"企业文化培训"演示文稿

　　本章介绍了幻灯片的交互设置以及放映与输出，读者应加强该部分内容的练习与应用。下面通过放映输出"企业文化培训"演示文稿练习，使读者对本章所学知识更加熟悉。

　　本练习要求打开素材文件"企业文化培训.pptx"演示文稿，按照下列要求对演示文稿进行放映，然后将其导出为图片。参考效果如图9-33所示。

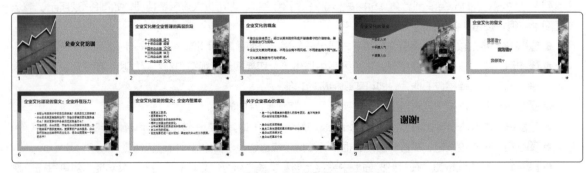

图9-33　"企业文化培训"演示文稿效果

第3部分

操作要求如下。

● 打开素材文件"企业文化培训.pptx"演示文稿，设置为"演讲者放映（全屏幕）"放映方式。

● 放映演示文稿，在第2张幻灯片中使用荧光笔为重点内容添加注释。

● 放映完成后退出放映，将演示文稿中所有幻灯片转换为".jpg"格式的图片文件。

素材所在位置	素材文件\第9章\企业文化培训.pptx
效果所在位置	效果文件\第9章\企业文化培训.pptx

微课视频

第4部分

第 10 章

Office 组件协同办公

/ 本章导读

Office 3 大组件具有各自的特点和优势，Word 主要用于文字展示，Excel 主要用于计算和管理数据，而 PowerPoint 则主要用于公共演讲等场合。用户掌握 Office 组件之间的协同操作后，可更好地将各组件的优势充分利用起来，提高工作效率。

/ 技能目标

掌握 Word 与其他组件的协同操作。
掌握 Excel 与其他组件的协同操作。
掌握 PowerPoint 与其他组件的协同操作。

/ 案例展示

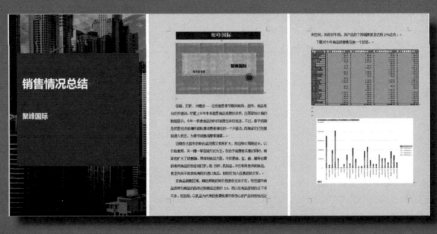

10.1 Word 与其他组件的协同操作

下面分别从在Word中使用Excel工作表和在Word中使用PowerPoint演示文稿两个方面来介绍Word与其他组件的协同操作。

10.1.1 在 Word 中使用 Excel 工作表

使用Word与Excel进行协同处理，既可以利用Excel处理大量数据的能力，又可以利用Word在展示文字信息方面所具有的灵活性和直观性。Word 2016提供了3种将Excel表格数据插入Word文档的方法，用户可以复制、粘贴工作表或图表，也可将工作表或图表作为嵌入对象或链接对象插入。

1. 复制粘贴Excel表格数据

Word与Excel之间最简单的协同操作就是复制Excel表格数据后粘贴到Word文档中，其方法为：在Excel工作表中选择需要复制的单元格区域，在【开始】/【剪贴板】组中单击"复制"按钮，切换到Word文档中，定位文本插入点，在【开始】/【剪贴板】组中单击"粘贴"按钮即可，如图10-1所示。粘贴后原Excel表格中的大部分单元格格式都能得到保留。

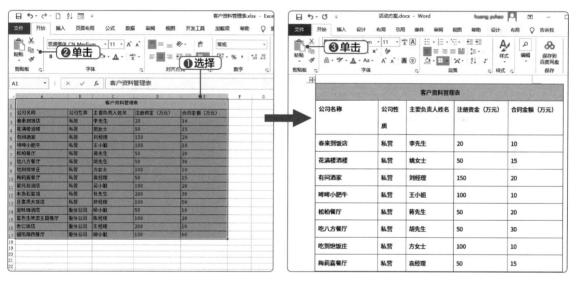

图10-1　复制粘贴Excel表格数据

2. 插入空白Excel工作表

除了复制粘贴Excel表格数据外，用户还可以在Word文档中插入空白Excel工作表，在该表格中输入并编辑数据。其方法为：打开Word文档，定位文本插入点，在【插入】/【表格】组中单击"表格"按钮，在打开的下拉列表中选择"Excel电子表格"选项。Word工作界面中将插入一个空白Excel工作表，可在表格中输入并编辑数据，如图10-2所示。完成数据编辑后双击文档中空白位置即可恢复正常的Word工作界面。

3. 插入已有Excel工作表

除了插入空白Excel工作表，还可以在Word文档中插入已有Excel工作表，其方法为：在【插入】/【文本】组中单击"对象"按钮，打开"对象"对话框，单击"由文件创建"选项卡，单击 浏览(B)… 按钮，打开"浏览"对话框，选择工作表保存位置，再选择需要插入的工作表，单击 插入(S) 按钮，返回"对象"对话框，单击 确定 按钮即可将该工作表插入Word文档，如图10-3所示。

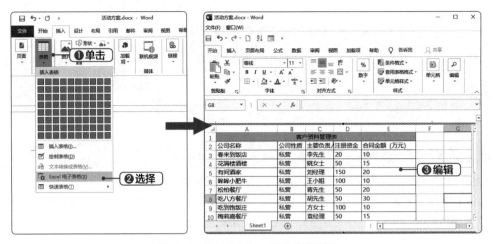

图10-2 插入空白Excel工作表并编辑

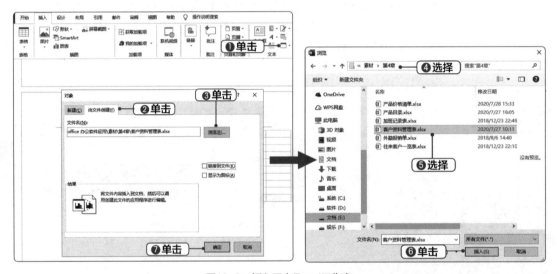

图10-3 插入已有Excel工作表

　　若还需要修改表格中的数据，可以在表格上单击鼠标右键，在弹出的快捷菜单中选择"'Work sheet'对象/编辑"命令，如图10-4所示，即可打开Excel 工作界面。需要注意的是，此时修改数据，源文件中的数据是不会被修改的。若需要实现同步修改，只需在"对象"对话框中同时单击选中"链接到文件"复选框。如果只需在Word文档中显示图标，则应在"对象"对话框中单击选中"显示为图标"复选框，完成后的效果如图10-5所示。

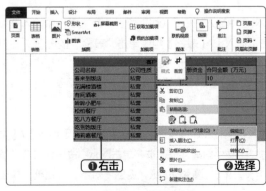

图10-4 编辑工作表

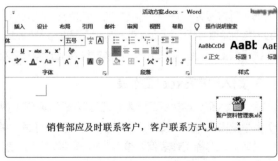

图10-5 显示为图标效果

10.1.2 在 Word 中使用 PowerPoint 演示文稿

在Word中使用PowerPoint演示文稿的操作包括复制粘贴演示文稿内容、插入已有PowerPoint演示文稿以及将PowerPoint演示文稿导出为Word文档。

1. 复制粘贴演示文稿内容

若需要将PowerPoint演示文稿的内容显示在Word文档内，简便的方法是直接利用复制粘贴功能。其方法为：打开演示文稿，在"幻灯片"浏览窗格中需要复制的幻灯片上单击鼠标右键，在弹出的快捷菜单中选择"复制"命令，切换到Word文档，定位文本插入点，在【开始】/【剪贴板】组中单击"粘贴"按钮▣下方的下拉按钮·，在打开的下拉列表中选择"选择性粘贴"选项，打开"选择性粘贴"对话框，在"形式"列表框中选择"Microsoft PowerPoint幻灯片 对象"选项，单击 确定 按钮即可插入演示文稿，如图10-6所示。若需进一步编辑，只需双击演示文稿，Word文档中将显示PowerPoint 工作界面，如图10-7所示。

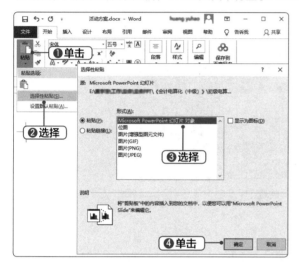

图10-6 选择性粘贴

图10-7 显示PowerPoint 工作界面

同样，此时编辑演示文稿，源文件中的内容是不会被修改的。若需要实现同步修改，只需在"选择性粘贴"对话框中单击选中"粘贴链接"单选项，在"形式"列表框中选择"Microsoft PowerPoint幻灯片 对象"选项，单击 确定 按钮即可，如图10-8所示。此时双击插入的演示文稿，将打开一个新的PowerPoint 2016窗口显示源文件，如图10-9所示，在源文件中编辑后修改的内容将同步到Word文档中。如果只需在Word文档中显示图标，则应在"选择性粘贴"对话框中单击选中"显示为图标"复选框。

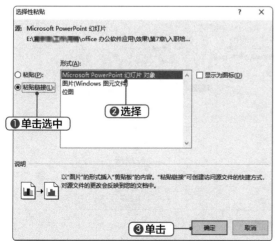

图10-8 粘贴链接

图10-9 打开源文件

2. 插入已有PowerPoint演示文稿

在Word文档中插入已有PowerPoint演示文稿的操作与在Word文档中插入已有Excel工作表的操作类似。由于PowerPoint演示文稿的编辑相对复杂，所以最好先在PowerPoint 2016中编辑好演示文稿，再将其插入Word文档。其方法为：在【插入】/【文本】组中单击"对象"按钮□，打开"对象"对话框，单击"由文件创建"选项卡，单击 浏览(B)... 按钮，打开"浏览"对话框，选择需要插入的演示文稿，单击 确定 按钮，返回"对象"对话框，单击 确定 按钮即可在该文档中插入演示文稿。若需要放映演示文稿，则可以在演示文稿上单击鼠标右键，在弹出的快捷菜单中选择"'Presentation'对象/显示"命令，如图10-10所示，即可放映幻灯片。

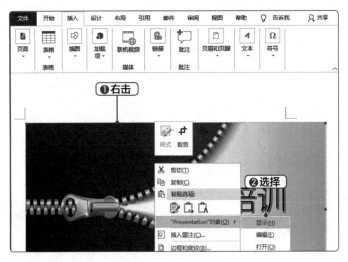

图10-10　放映幻灯片

3. 将PowerPoint演示文稿导出为Word文档

将PowerPoint演示文稿导出为Word文档也是一种Word与PowerPoint协作的方式，其方法为：打开PowerPoint演示文稿，选择【文件】/【导出】命令，在右侧的窗口中选择"创建讲义"选项，单击"创建讲义"按钮，在打开的"发送到Microsoft Word"对话框中单击选中需要的版式对应的单选项，单击 确定 按钮，如图10-11所示。此时将打开Word 工作界面，里面会显示一个新的Word文档，每一张幻灯片占据一页，如图10-12所示。双击任意一张幻灯片，Word 工作界面中将嵌入PowerPoint 工作界面，可进行演示文稿编辑，如图10-13所示。

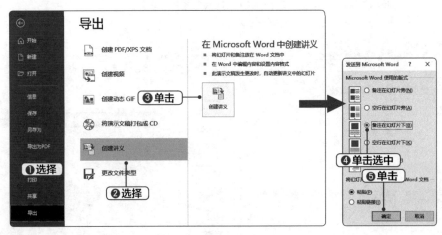

图10-11　创建讲义

图10-12 导出的Word文档

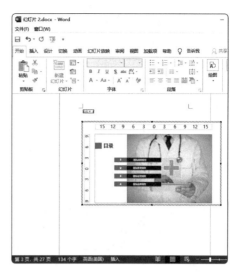

图10-13 嵌入PowerPoint 工作界面

10.2 Excel 与其他组件的协同操作

下面分别从在Excel中使用Word文档和在Excel中使用PowerPoint演示文稿两个方面介绍Excel与其他组件的协同操作。

10.2.1 在 Excel 中使用 Word 文档

在Excel中使用Word文档的方法包括复制粘贴Word文档内容和插入已有Word文档。

1. 复制粘贴Word文档内容

在Excel中使用Word文档，可以通过复制Word文档内容后粘贴到Excel工作表中来实现，其操作与普通复制粘贴类似，这里不赘述。需要强调的是，将Word文档中的表格复制到Excel工作表中，Excel会自动识别，且同样以表格的形式显示，并保留表格的部分格式设置，后续只需进行简单调整即可，如图10-14所示。

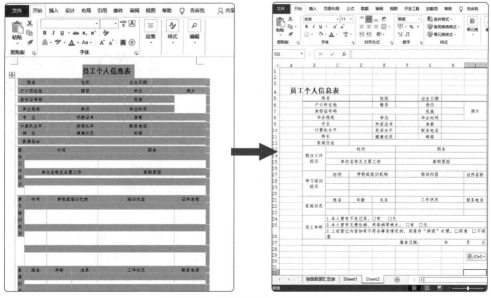

图10-14 复制粘贴Word文档内容

2. 插入已有Word文档

在Excel中插入已有Word文档的方法与在Word中插入已有Excel工作表的方法类似，具体为：在【插入】/【文本】组中单击"对象"按钮口，打开"对象"对话框，单击"由文件创建"选项卡，单击 浏览(B)... 按钮，打开"浏览"对话框，选择需要插入的Word文档，单击 插入(S) 按钮，返回"对象"对话框，单击 确定 按钮即可在Excel中插入已有Word文档，如图10-15所示。

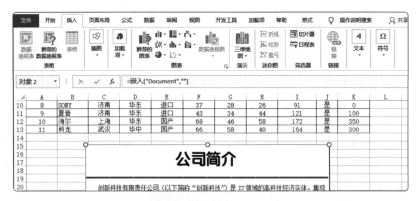

图10-15　插入已有Word文档

10.2.2 在 Excel 中使用 PowerPoint 演示文稿

在Excel中使用PowerPoint演示文稿可以通过复制粘贴演示文稿内容以及插入已有PowerPoint演示文稿来实现，其操作与在Word中使用PowerPoint演示文稿操作类似。这里不赘述。图10-16所示为复制演示文稿内容后在Excel中粘贴的操作及其效果。

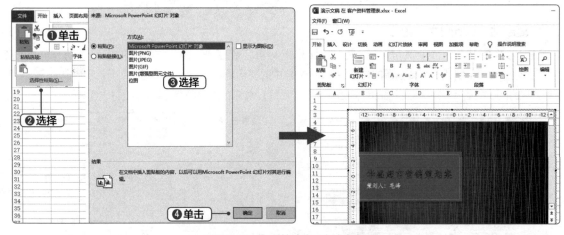

图10-16　复制粘贴演示文稿内容

10.3 PowerPoint 与其他组件的协同操作

下面分别从在PowerPoint中使用Word文档和在PowerPoint中使用Excel工作表两个方面介绍PowerPoint与其他组件的协同操作。

第4部分

10.3.1 │ 在 PowerPoint 中使用 Word 文档

在PowerPoint中，可以插入已有Word文档和导入Word大纲。

1. 插入已有Word文档

在PowerPoint中插入已有Word文档的方法与在Word中插入已有Excel工作表的方法类似，这里不赘述。

2. 导入Word大纲

如果用户已有现成的Word文档，需要利用文档中的主要内容制作PowerPoint演示文稿，此时不必逐个复制粘贴，而可以在PowerPoint中导入Word大纲。其方法为：打开Word文档，在【视图】/【视图】组中单击"大纲"按钮，如图10-17所示，将文档切换为大纲视图。选择【文件】/【另存为】命令，在打开的"另存为"窗口中选择"浏览"选项，打开"另存为"对话框，选择文件存储位置，在"保存类型"下拉列表中选择"RTF格式（*.rtf）"选项，完成后单击 保存(S) 按钮保存大纲文件，如图10-18所示。

图10-17　进入大纲视图

图10-18　另存为大纲文件

打开PowerPoint演示文稿，在【开始】/【幻灯片】组中单击"新建幻灯片"按钮下方的下拉按钮，在打开的下拉列表中选择"幻灯片（从大纲）"选项，如图10-19所示。打开"插入大纲"对话框，选择刚保存的大纲文件，单击 插入(S) 按钮，此时在演示文稿中大纲一级文本变为每一页幻灯片的标题，大纲二级文本变为标题下的内容，且自动添加了项目符号，如图10-20所示。

图10-19　导入大纲文件

图10-20　导入后效果

10.3.2 在 PowerPoint 中使用 Excel 工作表

在PowerPoint中使用Excel工作表的方法包括复制粘贴Excel表格数据、插入已有Excel工作表以及直接在演示文稿中创建Excel图表。

1. 复制粘贴Excel表格数据

在PowerPoint中使用Excel工作表最简单的方法就是复制Excel表格数据后粘贴到PowerPoint演示文稿中，其方法为：在Excel工作表中选择需要复制的单元格区域，在【开始】/【剪贴板】组中单击"复制"按钮 ，切换到PowerPoint演示文稿中，定位文本插入点，在【开始】/【剪贴板】组中单击"粘贴"按钮 下方的下拉按钮 ，在打开的下拉列表中选择"选择性粘贴"选项，打开"选择性粘贴"对话框，在"作为"列表框中选择"Microsoft Excel工作表 对象"选项，单击 确定 按钮即可插入工作表，如图10-21所示。若需进一步编辑，只需双击工作表，PowerPoint工作界面中将嵌入Excel工作界面，在其中进行编辑即可，如图10-22所示。

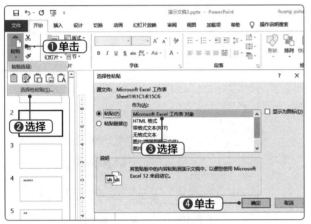

| 图10-21　选择性粘贴 | 图10-22　编辑工作表 |

此时编辑工作表，源文件中的内容是不会被修改的。若需要实现同步修改，只需在"选择性粘贴"对话框中单击选中"粘贴链接"单选项，在"作为"列表框中选择"Microsoft Excel工作表 对象"选项，单击 确定 按钮即可。此时双击插入的工作表，将打开一个新的Excel工作界面显示源文件，在源文件中编辑后修改的内容将同步到演示文稿中。如果只需在演示文稿中显示图标，则应在"选择性粘贴"对话框中单击选中"显示为图标"复选框。

知识补充

复制粘贴 Excel 图表

除了Excel工作表，用户还可以复制Excel图表并将其粘贴到PowerPoint演示文稿中，其方法与复制粘贴Excel工作表类似。若无须对图表进行编辑，也可以将图表粘贴为图片格式，即在"选择性粘贴"对话框中的"作为"列表框中选择"图片（PNG）"或"图片（JPEG）"选项即可。

2. 插入已有Excel工作表

在PowerPoint中插入已有Excel工作表，仍然是利用Office插入对象的功能来实现的，各大组件中插入对象的操作基本类似，这里不赘述。

3. 直接在演示文稿中创建Excel图表

PowerPoint 2016也提供了插入图表功能，其方法在第7章已经介绍过。这里需要强调的是，在PowerPoint演示文稿中，单击【图表工具-设计】/【数据】组中的"编辑数据"按钮 📝 下方的下拉按钮▾，在打开的下拉列表中选择"编辑数据"选项，PowerPoint工作界面将嵌入一个简易Excel工作界面，如图10-23所示。而在打开的下拉列表中选择"在Excel中编辑数据"选项，则可以打开一个新的Excel 2016窗口，在其中可以进行更丰富的编辑操作，如图10-24所示。

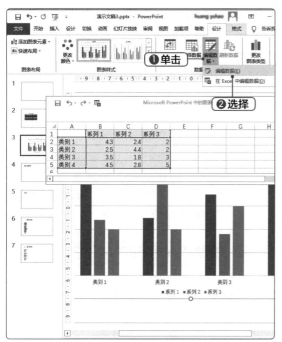

图10-23　在演示文稿中编辑数据　　　　图10-24　打开新的Excel 2016窗口

10.4 课堂案例：制作"销售情况总结"文档

销售情况总结是对企业已经做过的工作进行理性思考，并以文字图表相结合的方式体现内容的一种应用文，它的目的是回顾过去做了些什么，并在此基础上展望未来。

10.4.1 案例目标

通过Office各组件间的协作，制作"销售情况总结"文档。本例制作"销售情况总结"文档，需要综合运用本章所学知识，包括在Word中使用Excel工作表、在Word中使用PowerPoint演示文稿。本例制作完成后的参考效果如图10-25所示。

素材所在位置	素材文件\第10章\销售情况总结.docx、销售报表.xlsx、公司简介.pptx
效果所在位置	效果文件\第10章\销售情况总结.docx

微课视频

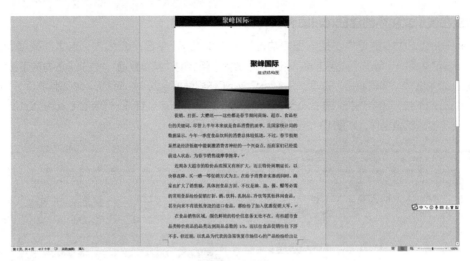

图10-25　参考效果

10.4.2　制作思路

"销售情况总结"文档涉及文字、数据以及图表，需要Office各组件的协作。制作时，应在"销售情况总结"文档中插入Excel表格、Excel图表和PowerPoint演示文稿。图10-26所示为具体的制作思路。

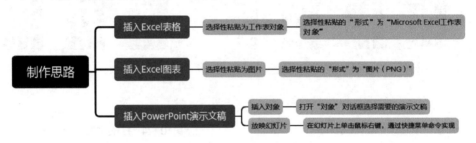

图10-26　制作思路

10.4.3　操作步骤

下面在"销售情况总结"文档中插入Excel表格、Excel图表和PowerPoint演示文稿，具体操作如下。

STEP 1　打开"销售情况总结"文档和"销售报表"工作簿，在"销售报表"工作簿中选择"按产品"工作表，选择 A7:E33 单元格区域，然后在【开始】/【剪贴板】组中单击"复制"按钮。

STEP 2　切换至"销售情况总结"文档，在文本下一行定位文本插入点，在【开始】/【剪贴板】组中单击"粘贴"按钮下方的下拉按钮，在打开的下拉列表中选择"选择性粘贴"选项，打开"选择性粘贴"对话框，在"形式"列表框中选择"Microsoft Excel 工作表 对象"，单击 确定 按钮即可，如图 10-27 所示。将该工作表嵌入 Word 文档，拖曳表格四周的控制点，调整表格大小。

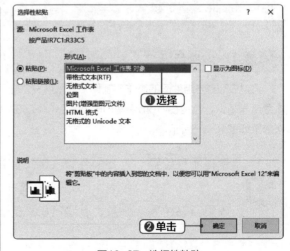

图10-27　选择性粘贴

STEP 3 切换至"销售报表"工作簿,选择"Chart2"工作表,复制该工作表内容,切换至"销售情况总结"文档,将光标定位到之前粘贴好的表格的下一行,在【开始】/【剪贴板】组中单击"粘贴"按钮下方的下拉按钮,在打开的下拉列表中选择"选择性粘贴"选项,在"形式"列表框中选择"图片(PNG)"选项,单击 确定 按钮即可插入图片形式的图表,拖曳图表四周的控制点,调整图表大小,如图 10-28 所示。

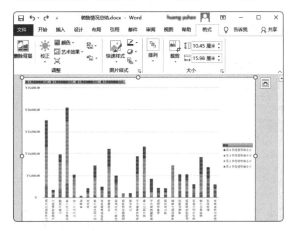

图10-28　插入图表并调整大小

STEP 4 将光标定位到标题文本下方,在【插入】/【文本】组中单击"对象"按钮,打开"对象"对话框,单击"由文件创建"选项卡,单击 浏览(B)... 按钮,打开"浏览"对话框,选择演示文稿保存位置,选择"公司简介.pptx"演示文稿,单击 插入(S) 按钮,返回"对象"对话框,单击 确定 按钮即可在该文档中插入演示文稿,如图 10-29 所示。拖曳幻灯片四周的控制点,调整幻灯片大小。在幻灯片上单击鼠标右键,在弹出的快捷菜单中选择"'Presentation'对象 / 显示"命令,如图 10-30 所示,放映幻灯片。

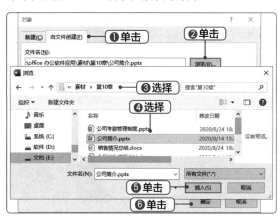

图10-29　插入演示文稿

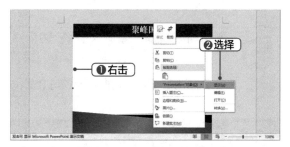

图10-30　放映幻灯片

10.5　强化训练：制作"市场调查报告"演示文稿

本章详细介绍了Office组件协同办公,为了帮助读者进一步掌握相关知识,下面将通过制作"市场调查报告"演示文稿进行强化训练。

市场调查报告是企业对自身所处细分市场情况进行专门调研后的书面陈述报告。在制作时,应使用文字、图表等全面反映相关信息。

【制作效果与思路】

本实训的目标是根据提供的素材文件"市场调查报告.docx""调查统计表.xlsx",协同制作"市场调查报告"演示文稿,效果如图10-31所示。具体制作思路如下。

（1）打开"市场调查报告.docx"素材文件,切换到大纲视图,将文档另存为RTF格式。

（2）启动PowerPoint 2016,在【开始】/【幻灯片】组中单击"新建幻灯片"按钮下方的下拉按钮,在打开的下拉列表中选择"幻灯片（从大纲）"选项,打开"插入大纲"对话框,选择刚保存的RTF格式文件,生成演示文稿。

（3）选择第2张幻灯片，按【Enter】键插入一张新幻灯片，并在标题占位符中输入"学历调查"文本，设置字符格式为"宋体、36"。

（4）选择第2张幻灯片，复制"调查统计表.xlsx"中的图表并粘贴为"图片（PNG）"，调整图表大小和位置。

（5）删去第1张幻灯片，应用"平面"主题，选择"颜色/黄橙色"变体。将演示文稿另存为"市场调查报告.pptx"。

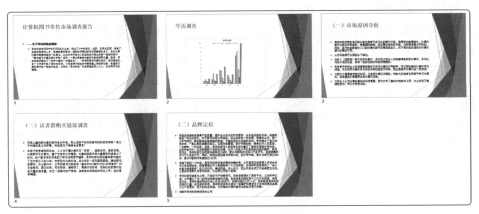

图10-31 "市场调查报告"演示文稿效果

 | **素材所在位置** | 素材文件\第10章\市场调查报告.docx、调查统计表.xlsx |
| **效果所在位置** | 效果文件\第10章\市场调查报告.pptx |

微课视频

10.6 知识拓展：通过超链接进行协作

下面对Office组件协同办公的一些拓展知识进行介绍，帮助读者更好地掌握相关知识。

Office各组件间还可以通过超链接进行协作，以在PowerPoint演示文稿中插入Word文档的超链接为例。其方法为：打开演示文稿，在【插入】/【链接】组中单击"链接"按钮 。打开"插入超链接"对话框，在"查找范围"下拉列表中选择需要链接文档的位置，在其下的列表框中选择需要的文档，单击 按钮即可，如图10-32所示。设置超链接后的效果如图10-33所示，按【Ctrl】键单击生成的超链接可以在一个新的Word窗口中打开链接的文档。其他组件也可以参照该方法进行协作。

图10-32 插入超链接

图10-33 生成超链接

10.7 课后练习：制作"公司考勤管理制度"演示文稿

本章主要介绍了Office组件协同办公，读者应加强该部分内容的练习与应用。下面通过制作"公司考勤管理制度"演示文稿，读者将对本章所学知识更加熟悉。

本练习的目标是制作"公司考勤管理制度"演示文稿，部分效果如图10-34所示。

图10-34 "公司考勤管理制度"演示文稿部分效果

 素材所在位置 素材文件\第10章\公司考勤管理制度.pptx、
加班管理.docx、员工考勤表.xlsx

效果所在位置 效果文件\第10章\公司考勤管理制度.pptx

微课视频

操作要求如下。

● 打开"公司考勤管理制度.pptx"素材文件，选择第5张幻灯片，单击【插入】/【文本】组中的"对象"按钮□。打开"插入对象"对话框，选择插入"加班管理.docx"文档。

● 打开"员工考勤表.xlsx"素材文件，复制A1:G14单元格区域，切换到"公司考勤管理制度.pptx"素材文件，选择第8张幻灯片，将复制内容选择性粘贴为"Microsoft Excel 工作表 对象"。

第4部分

第 11 章

综合案例：制作营销策划案

/ 本章导读

为推广新产品，企业一般会制作详细的营销策划案，主要包括"营销策划"文档、"广告预算费用表"工作簿和"推广方案"演示文稿。营销策划案的制作需要使用 Word、Excel 和 PowerPoint 3 个 Office 组件。

/ 技能目标

使用 Word 制作"营销策划"文档。

使用 Excel 制作"广告预算费用表"工作簿。

使用 PowerPoint 制作"推广方案"演示文稿。

/ 案例展示

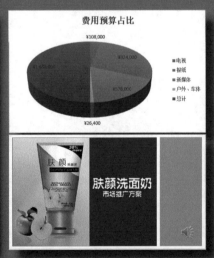

11.1 使用 Word 制作"营销策划"文档

本节将介绍如何使用Word 2016制作"营销策划"文档。制作前，应先收集相关资料，做好前期准备。可以进行相关调查活动，还可在网上查找需要的数据和图片，再进行整合处理。制作完成后的文档部分效果如图11-1所示。

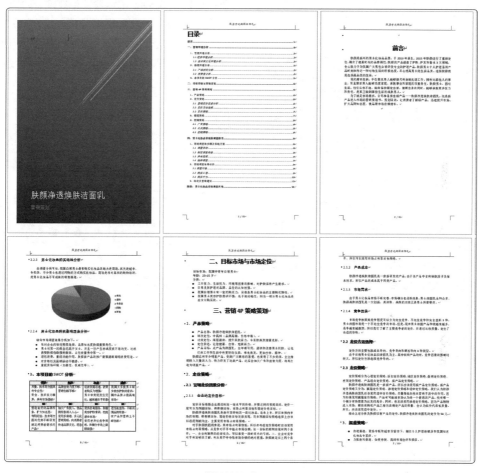

图11-1 "营销策划"文档部分效果

素材所在位置 素材文件\第11章\文档图片.docx
效果所在位置 效果文件\第11章\营销策划.docx

微课视频

11.1.1 输入文本与格式设置

使用Word可整理文案资料，制作广告的相关策划案。撰写广告文案时，应将实际调查的数据进行整理归纳，再撰写符合市场需要的产品营销文案。下面在Word 2016中先新建文档，输入"营销策划"的相关文本内容，并设置文本的字符、段落格式，具体操作如下。

STEP 1 启动 Word 2016，新建"营销策划 .docx"文档并保存。将光标定位到第一行，输入"前言"文本，按【Enter】键，输入前言的正文内容，如图 11-2 所示。

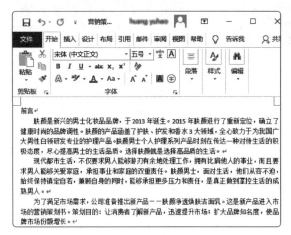

图11-2　输入前言

STEP 2 选择前言的正文内容，在【开始】/【段落】组中单击"对话框启动器"按钮。打开"段落"对话框，在"缩进和间距"选项卡的"缩进"栏的"特殊"下拉列表中选择"首行"选项，其后的"缩进值"数值框中自动显示数值为"2字符"，完成后单击 确定 按钮，如图 11-3 所示。

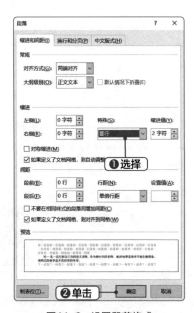

图11-3　设置段落格式

STEP 3 按【Enter】键，继续输入"一、营销环境分析"章节内容。然后选择"2.1.1"标题下的正文内容，在【开始】/【段落】组中单击"项目符号"

按钮 右侧的下拉按钮，在打开的下拉列表中选择 项目符号，如图 11-4 所示。

STEP 4 输入其他章节内容，并设置项目符号。完成输入和设置后，按【Ctrl+A】组合键选择全部文本内容，将字号设置为"小四"。

STEP 5 将光标定位到"一、营销环境分析"文本所在行，在【开始】/【样式】组中单击"样式"按钮，在打开的下拉列表中选择"标题1"选项。按相同方法分别为"1. 宏观环境分析""1.1 经济环境分析""2.1.1 肤颜以往产品回顾（主要已开发六大系列产品）"等段落标题应用"标题2""标题3""标题4"样式，如图 11-5 所示。

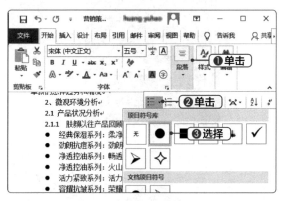

图11-4　设置项目符号

图11-5　应用样式

STEP 6 将光标定位到"一、营销环境分析"文本所在行，在【开始】/【样式】组的列表框中的"标题1"样式上单击鼠标右键，在弹出的快捷菜单中选择"修改"命令。打开"修改样式"对话框，在"格式"栏中将字符格式设置为"黑体、二号"，然后单击 格式(O) 按钮，在打开的下拉列表中选择"段落"选项，如图 11-6 所示。

第4部分

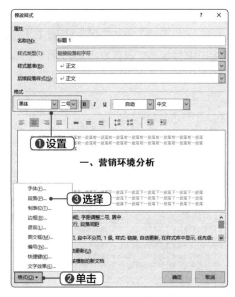

图11-6　修改样式

STEP 7　打开"段落"对话框，在"缩进和间距"选项卡的"常规"栏的"对齐方式"下拉列表中选择"居中"选项，在"间距"栏中将"段前"和"段后"的间距都设置为"12磅"，单击 确定 按钮，如图11-7所示。返回"修改样式"对话框，单击选中"自动更新"复选框，单击 确定 按钮确认设置。

STEP 8　使用相同方法，将"标题2"样式的字符格式修改为"黑体、三号、加粗"，段间距修改为"10

磁、10磅"。将"标题3"样式的字符格式修改为"黑体、小三、加粗"，段间距修改为"10磅、10磅"。将"标题4"样式的字符格式修改为"黑体、四号、取消加粗"，段间距修改为"10磅、10磅"。

图11-7　设置段落样式

STEP 9　为各等级的段落标题应用对应的样式。

11.1.2 | 在文档中插入图片和表格

下面继续在新建的"营销策划.docx"文档中插入图片和表格，并对图片和表格进行美化设置，具体操作如下。

STEP 1　在"2.2.2 男士购买化妆品的动机"段落的正文文本末尾按【Enter】键，在【插入】/【插图】组中单击"图片"按钮，在打开的下拉列表中选择"此设备"选项，如图11-8所示。

图11-8　插入图片

STEP 2　打开"插入图片"对话框，选择"购买动机.tif"素材图片，然后单击 插入(S) 按钮。插入图片后，在【开始】/【段落】组中单击"居中"按钮 ≡，使图片居中显示，并调整图片的大小。

STEP 3　保持图片选择状态，在【图片工具 - 格式】/【大小】组中单击"裁剪"按钮，从图片底部向上拖曳鼠标，裁剪图片，如图11-9所示。

STEP 4　使用相同方法，在"2.2.3 男性化妆品购买场地分析"段落下方插入"购买场所.tif"素材图片，并进行裁剪和大小调整。

STEP 5　将光标定位在"3.本项目的SWOT分析"段落下方，然后在【插入】/【表格】组中单击"表格"按钮，在打开的下拉列表中选择4行4列表格，如图11-10所示。插入4行4列表格后，依次在单元格中输入相应内容，如图 11-11 所示。

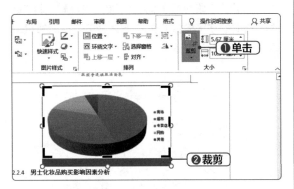

图11-9　裁剪图片

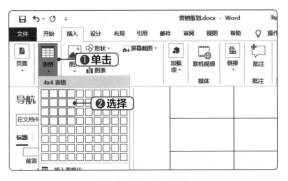

图11-10　插入表格

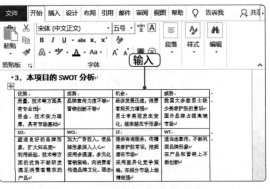

图11-11　输入内容

STEP 6　选择第 1 行单元格和第 3 行单元格，在【开始】/【段落】组中设置文本内容居中显示，在【开始】/【字体】组中将字符格式设置为"黑体、五号、加粗"，如图 11-12 所示。

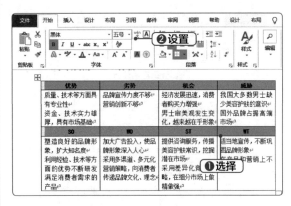

图11-12　设置字符格式

STEP 7　选择第 1 行单元格和第 3 行单元格，在【表格工具－设计】/【表格样式】组中单击"底纹"按钮 下方的下拉按钮，将其底纹颜色设置为"金色，个性色 4，淡色 80%"，如图 11-13 所示。

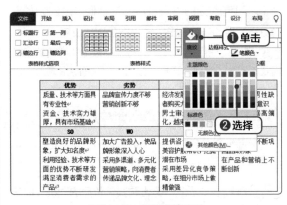

图11-13　设置表格底纹

11.1.3　完善文档编排

　　下面继续完善"营销策划.docx"文档的编排工作，包括为文档添加分页符、封面和目录，以及设置页眉页脚内容，具体操作如下。

STEP 1　将光标定位到前言正文段落末尾处，在【插入】/【页面】组中单击"分页"按钮，插入分页符分页，如图 11-14 所示。使用相同方法为附表分页，如图 11-15 所示。

STEP 2　在【插入】/【页面】组中单击"封面"按钮，在打开的下拉列表中选择"切片（深色）"选项。在文档首页插入封面后，在"标题""副标题"处输入相应的文本内容，如图 11-16 所示。

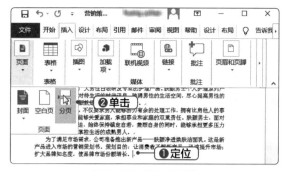

图11-14　插入分页符

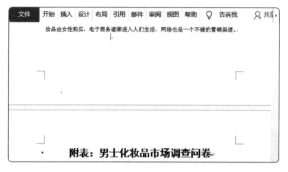

图11-15　为附表分页

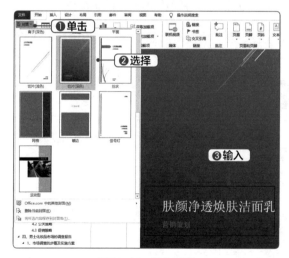

图11-16　插入封面

STEP 3　将光标定位到"前言"文本前，然后在【引用】/【目录】组中单击"目录"按钮，在打开的下拉列表中选择"自定义目录"选项，打开"目录"对话框，在"目录"选项卡的"格式"下拉列表中选择"正式"选项，在"显示级别"数值框中输入"3"，单击 确定 按钮插入目录，如图 11-17 所示。

STEP 4　在前言页面的页眉区域双击，进入页眉页脚编辑状态。首先在【开始】/【字体】组中单击

"清除所有格式"按钮，删除页眉中的横线，然后输入页眉文字内容"肤颜净透焕肤洁面乳"，将其字符格式设置为"华文新魏、五号、蓝色、居中"，如图 11-18 所示。

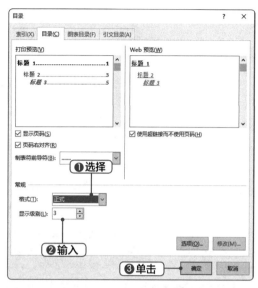

图11-17　自定义目录

STEP 5　在【页眉页脚工具 - 设计】/【页眉和页脚】组中单击"页码"按钮，在打开的下拉列表中选择"页面底端 / 加粗显示的数字 2"选项，添加和设置页码效果，如图 11-19 所示。至此，完成本任务的操作，按【Ctrl+S】组合键保存文档。

图11-18　设置页眉

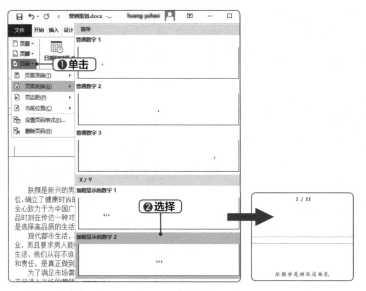

图11-19 设置页脚

11.2 使用 Excel 制作"广告预算费用表"工作簿

　　制作完"营销策划"文档后，还需要使用Excel制作"广告预算费用表"工作簿。制作时，首先录入各类广告媒介的费用数据，然后统计广告的总计预算费用，并通过饼图查看各项费用支出的占比。完成后的效果如图11-20所示。

图11-20 "广告预算费用表"工作簿效果

 效果所在位置 效果文件\第11章\广告预算费用表.xlsx

11.2.1 | 制作广告预算费用表格

下面先新建"广告预算费用表.xlsx"工作簿，然后新建几张工作表，并在各工作表中输入和计算各广告媒介的预算费用，具体操作如下。

STEP 1 启动 Excel 2016，新建"广告预算费用表.xlsx"工作簿。将"Sheet1"工作表重命名为"总计费用"，然后新建4张工作表，分别命名为"电视""报纸""新媒体""户外、车体"。

STEP 2 单击"电视"工作表标签，在该工作表的单元格中输入对应的数据，将 B4:G4 单元格区域合并居中，如图 11-21 所示。选择所有数据单元格，将字号设置为"12"，将对齐方式设置为"居中"。选择 B1:G1、A1:A4 单元格区域，设置字体加粗显示。

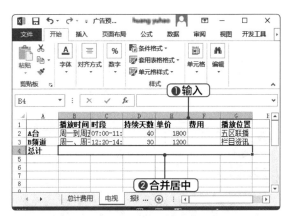

图11-21 输入数据

STEP 3 选择 B2:C3 单元格区域，在【开始】/【对齐方式】组中单击"自动换行"按钮使单元格数据自动换行显示，如图 11-22 所示。

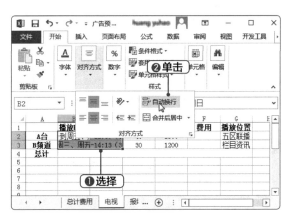

图11-22 设置自动换行

STEP 4 将鼠标指针移到 C 列单元格边框，鼠标

指针变形后按住鼠标左键向右侧拖曳鼠标，增加 C 列列宽，如图 11-23 所示。然后使用相似方法调整第 1 行和第 4 行单元格的行高。

图11-23 增加C列列宽

STEP 5 选择 F2 单元格，输入公式"=D2*E2"计算"A 台"的广告费用，如图 11-24 所示。完成计算后，向下拖曳控制柄填充公式计算"B 频道"的广告费用。

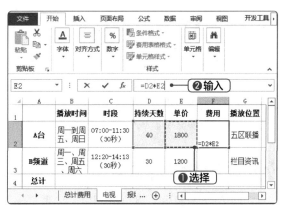

图11-24 计算广告费用

STEP 6 选择合并后的 B4 单元格，在编辑框中输入函数"=SUM(F2:F3)"计算电视广告的总计费用，如图 11-25 所示。

STEP 7 按住【Ctrl】键选择 B4 单元格和 E2:F3 单元格区域，在【开始】/【数字】组的下拉列表中选择"货币"选项，如图 11-26 所示。

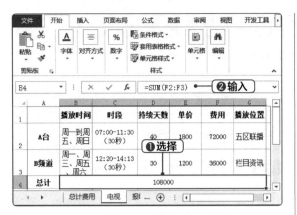

图11-25 计算电视广告的总计费用

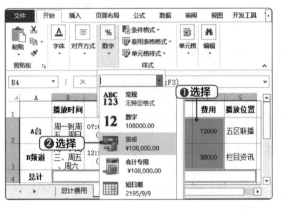

图11-26 设置数字类型

STEP 8 选择 A1:G4 单元格区域，在【开始】/【字体】组中单击"边框"按钮田，设置"所有边框"样式。选择 B1:G1 和 A2:A4 单元格区域，在【开始】/【字体】组中单击"填充颜色"按钮右侧的下拉按钮，在打开的下拉列表中选择"蓝色，个性色 1，淡色 40%"选项，设置表头单元格底纹，效果如

图 11-27 所示。

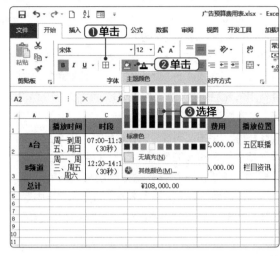

图11-27 设置边框和底纹

STEP 9 按照相同方法，依次制作"报纸""新媒体""户外、车体"工作表，效果如图 11-28 所示。

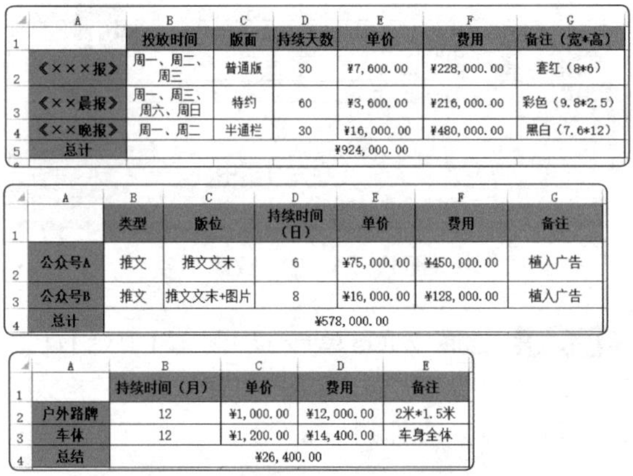

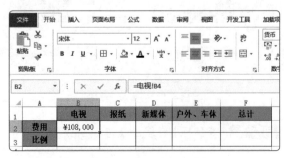

图11-28 制作其他工作表后效果

11.2.2 制作总计费用表格

下面在"总计费用"工作表中引用"电视""报纸""新媒体""户外、车体"工作表中的费用数据，计算总计费用和各项媒体广告预算费用的占比，具体操作如下。

STEP 1 在"总计费用"工作表中输入基本数据并设置边框和底纹后，在B2单元格中输入"=电视!B4"，按【Enter】键，引用"电视"工作表中 B4 单元格的费用数据，如图 11-29 所示。

图11-29 引用电视广告费用数据

第4部分

STEP 2 分别在 C2 单元格、D2 单元格、E2 单元格中输入"= 报纸 !B5""= 新媒体 !B4""= 户外、车体 !B4",引用相应广告媒介预算费用,然后在 F2 单元格中输入"=SUM(B2:E2)"计算总计费用,如图 11-30 所示。

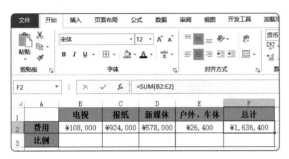

图11-30 引用并计算总计费用

STEP 3 在 F3 单元格中输入"100%",然后在 B3 单元格中输入"=B2/F2"计算电视广告费用占比,如图 11-31 所示。

STEP 4 将鼠标指针移到 B3 单元格右下角,鼠标指针变形后按住鼠标左键向右拖曳鼠标,至 E3 单元

格时释放鼠标左键,填充公式计算其他广告媒介的费用占比,如图 11-32 所示。

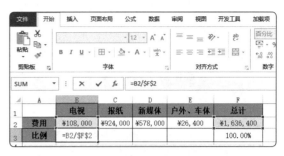

图11-31 计算电视广告费用占比

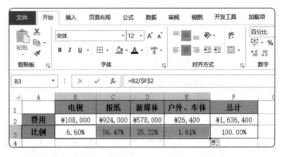

图11-32 计算其他广告媒介的费用占比

11.2.3 创建饼图统计费用占比

下面在"总计费用"工作表中创建饼图图表,使用饼图图表查看和分析各广告媒介预算费用的占比,具体操作如下。

STEP 1 在"总计费用"工作表中选择 A1:F3 单元格区域,在【插入】/【图表】中单击"插入饼图或圆环图"按钮 ●·,在打开的下拉列表中选择"三维饼图"选项,如图 11-33 所示。

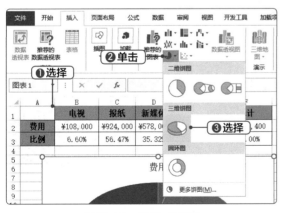

图11-33 创建三维饼图

STEP 2 将饼图移到数据表格下方,并适当调整饼图大小。在【图表工具 - 设计】/【图表样式】组中

单击"快速样式"按钮 ,在打开的下拉列表中选择"样式 5"选项,如图 11-34 所示。

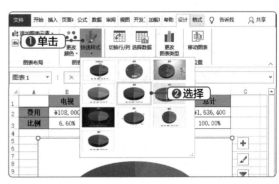

图11-34 设置饼图样式

STEP 3 保持图表选择状态,在【图表工具 - 设计】/【图表布局】组中单击"添加图表元素"按钮 ,在打开的下拉列表中选择"图例 / 右侧"选项,如图 11-35 所示。

STEP 4 在"图表标题"文本框中输入"费用预算占比"。在【图表工具 - 设计】/【图表布局】组中

单击"添加图表元素"按钮 ，在打开的下拉列表中选择"数据标签/最佳匹配"选项，如图 11-36 所示。至此，完成"广告预算费用表"工作簿的制作，按【Ctrl+S】组合键保存工作簿。

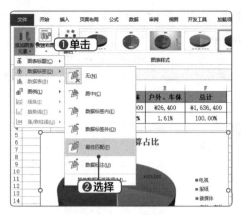

图11-36 添加数据标签

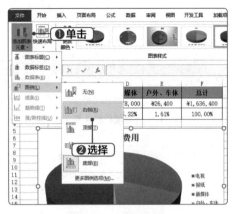

图11-35 设置图例位置

11.3 使用 PowerPoint 制作"推广方案"演示文稿

将文档与费用资料整理完毕之后，即可使用PowerPoint制作"推广方案"演示文稿。完成后的效果如图11-37所示。

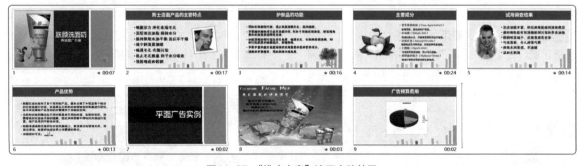

图11-37 "推广方案"演示文稿效果

 素材所在位置 素材文件\第11章\ PowerPoint图片、
背景音乐.mp3
效果所在位置 效果文件\第11章\推广方案.pptx

微
课
视
频

11.3.1 搭建演示文稿框架

要制作一份完整的演示文稿，除了要先搜集相关资料，还需要搭建一个完整的框架，使录入的内容统一、美观。下面新建"推广方案.pptx"演示文稿，通过设置幻灯片母版搭建演示文稿框架，具体操作如下。

STEP 1 启动 PowerPoint 2016，新建"推广方案 .pptx"演示文稿。在【设计】/【自定义】组中单击"幻灯片大小"按钮▭，在打开的下拉列表中选择"自定义幻灯片大小"选项，打开"幻灯片大小"对话框，将幻灯片大小设置为"全屏显示（16:9）"，单击 确定 按钮，如图 11-38 所示。

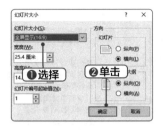

图11-38　设置幻灯片页面大小

STEP 2 在【视图】/【母版视图】组中单击"幻灯片母版"按钮▤，切换到幻灯片母版视图，在第 1 张母版幻灯片上方绘制矩形，填充颜色为"绿色，个性色 6，深色 25%"，高度设置为"2.2 厘米"，宽度设置为"25.4 厘米"，如图 11-39 所示。

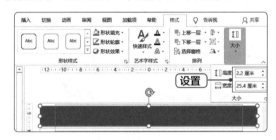

图11-39　设置矩形大小

STEP 3 在【绘图工具 - 格式】/【排列】组中单击"下移一层"按钮右侧的下拉按钮▼，在打开的下拉列表中选择"置于底层"选项，将矩形置于底层。

STEP 4 在矩形的下方绘制一个矩形，填充颜色为"橙色"，高度设置为"0.15 厘米"，宽度设置为"25.4 厘米"。然后使用相同的方法，在幻灯片底部绘制多个矩形，填充不同的颜色，并置于底层，如图 11-40 所示。

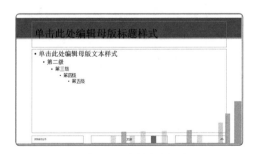

图11-40　绘制多个矩形

STEP 5 在幻灯片中间绘制一个矩形，在【绘图工具 - 格式】/【形状样式】组中单击 🎨形状填充 按钮右侧的下拉按钮▼，在打开的下拉列表中选择"其他填充颜色"选项，打开"颜色"对话框的"自定义"选项卡，将 RGB 值设置为"214、236、255"，将"透明度"设置为"60%"，单击 确定 按钮，如图 11-41 所示。

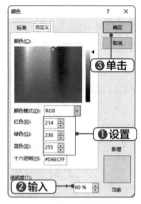

图11-41　设置颜色

STEP 6 将标题占位符移动到第 1 个矩形的中间位置，将文本字符格式设置为"思源黑体 CN Bold；32；白色，背景 1；居中"，如图 11-42 所示。

图11-42　设置标题占位符

STEP 7 选择第 2 张幻灯片，在【幻灯片母版】/【背景】组中单击选中"隐藏背景图形"复选框，然后在幻灯片编辑区中绘制 2 个矩形，填充颜色分别为"蓝 - 灰，文字 2"和"浅绿"，如图 11-43 所示。

图11-43　设置标题幻灯片背景

11.3.2 制作内容页

设置幻灯片母版搭建演示文稿框架后，便可在新建的幻灯片中添加文字、图片、图表、音频等内容。其具体操作如下。

STEP 1 退出幻灯片母版视图，选择第 1 张幻灯片，在【插入】/【图像】组中单击"图片"按钮，在打开的下拉列表中选择"此设备"选项，在"插入图片"对话框中双击"洗面奶.png"，插入素材图片，如图 11-44 所示，然后调整图片大小。

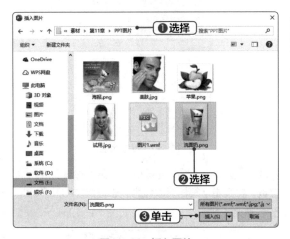

图11-44 插入图片

STEP 2 删除副标题占位符，然后在标题占位符中输入标题文本并调整占位符的大小，将字体设置为"方正水柱简体"，字号分别为"44、24"，如图 11-45 所示。

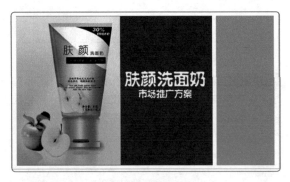

图11-45 输入标题

STEP 3 按【Enter】键新建幻灯片，在正文占位符中输入正文内容，字符格式设置为"方正毡笔黑简体、28"，如图 11-46 所示。在幻灯片右侧插入"美肤.jpg"素材图片，在【图片工具-格式】/【图片样式】组中间的下拉列表中选择"旋转，白色"，如图 11-47 所示。

图11-46 输入正文内容

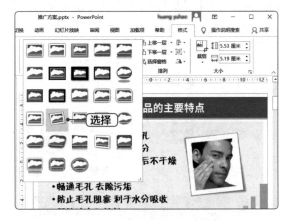

图11-47 插入并设置图片样式

STEP 4 选择第 6 张幻灯片，在【开始】/【幻灯片】组中单击"新建幻灯片"按钮下方的下拉按钮，在打开的下拉列表中选择"标题幻灯片"选项，如图 11-48 所示，将新建的幻灯片作为第 7 张幻灯片，输入标题文本，为标题占位符设置填充颜色"蓝色，个性色 1，淡色 40%"，如图 11-49 所示。

图11-48 新建幻灯片

图11-49 输入标题文本

STEP 5 新建第 8 张 "空白" 幻灯片，插入 "海报 .png" 图片，覆盖整张幻灯片页面。

STEP 6 新建第 9 张 "仅标题" 幻灯片，输入标题文本 "广告预算费用"。打开 "广告预算费用表 .xlsx" 工作簿，复制 "总计费用" 工作表中的图表。切换回演示文稿，选择第 9 张幻灯片，在【开始】/【剪贴板】组中单击 "粘贴" 按钮下方的下拉按钮，在打开的下拉列表中选择 "选择性粘贴" 选项，打开 "选择性粘贴" 对话框，在 "作为" 列表框中选择 "Microsoft Excel 图表 对象"，单击 确定 按钮插入图表，调整图表大小，如图 11-50 所示。

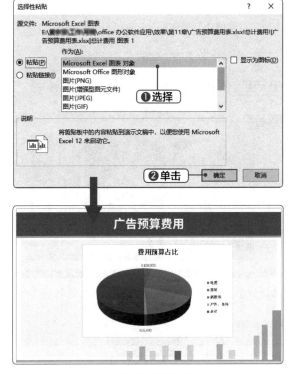

图11-50 插入图表

STEP 7 在插入的图表上单击鼠标右键，在弹出的快捷菜单中选择 "'Worksheet'对象 / 编辑" 命令，即可打开 Excel 工作界面，如图 11-51 所示。在【图

表工具 - 设计】/【样式】组中单击 "更改颜色" 按钮，在打开的下拉列表中选择 "彩色调色板 4" 选项，如图 11-52 所示。双击幻灯片空白位置，退出 Excel 工作界面。

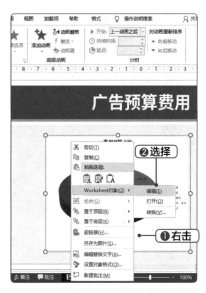

图11-51 打开Excel工作界面

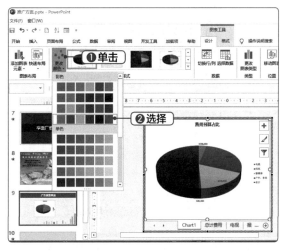

图11-52 更改颜色

STEP 8 选择第 6 张幻灯片，在【插入】/【文本】组中单击 "对象" 按钮，打开 "插入对象" 对话框，单击选中 "由文件创建" 单选项，单击 浏览(B)... 按钮，打开 "浏览" 对话框，选择文件存储位置，选择之前制作的 "营销策划 .dcox" 文档，单击 确定 按钮。返回 "插入对象" 对话框，单击选中 "显示为图标" 复选框，单击 更改图标(I)... 按钮，打开 "更改图标" 对话框，在 "图标" 列表框中选择第 6 个图标，在 "标题" 文本框中输入 "'营销策划'文档"，单击 确定 按钮

返回"插入对象"对话框，单击 确定 按钮即可将该文档作为图标插入演示文稿，如图 11-53 所示。插入后调整图标位置，效果如图 11-54 所示。

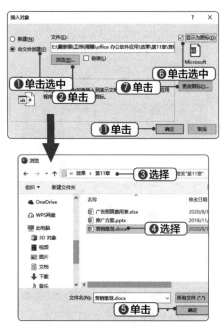

图11-53 插入文档图标

图11-54 插入文档图标后效果

STEP 9 选择第 1 张幻灯片，在【插入】/【媒体】组中单击"音频"按钮 🔊，在打开的下拉列表中选择"PC 上的音频"选项。打开"插入音频"对话框，找到音频文件保存的位置，选择"背景音乐 .mp3"

音频文件，单击 插入(S) 按钮插入音频文件，如图 11-55 所示，拖曳音频图标至右下角。

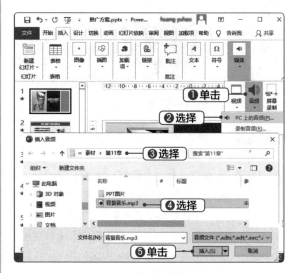

图11-55 插入音频

STEP 10 在【音频工具 – 播放】/【音频选项】组中单击"音量"按钮 🔊，在打开的下拉列表中选择"中等"选项，接着在"开始"下拉列表中选择"按照单击顺序"选项，单击选中"跨幻灯片播放"和"循环播放，直到停止"复选框，如图 11-56 所示。

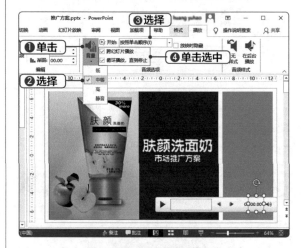

图11-56 设置音频播放方式

11.3.3 设置幻灯片动画效果

在幻灯片中添加内容后，可为幻灯片添加切换效果，并为幻灯片中的对象设置动画效果，具体操作如下。

STEP 1 选择第 1 张幻灯片，在【切换】/【切换到此幻灯片】组单击"切换样式"按钮，在打开的下拉列表中选择"细微"栏下的"形状"选项，在"持续时间"数值框中输入"01.00"，并单击"全部应用"

按钮 🔲，如图 11-57 所示。

STEP 2 选择第 1 张幻灯片的标题占位符，添加"劈裂"动画，将"开始"设置为"上一动画之后"，将"持续时间"设置为"01.00"，如图 11-58 所示。

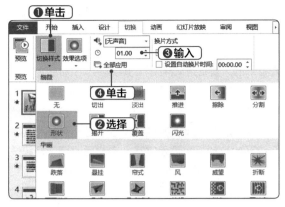

图11-57　设置切换效果

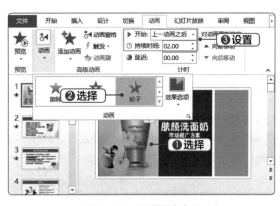

图11-59　设置图片动画

STEP 4　在第 2 张幻灯片中选择正文占位符，设置"浮入"动画，将"开始"设置为"上一动画之后"，将"持续时间"设置为"02.00"，如图 11-60 所示。使用相同的方法为后面的各张幻灯片中的对象设置动画效果。

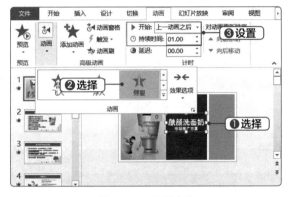

图11-58　设置动画

STEP 3　选择第 1 张幻灯片的"洗面奶"图片，为其添加"轮子"动画，将"开始"设置为"上一动画之后"，将"持续时间"设置为"02.00"，如图 11-59 所示。

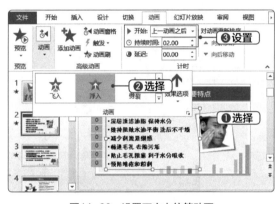

图11-60　设置正文占位符动画

11.3.4　放映与输出幻灯片

制作好幻灯片后，可放映与输出幻灯片，为正式报告演示做预演，具体操作如下。

STEP 1　在【幻灯片放映】/【设置】组中单击"设置幻灯片放映"按钮，打开"设置放映方式"对话框，在"放映类型"栏中单击选中"演讲者放映（全屏幕）"单选项，在"放映选项"栏中单击选中"循环放映，按 ESC 键终止"复选框，然后单击 确定 按钮，如图 11-61 所示。

图11-61　设置放映方式

STEP 2 在【幻灯片放映】/【设置】组中单击"排练计时"按钮⚙。进入放映排练状态，幻灯片将全屏放映，同时打开"录制"工具栏并自动为该幻灯片计时，如图 11-62 所示。此时可单击或按【Enter】键放映下一张幻灯片。按照同样的方法对演示文稿中的每张幻灯片放映进行计时，放映完毕后将打开提示对话框，提示总共的排练计时时间，并询问是否保留幻灯片的排练时间，单击 是(Y) 按钮进行保存。

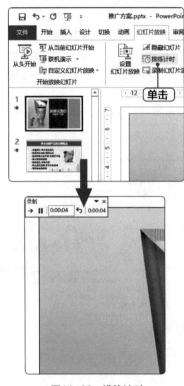

图11-62 排练计时

STEP 3 选择【文件】/【导出】/【将演示文稿打包成 CD】命令，然后单击"打包成 CD"按钮🌐。打开"打包成 CD"对话框，单击 复制到文件夹(F)... 按钮，在打开的"复制到文件夹"对话框的"文件夹名称"文本框中输入"推广方案"文本，并设置保存位置，单击 确定 按钮，如图 11-63 所示。在打开的对话框中询问是否一起打包链接文件，单击 确定 按钮，系统开始自动打包演示文稿，完成后返回"打包成 CD"对话框，单击 关闭(C) 按钮。完成后将打开打包文件夹，如图 11-64 所示。

图11-63 复制到文件夹

图11-64 打包文件夹

第4部分

第 12 章

项目实训

/ 本章导读

为了培养读者独立完成工作的能力，提高读者的就业综合素质和思维能力，加强读者的实践能力，本章精心挑选了 4 个项目实训，分别围绕"Word 文档制作""Excel 工作簿制作""PowerPoint 演示文稿制作""Word、Excel、PowerPoint 综合使用"这 4 个主题展开，进行相关内容的综合实训。

/ 技能目标

掌握使用 Word 制作文档的方法。
掌握使用 Excel 制作工作簿的方法。
掌握使用 PowerPoint 制作演示文稿的方法。

/ 案例展示

实训 1 | 用 Word 制作"营销计划"文档

【实训目的】

通过实训掌握Word文档的输入、编辑、美化与编排，具体要求与实训目的如下。

● 灵活运用汉字输入法进行文本的输入与修改操作。

● 熟练掌握文本的复制、移动、删除、查找与替换操作。

● 熟练掌握通过功能区和对话框对文本与段落进行设置的方法，了解不同类型文档的规范化格式，如公文类文档的一般格式要求、长文档的段落格式设置等。

● 熟练掌握利用图形等对象对文档进行美化的方法，能够制作出图文并茂的文档效果。

【实训思路】

（1）新建Word文档，输入营销计划的主要内容，修改标题样式，并将其应用到文档的各个大纲标题中，为部分段落设置项目符号和编号。

（2）在文档的"营销分析"版块插入图片和图表。

（3）绘制营销行动方案流程图，在默认的流程图中添加形状，设置流程图版式，并输入文本内容，最后美化流程图。

（4）在文档最后的"营销预算"版块中插入表格，在表格中输入文本并进行美化。

（5）为文档添加封面。

【实训参考效果】

本次实训的效果预览如图12-1所示。

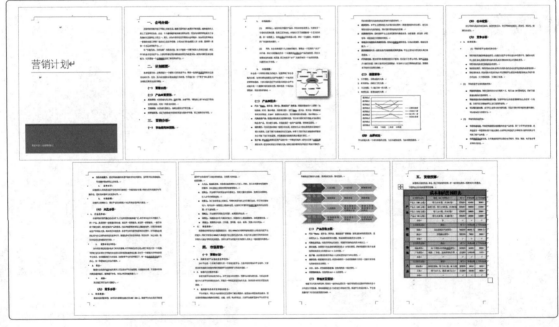

图12-1 "营销计划"文档效果

素材所在位置 素材文件\第12章\图片1.png

效果所在位置 效果文件\第12章\营销计划.docx

实训 2 | 用 Excel 制作 "库存产品管理表" 工作簿

【实训目的】

通过实训掌握Excel电子表格的制作与数据管理，具体要求及实训目的如下。

● 熟练掌握Excel工作簿的新建、保存和打开，以及工作表的新建和删除等操作。

● 熟练掌握表格数据的输入，快速输入相同数据和有规律数据、特殊格式数据以及公式等。

● 熟练掌握运用不同的方法对工作表行、列和单元格格式进行设置，以及设置表格边框线与底纹的方法。

● 熟练掌握利用公式与函数计算表格中的数据的方法，并得到正确的数据结果。

● 熟练掌握表格中数据的排序、筛选和分类汇总管理操作。

● 掌握对表格中的部分数据创建图表的方法。

【实训思路】

（1）启动Excel 2016，新建工作簿并将其命名为 "库存产品管理表.xlsx"，将 "Sheet1" 和 "Sheet2" 工作表重命名为 "入库数据统计" "出库数据统计"，并删除多余的工作表。

（2）分别在 "入库数据统计" "出库数据统计" 工作表中输入表头内容，利用控制柄快速填充 "入库单号" 和 "出库单号" 列的单元格，设置 "单价" 和 "金额" 列单元格数据类型，然后继续输入表格数据，调整列宽。

（3）使用公式和函数分别计算 "入库数据统计" "出库数据统计" 工作表中 "金额" 列的表格数据，然后对两个表格进行美化。

（4）对 "入库数据统计" 工作表中表格进行排序和筛选，并分类汇总。

（5）在 "出库数据统计" 工作表中插入数据透视表和数据透视图，并进行美化。

【实训参考效果】

本次实训的部分效果预览如图12-2所示。

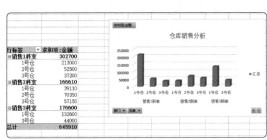

图12-2 "库存产品管理表" 工作簿部分效果

 效果所在位置 效果文件\第12章\库存产品管理表.xlsx

实训 3 | 用 PowerPoint 制作 "入职培训" 演示文稿

【实训目的】

通过实训掌握PowerPoint幻灯片的制作、美化、放映方法，具体要求及实训目的如下。

● 掌握用不同的方法实现幻灯片的新建、删除、复制、移动等操作。

● 掌握幻灯片内容的编辑，包括文本的添加与格式设置、图形的绘制与编辑、剪贴画的插入。

● 应用幻灯片模板、母版、配色方案来达到快速美化幻灯片的目的，了解用于不同场合演示文稿的配色方案。

● 掌握多媒体幻灯片的制作，插入音频并进行编辑。

● 掌握幻灯片的放映知识，了解在不同场合下放映幻灯片要注意的细节和需求，如怎样快速切换、怎样对
幻灯片进行排练计时等。

【实训思路】

（1）创建演示文稿，切换到母版视图，插入背景图片，设置母版背景和文本格式。

（2）新建多张不同版式的幻灯片。

（3）在幻灯片中输入相应的文本内容，进行格式的设置，并在不同的幻灯片中插入素材图片，对图片进行
编辑，在第1张幻灯片中插入音频并进行播放设置。

（4）为幻灯片中的对象添加自定义动画效果，再为幻灯片设置切换效果。

（5）对设置的幻灯片进行放映控制，并对其进行保存操作。

【实训参考效果】

本次实训的效果预览如图12-3所示。

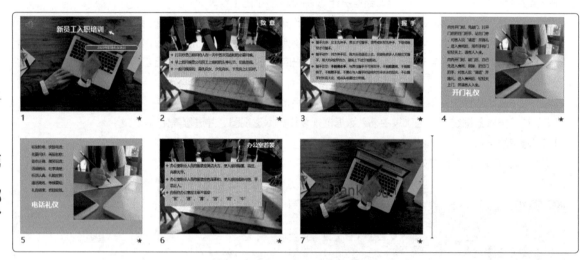

图12-3 "入职培训"演示文稿效果

素材所在位置 素材文件\第12章\ PowerPoint图片、背景音乐.mp3
效果所在位置 效果文件\第12章\入职培训.pptx

实训 4 | 用 Word、Excel 以及 PowerPoint 制作"年终总结"材料

【实训目的】

通过实训掌握Word、Excel、PowerPoint 3大组件的各种操作，下面将使用这3大组件进行制作，具体要
求及实训目的如下。

● 掌握Word文档的制作方法。

● 掌握Excel表格的制作方法。

● 掌握PowerPoint演示文稿的制作方法。

● 掌握Office组件间的协作方法。

【实训思路】

（1）新建"财务部年终报告.docx""客户部年终报告.docx""业务部年终报告.docx"文档；标题的字符

格式设置为"方正大标宋简体、二号",正文的字符格式设置为"华为楷体、四号";行距设置为"多倍行距、1.8"。

（2）新建"订单明细.xlsx"工作簿,输入订单数据,将行高设置为"20";套用"表样式浅色12"表格样式。

（3）新建"年终总结.pptx"演示文稿,通过导入素材图片和绘制形状设置幻灯片母版,搭建演示文稿框架。填充内容页,其中第4张幻灯片需要设置超链接,链接到总结文档,在第5张幻灯片中复制"订单明细.xlsx"工作簿中的数据表格。

【实训参考效果】

本次实训的部分效果预览如图12-4所示。

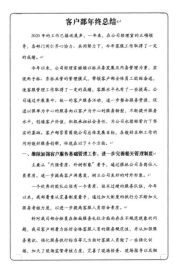

图12-4 "年终总结"材料部分效果

 素材所在位置 素材文件\第12章\年终总结
效果所在位置 效果文件\第12章\年终总结

新应用·真实战·全案例 信息技术应用新形态立体化丛书

Office

978-7-115-55750-6	Office 2016 办公软件应用（微课版）
978-7-115-56093-3	Office 2016 办公软件高级应用（微课版）
978-7-115-55955-5	Office 高级应用案例教程（2016 版）
978-7-115-56720-8	WPS Office 办公应用基础教程（微课版）
978-7-115-55969-2	办公自动化实用教程（微课版）

向教师免费提供
PPT等教学相关资料

人邮教育
www.ryjiaoyu.com

教材服务热线：010-81055256
反馈／投稿／推荐信箱：315@ptpress.com.cn
人民邮电出版社教育服务与资源下载社区：www.ryjiaoyu.com

封面设计：董志桢

ISBN 978-7-115-55750-6

9 787115 557506 >

定价：59.80 元